LEITFADEN

DER

PRAKTISCHEN ELEKTROCHEMIE

LEITFADEN

DER

PRAKTISCHEN ELEKTROCHEMIE.

VON

DR. WALTHER LÖB,
PRIVATDOZENT AN DER UNIVERSITÄT ZU BONN.

MIT ZAHLREICHEN FIGUREN.

LEIPZIG,
VERLAG VON VEIT & COMP.
1899.

Druck von Metzger & Wittig in Leipzig.

Vorwort.

Die Vielseitigkeit der Elektrochemie macht es dem einzelnen schwer, gleichmäßig alle Teile ihres weiten Forschungsgebietes zu pflegen; Neigung und spezielle Probleme lassen bestimmte Kapitel mehr hervor-, andere mehr in den Hintergrund treten. In einem praktischen Leitfaden für alle Teile der wissenschaftlichen Elektrochemie ist es erforderlich, jedes Gebiet in gleicher Weise zu behandeln, und zwar so weit wie möglich auf Originalarbeiten für die speziellen Probleme zurückzugehen. Dieser Gesichtspunkt wurde sowohl bei der Beschreibung von Apparaten und Methoden, als auch bei einer größeren Reihe der Versuche innegehalten. Litteraturangaben weisen möglichst vollständig auf die Originalarbeiten hin.

Bei einigen Kapiteln des speziellen Teiles erschien ein kurzes Eingehen auf die Theorie wünschenswert, weil einerseits von ihrer Kenntnis das Verständnis der Methodik abhängt, andererseits manches experimentelle Problem erst durch die Theorie und ihre Konsequenzen gestellt wird.

Für Mitteilung charakteristischer und lehrreicher Versuche und für den Hinweis auf Mängel der vorliegenden Sammlung wird der Verfasser dankbar sein.

Bonn, Oktober 1899.

Walther Löb.

Inhalt.

Allgemeiner Teil.

Erstes Kapitel. Einleitung.

Zweites Kapitel. Das FARADAY'sche Gesetz.

Drittes Kapitel. Stromarbeit und Stromausbeute.

Viertes Kapitel. Prüfung und Aichung von Meßapparaten.

Spezieller Teil.

Erstes Kapitel. Die Elektrolyse.

Anhang.

Allgemeiner Teil.

Erstes Kapitel.

Einleitung.

§ 1. Elektrische Einheiten.

Zum Messen eines elektrischen Stromes ist im allgemeinen die Bestimmung zweier elektrischer Größen erforderlich und ausreichend, die Bestimmung der Elektricitätsmenge und der elektromotorischen Kraft. Bezeichnet man die in der Zeiteinheit bewegte Elektricitätsmenge als Stromstärke, so findet der Zusammenhang der elektrischen Größen in dem OHM'schen Gesetze folgenden Ausdruck:

$$i = \frac{\pi}{w},$$

wobei i die Stromstärke, π die elektromotorische Kraft und w den elektrischen Widerstand des vom Strome durchflossenen Gebietes bezeichnet. Hat man für zwei der im OHM'schen Gesetze vorkommenden Faktoren praktische Einheiten geschaffen, so ist durch diese Gleichung die Einheit der dritten Größe gegeben.

Die Einheit der Elektricitätsmenge heißt ein Coulomb; sie ist mittels des FARADAY'schen Gesetzes (s. S. 43) so definiert, daß sie diejenige Elektricitätsmenge darstellt, welche mit 0·001118 g Silber oder einer äquivalenten Menge eines anderen Ions im Elektrolyten bewegt wird. Mit einem Grammäquivalent eines Elektrolyten wandert eine Elektricitätsmenge von rund 96540 Coulomb.

Als praktische Einheit des Widerstandes hat man die

einer Quecksilbersäule von 106·3 cm Länge und 1 qmm Querschnitt bei 0° gewählt und ihr den Namen ein Ohm zugelegt.

Sendet man durch eine solche Quecksilbersäule einen Strom, der von dem einen Ende derselben bis zum anderen ein Coulomb in einer Sekunde transportiert, so besitzen die beiden Enden der Säule eine bestimmte Potentialdifferenz. Man nennt dieselbe ein Volt und benutzt die so definierte Größe als Einheit der elektromotorischen Kraft.

Die Einheit der Stromstärke trägt den Namen ein Ampère und ist durch das OHM'sche Gesetz für die Zeiteinheit in ihrer Größe in folgender Form festgelegt:

$$1 \text{ Ampère} = \frac{1 \text{ Volt}}{1 \text{ Ohm.}}$$

Ein Ampère fließt demnach in der Zeiteinheit durch den Querschnitt eines Leiters, wenn bei einem Widerstande von einem Ohm die Potentialdifferenz an den Enden des Leiters ein Volt beträgt. Ein Strom von der Stärke 1 Ampère scheidet in der Minute 0·06708 g Silber oder die äquivalente Menge eines anderen Ions an den Elektroden ab.

Es wird im folgenden also stets die Größe von elektromotorischen Kräften bezw. Potentialdifferenzen in Volt, die der Stromstärke in Ampère und die des Widerstandes in Ohm ausgedrückt werden, wenn nicht besondere Umstände eine Abweichung von dieser Regel notwendig machen.

Es ist zweckmäßig, für die ganze Reihe der Stromgrößen, welche häufig wiederkehren, besondere Namen einzuführen und ihren Zusammenhang klarzulegen.

a) 1 Ampère ist diejenige Stromstärke, welche aus einer wässerigen Lösung von Silbernitrat 0 001118 g Silber in 1 Sekunde niederschlägt.

b) 1 Ohm ist der elektrische Widerstand einer Quecksilbersäule von 1 qmm Querschnitt und 106·3 cm Länge bei 0°.

c) 1 Siemenseinheit (veraltet) ist der Widerstand einer Quecksilbersäule von 1 qmm Querschnitt und 1 m Länge bei 0°.

d) 1 Volt ist diejenige elektromotorische Kraft, welche an den Enden eines Leiters von 1 Ohm Widerstand, durch den ein konstanter Strom von 1 Ampère fließt, besteht.

e) 1 Coulomb ist diejenige Elektricitätsmenge, welche in 1 Sekunde bei einer Stromstärke von 1 Ampère durch den Querschnitt eines Leiters fließt.

f) 1 Farad ist die Kapazität eines Kondensators, der durch die Elektricitätsmenge von 1 Coulomb auf das Potential 1 Volt geladen wird.

g) 1 Watt (= 1 Volt × 1 Ampère) ist die in einer Sekunde durch einen Strom von 1 Ampère in einem Leiter, an dessen Enden eine Potentialdifferenz von 1 Volt besteht, geleistete Arbeit.

h) 1 Ampèrestunde ist diejenige Elektricitätsmenge, welche im Verlauf einer Stunde bei einer konstanten Stromstärke von 1 Ampère an einer Elektrode ein- oder austritt.

i) 1 Wattstunde ist diejenige Arbeit, welche die Elektricitätsmenge von einer Ampèrestunde bei einer Spannung von 1 Volt leistet.

$$\text{k) 1 Mega} \ldots\ldots \left\{\begin{array}{l}\text{Ohm}\\ \text{Volt}\\ \text{Ampère}\\ \text{etc.}\end{array}\right. = 1\,000\,000 \left\{\begin{array}{l}\text{Ohm}\\ \text{Volt}\\ \text{Ampère}\\ \text{etc.}\end{array}\right.$$

$$\text{l) 1 Mikro} \ldots\ldots \left\{\begin{array}{l}\text{Ohm}\\ \text{Volt}\\ \text{Ampère}\\ \text{etc.}\end{array}\right. = \frac{1}{1\,000\,000} \left\{\begin{array}{l}\text{Ohm}\\ \text{Volt}\\ \text{Ampère}\\ \text{etc.}\end{array}\right.$$

$$\text{m) 1 Kilo} \ldots\ldots \left\{\begin{array}{l}\text{Watt}\\ \text{Wattstunde}\end{array}\right. = 1000 \left\{\begin{array}{l}\text{Watt}\\ \text{Wattstunden.}\end{array}\right.$$

Bei elektrochemischen Arbeiten ist häufig die Kenntnis der drei im Ohm'schen Gesetze enthaltenen Größen erforderlich; jedoch ist der notwendige Grad der Genauigkeit ihrer Feststellung je nach der vorliegenden Aufgabe verschieden. Während bei den Versuchen, bei welchen die Beobachtung einzelner oder aller Stromgrößen Selbstzweck ist, die möglichst exakte und fehlerfreie Bestimmung mit dem höchst erreichbaren Grade von Genauigkeit am Platze ist, können bei Untersuchungen, welche nur eine Kontrolle dieser Größen erfordern, deren Hauptzweck aber in ganz anderen Richtungen liegt, im allgemeinen käufliche, empirisch geaichte Apparate Verwendung finden.

§ 2. Verbindungen und Kontakte.

Für alle Versuche aus dem Gebiete der Elektrochemie bedarf man bei der Natur des elektrischen Stromes bestimmte Hilfsapparate, deren am häufigsten wiederkehrende kurz beschrieben werden sollen.

Um die Zuleitung des Stromes von der Stromquelle zum Versuche herzustellen, bedient man sich am zweckmäßigsten der Kupferdrähte, welche bei geringem elektrischen Widerstand den Vorzug großer Biegsamkeit besitzen. Um eine metallische Berührung der Leitungsdrähte oder den Einfluß chemischer Agentien auszuschließen, versieht man die Drähte sehr häufig mit einem nicht leitenden Überzug von Seide oder Baumwolle, den man bei subtilen Untersuchungen mit einer Schicht von Schellack oder Bernsteinfirnis bestreicht oder mit Guttapercha oder auch Kautschuk umkleidet. Je dünner der Draht, desto größer ist sein Widerstand, desto bedeutender mithin der Spannungsabfall, welcher sich allein auf die Zuleitung des Stromes verteilt. Es muß daher bei der Wahl der Stärke des Drahtes auf die vorliegende Aufgabe stets Rücksicht genommen werden. Für stärkere Ströme kommen selbstverständlich nur Drähte mit größerem Querschnitt zur Verwendung, weil die Wärmewirkung des Stromes bei zu großem Widerstande die Drähte zerstören würde. Allzu dünne Drähte (Durchmesser kleiner als 0·3 mm) sind bei Verwendung von Klemmschrauben zu vermeiden, weil die Herstellung eines guten Kontaktes darunter leidet.

Bei jedem elektrischen Versuch ist die Erreichung eines guten, ganz metallisch wirkenden Kontaktes unbedingt erforderlich, weil viele Messungen in der Voraussetzung gemacht werden, daß an den Kontaktstellen ein zu berücksichtigender Spannungsabfall nicht stattfindet. Das Gegenteil dieser Annahme ist aber bei fehlerhaften Kontakten der Fall.

Um Drähte aneinander zu befestigen bedient man sich jetzt fast ausschließlich der Klemmschrauben, während früher Näpfchen mit Quecksilber, in welches die beiden zu verbindenden Drahtenden tauchen, vielfach benutzt wurden. Jedoch findet die Verwendung von Klemmschrauben zweckmäßig nur dann statt, wenn es sich um nur zeitweisen Kontakt handelt. Bei dauernden Versuchen ist es allein thunlich, eine Verlötung der Kontaktstellen vorzunehmen, sei es daß es sich um Aneinanderfügung von Drähten, oder von Draht und Metallplatten u. s. w. handelt. Man benutzt am besten Weichlot und überstreicht die gelötete Stelle mit Spirituslack, um eine Verschlechterung des Kontaktes durch chemische Einwirkung zu verhindern.

Die Formen der verwandten Klemmschrauben, welche aus Messing hergestellt werden, sind äußerst mannigfache.

Figg. 1, 2, 3, 4 zeigen häufiger gebrauchte Formen. Die in Fig. 4 abgebildete Klemmschraube benutzt man zur Befestigung eines Drahtes an ein Metallstück, über welches der

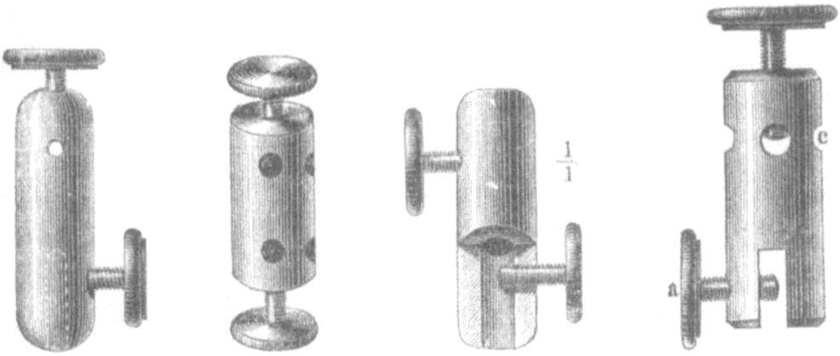

Fig. 1—4. Klemmschrauben.

untere rechteckige Ausschnitt geschoben wird. Die Größe der einzelnen Klemmen ist natürlich abhängig von der Dicke der Drähte u. s. w., es ist aber eine kleine Arbeit, mittels Stahlbohrers auf der Drehbank die Löcher in den Klemmen nach Bedarf zu vergrößern.

Vor der Herstellung eines jeden Kontaktes müssen die aneinander zu heftenden Teile, sowie die Berührungsflächen der Klemmschrauben sorgfältigst gereinigt werden und reine Metalloberflächen besitzen.

Handelt es sich um die Herstellung von leicht lösbaren Kontakten, so verwendet man entweder Stöpsel oder Quecksilbernäpfe.

Stöpsel, wie sie bei den Siemens'schen Rheostaten verwandt werden, werden aus schwach kegelförmigen Messingstücken gebildet, welche in eine metallische, ebenfalls mit Messing bekleidete Öffnung des entsprechenden Apparates genau hineinpassen. Man verwendet sie entweder zur Verbindung zweier getrennten Stücke (Fig. 5), oder man befestigt in einer im Stöpsel selbst angebrachten Klemmschraube einen Draht, den man durch ungeteilte Öffnungen mit dem betreffenden Apparatteil in Kontakt bringt (Fig. 6).

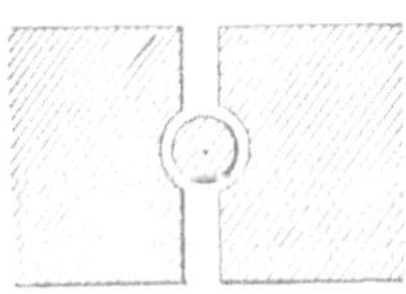

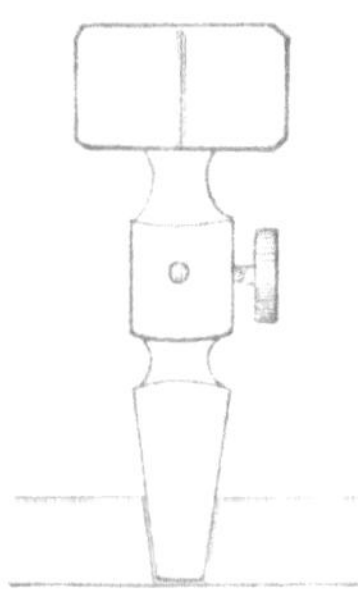

Fig. 5. Kontakte. Fig. 6.

Die Verwendung der Quecksilbernäpfe ist äußerst bequem bei der Herstellung leicht zu unterbrechender Kontakte in festliegenden Teilen der Versuchsanordnung, also zur Herstellung und Öffnung eines Stromschlusses, zum Kommutieren des Stromes u. s. w. Meistens ist man in der Lage, sich die entsprechenden Anordnungen selbst anfertigen zu können.

Man versieht z. B. ein trockenes Holzbrett mit der durch den Zweck verlangten Anzahl Löcher und setzt eiserne Fingerhüte hinein, welche direkt das Quecksilber aufnehmen, oder man bohrt die Löcher direkt in eine starke Paraffintafel oder verwendet schließlich auf Holz mit Siegellack befestigte gute Korke, die man mittels Korkbohrers mit den nötigen Öffnungen versieht.

Ostwald[1] empfiehlt, Näpfe aus 1 cm langen Stücken schwarzen Gummischlauches herzustellen, welche man mit Siegellack auf Brettchen oder Glasplatten klebt. Zum Befestigen der Leitungsdrähte durchbohrt man den Gummi unterhalb der Quecksilberoberfläche einige Male mit einer Ahle; das Quecksilber wird durch den kapillaren Gegendruck am Herausfließen gehindert, während die Leitungsenden sich bequem durchstecken lassen.

Auf ein Brettchen lassen sich eine ganze Anzahl Quecksilbernäpfe befestigen und durch bestimmt geformte Metallbügel ver-

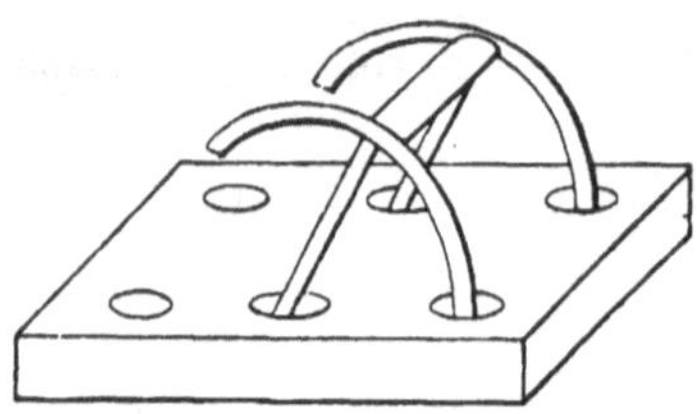

Fig. 7. Quecksilberwippe.

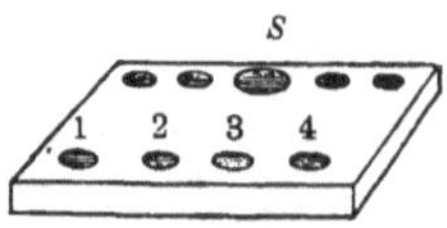

Fig. 8. Schaltbrett.

binden. Fig. 7 zeigt eine sogenannte Wippe, welche aus 6 Näpfen besteht, die durch zwei voneinander isolierte dreibeinige Bügel paarweise verbunden werden können. Fig. 8 stellt ein mit 7 Näpfen versehenes Brett dar. Während die 4 Paar gegenüberstehenden einen einfachen, direkten Kontakt gestatten, kann man dadurch, daß man die vier mit 1, 2, 3, 4 bezeichneten mit dem Napf S zeitweilig verbindet, den Strom durch ein Meßinstrument leiten, so daß ein Meßapparat für verschiedene Versuche in einer An-

[1] Hand- und Hilfsbuch zur Ausführung physico-chemischer Messungen. Leipzig 1893. S. 237.

ordnung verwandt werden kann. Die genauere Beschreibung solcher Versuchsanordnung wird weiter unten gegeben.

Man gebraucht die Anordnung der Quecksilbernäpfe auch zur Herstellung von Stromwendern oder Kommutatoren in folgender, von Pohl angegebenen Form (Fig. 9).

Der Apparat besteht aus einem Brette *A* mit sechs Quecksilbernäpfchen *b c d e f g*. Die Näpfchen *g* und *d*, sowie *c* und *f*

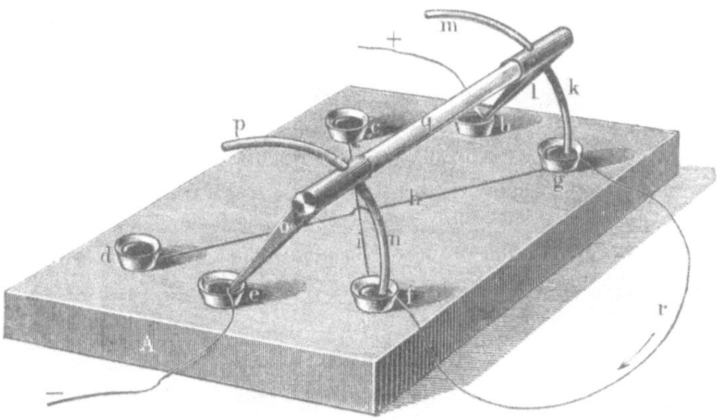

Fig. 9. Stromwender.

sind durch die nicht einander berührenden Drähte *h* und *i* miteinander verbunden. In die Näpfchen *b* und *e* sind die mittleren Arme zweier dreiarmiger Metallbügel *k l m* und *n o p* eingesetzt, welche an dem nichtleitenden Glasstabe *q* befestigt sind. Sie bilden eine Wippe, die abwechselnd mit den Enden *m* und *p* den Bügel in die Löcher *c* und *d*, oder mit den Enden *n* und *k* in die Löcher *f* und *g* eingelegt werden kann. Die Enden der Leitungsdrähte der Säulen werden in die Quecksilbernäpfe *b* und *e*, die Enden des Teiles der Leitung *r*, in welchem die Richtung des Stromes wechseln soll, in die Näpfe *f* und *g* eingelegt. Liegt die Wippe, wie in der Zeichnung, so fließt z. B. der in *b* eintretende positive Strom durch die Arme *l* und *k* und Napf *g* direkt durch die Leitung *r* zum Napf *f* und von da durch die Arme *m* und *o* zum Napf *e*.

Wird aber der Bügel umgelegt, so daß die Arme *k* und *n* aus den Näpfen *f* und *g* herausgehoben sind und dafür die Arme *m* und *p* in die Näpfe *c* und *d* eintauchen, so geht der positive Strom durch *l* und *m* nach Napf *c*, von da durch Draht *i* nach f und in der dem Pfeil entgegengesetzten Richtung durch die Leitung r nach Napf g, von da durch Draht h nach Napf d und durch die Arme p und o nach e.

Die Möglichkeiten, einen Stromschluß in leicht zu unterbrechender Form herzustellen, sind so mannigfach und im allgemeinen so leicht zu konstruieren, daß eine erschöpfende Wiedergabe sämtlicher angewandten und anwendbaren Methoden zwecklos ist. Besondere Erwähnung verdienen auch die oft recht bequemen Stromschlüssel, die, in mannigfachster Form existierend, alle auf dem Prinzip beruhen, festen metallischen Kontakt in leicht unterbrechbarer Form anzubringen. Am häufigsten benutzt ist wohl der von E. du Bois-Reymond angegebene Schlüssel (Fig. 10). Auf einer größeren Schraubenzwinge aus Holz, die den Zweck hat, den ganzen Apparat am Experimentiertisch feststellen zu können, befindet sich ein Brettchen a aus Hartgummi, auf dem zwei Messingklötzchen b und c befestigt sind, an welche mittels Klemmschrauben die Leitungsdrähte angelegt werden. Am Klötzchen c mit diesem in leitender Verbindung befindet sich der drehbare Messinghebel d, der mittels eines isolierenden Griffes den Stromschluß von c nach b bewirkt oder unterbricht.

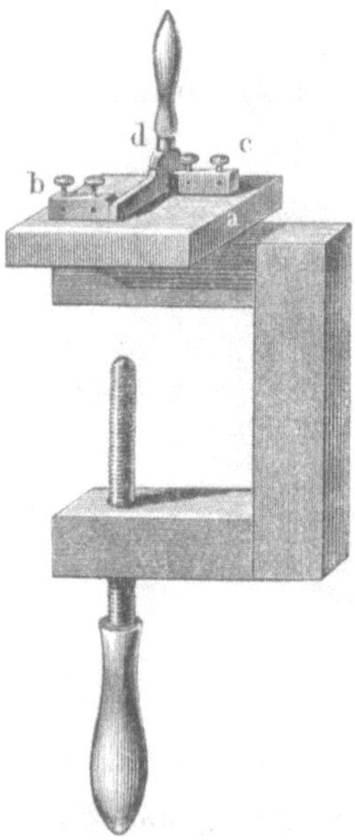

Fig. 10. Stromschlüssel.

§ 3. Widerstände.

Sowohl um die Stromstärke, als auch die Spannung beliebig innerhalb der durch die Eigenschaften der Stromquelle gegebenen Möglichkeit variieren zu können, benutzt man Widerstände, die je nach dem beabsichtigten Zweck verschiedene Form und verschiedenes Prinzip haben. Handelt es sich um äußerst große einzuschaltende Widerstände, so bedient man sich zweckmäßig der schlecht leitenden Flüssigkeiten. In einfacher Weise lassen sich größere Widerstände dadurch herstellen, daß man eine rauhe, nicht leitende Fläche, wie Milchglas, mit einem durch einen gewöhnlichen Bleistift ausgeführten Graphitstrich versieht, welcher zwischen zwei die Enden des Striches metallisch berührenden Klemmen liegt. Durch die Wahl der Länge des Striches ist eine weite Variation in dem einzuschaltenden, großen Widerstand ermöglicht. Ganz geeignet verschließt man gewöhnliche Glascylinder, wie sie bei Gaslampen angewendet werden, mit durchbohrten Gummipfropfen, führt die eine Elektrode luftdicht so ein, daß sie direkt auf dem Gummipfropfen ruht, während die zweite an einem Glasrohr, welches die Stromzuführung isoliert, durch Verschiebung beliebig in ihrer Entfernung von der ersteren variiert werden kann. Der zweite Gummipfropfen trägt außer der letzten Elektrode noch ein kleines Glasröhrchen, um das Entstehen eines Druckes im Innern des Cylinders zu vermeiden. Die Wahl der Flüssigkeiten wird durch den experimentellen Zweck bestimmt, die des Elektrodenmetalles durch die chemische Natur der Flüssigkeiten. Konzentrierte Zinksulfatlösungen mit amalgamierten Zinkelektroden leisten häufig sehr gute Dienste; zu berücksichtigen ist noch die Größe des Querschnittes der Flüssigkeitssäule, welche bekanntlich umgekehrt proportional dem Widerstande der letzteren ist. Manche Flüssigkeits-„Rheostaten“ benutzen dieses Prinzip in recht bequemer Weise. Man taucht zwei parallele amalgamierte und mit Klemmschrauben versehene Zinkplatten in konzentrierte Zinkvitriollösung und setzt zwischen beide und ihnen parallel eine möglichst die Seitenwandungen und den Boden des Gefäßes berührende Glasplatte ein, welche an einer Schnur gehoben und gesenkt werden kann. Es lassen sich hierdurch ganz allmähliche Widerstandsänderungen im Stromkreise bewirken.

Weit häufiger ist der Elektrochemiker in der Lage, Metallwiderstände oder Rheostaten zu verwenden, welche aus einer Reihe von Drahtspulen, Solenoiden, bestehen, die beliebig entweder durch Stöpselung, durch Gleit- oder Quecksilberkontakte ein- und ausgeschaltet werden können. Man giebt den einzelnen Drahtspulen oder Solenoiden bestimmte systematisch abgestufte Widerstände, in ähnlicher Art, wie die Gewichte in einem Gewichtssatze angeordnet sind. So würde eine Spulenanordnung von 50, 20, 10, 10, 5, 1, 1, 0·5, 0·2, 0·1, 0·1, 0·05, 0·02, 0·01, 0·01 Ohm ausreichend sein, um jeden Widerstand von $^1/_{100}$ Ohm bis 100 Ohm herstellen zu können. Neben der alten Form, bei welcher verschiedene Drahtsolenoide mit wechselnden Widerständen nacheinander vermittelst eines Gleitkontaktes eingeschaltet werden können, den sogenannten Kurbelwiderständen (s. Fig. 12), haben sich hauptsächlich die Kastenrheostaten eingebürgert, von denen der SIEMENS'sche Stöpselrheostat die weiteste Verbreitung gefunden hat (Fig. 11).

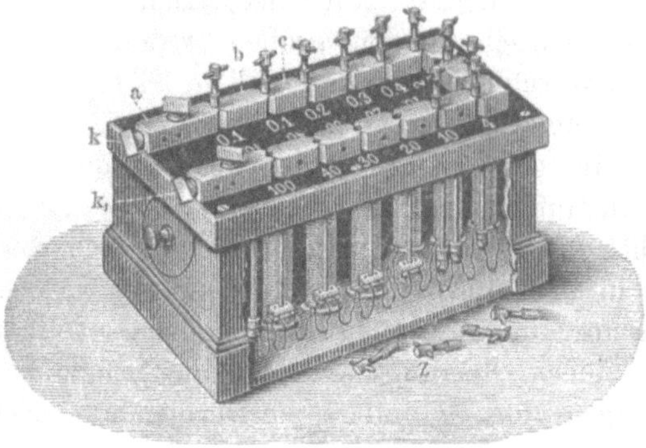

Fig. 11. Stöpsel-Rheostat.

An einer Hartgummiplatte werden Drahtrollen, deren Widerstände sich wie 0·1 : 0·2 : 0·5 — 1 : 2 : 2 : 5 : 10 u. s. w. verhalten, befestigt und mit demselben als Deckel in einen Holzkasten gehängt. Die Rollen bestehen aus zwei gleichen, parallel nebeneinander gewundenen, übersponnenen Drähten, die an einem Ende miteinander verlötet sind, so daß der Strom beide Hälften im entgegengesetzten Sinne durchläuft und Induktionsströme, sowie magnetische Wirkungen nach außen vermieden sind. Das eine Ende der Spirale 1, sowie eine Klemmschraube *k* wird mit dem 1 cm starken und vergoldeten Messingblech *a*, das andere Ende der Spirale 0·1, sowie das eine Ende der zweiten Spirale 0·1 mit dem Messingblech *b*, das andere Ende dieser Spirale, sowie das eine Ende der Spirale 0·2 mit dem Messingblech *c* verbunden u. s. w. Das letzte Blech ist wieder mit einer Klemmschraube k_1 verbunden. Die Messingbleche *a*, *b*, *c* . . . haben an ihren gegenüberstehenden Seiten korrespondierende,

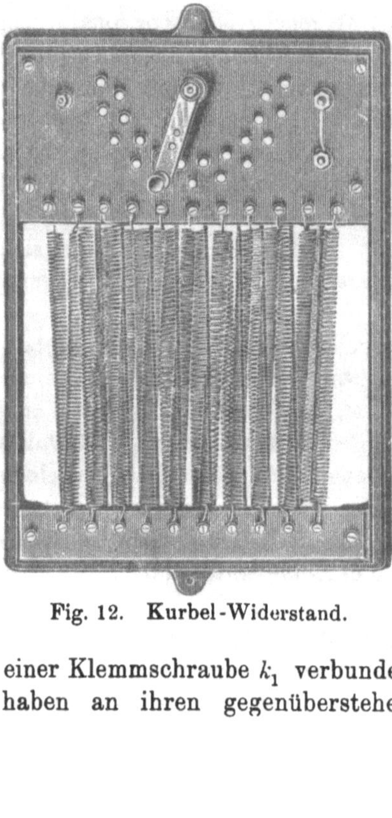

Fig. 12. Kurbel-Widerstand.

halbkreisförmige, nicht lackierte und am besten vergoldete Ausschnitte, in welche eingeschliffene, messingene oder vergoldete Stöpsel *Z* mit Hartgummigriffen mit starker Reibung eingesetzt werden können. Verbindet man *k* und k_1 mit den Zuleitungsdrähten der Stromquelle, so kann man durch Einsetzen der Stöpsel den Strom entweder durch die starken Messingplatten

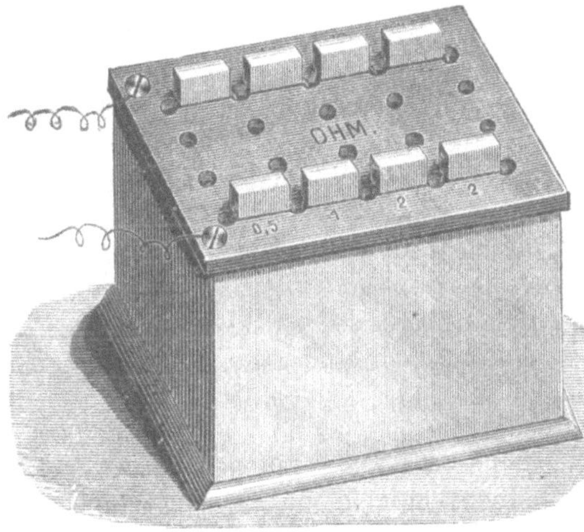

Fig. 13. Rheostat mit Quecksilberkontakt.

direkt von *k* nach k_1 leiten, oder durch eine oder mehrere der Spiralen.

Den Quecksilberkontakt zeigen die von Classen angegebenen Rheostaten (Fig. 13), deren Prinzip sonst das gleiche wie das des Siemens'schen ist.

§ 4. Aichung von Widerständen.

Da genau gearbeitete Rheostaten kostspielig sind, der Elektrochemiker aber häufig in die Lage kommt, Widerstände von bestimmten Größen anzuwenden, so stellt man sich dieselben am besten selbst in kurzer Zeit dar.

Ostwald[1] giebt dazu die folgende Vorschrift:

Man benutze die überall käuflichen Drähte aus Kupfermangan, „Manganin", von Kupfernickel, „Konstantan", von denen

[1] A. a. O. S. 260 u. s. f.

besonders die letzteren wegen ihrer chemischen Resistenz sehr empfehlenswert sind. Sollen die Widerstände auf 0·0005 bis 0·001, was für die Aufgaben der Elektrochemie im allgemeinen genügt, richtig sein, so wählt man einen passenden Draht, dessen zur Herstellung des Widerstandes erforderliche Länge mindestens 2 m beträgt, bestimmt für 1 m den Widerstand genau, und berechnet, welche Länge für den gewünschten Wert erforderlich ist. Diese Länge wird mit 10 cm Überschuß abgeschnitten und in der WHEATSTONE'schen Brücke abgeglichen.

Ebenso hat OSTWALD eine äußerst praktische Vorschrift zur schnellen Auswertung der Widerstände gegeben. „Von den vier Zweigen (Fig. 14) der WHEATSTONE'schen Brücke werden drei durch passende Stücke desselben Drahtes von annähernd demselben Widerstande, wie der zu kopierende, gebildet. In den vierten Zweig ist eine Wippe gesetzt, welche einerseits den Normalwiderstand N (s. w. u.), andererseits den auszuwertenden Draht W einzuschalten gestattet. Man gleicht zunächst die Brücke unter Einschaltung von N ab, am bequemsten, indem man die beiden Zweige ba und ac durch ein Stück Draht von 10—20 cm Länge verbindet, auf dem der vom Galvanometer (s. w. u.) kommende Draht gleitend verschoben und festgeklemmt werden kann. Dann wird die Wippe umgelegt und der Widerstand W so lange verändert, bis die Brücke wieder im Gleichgewicht ist. Zur Sicherheit macht man noch eine Beobachtung mit N und eine mit W.

Um das Verlängern und Verkürzen des Drahtes W bequem bewerkstelligen zu können, nimmt man seine Enden zwischen zwei stark federnde Klammern aus Kupfer (Fig. 15), die an der Wippe angebracht sind. Nach erreichtem Ausgleich wird der Draht unmittelbar an der Klammer umgeknickt, so daß man die Länge auf einige Zehntel Millimeter genau festgelegt hat.

Für die praktische Ausführung solcher Abgleichungen dient ein Brett, welches die erforderlichen Klemmschrauben, Quecksilbernäpfe und Verbindungen in der durch Fig. 16 dargestellten Weise trägt. Die schwarzen Kreise stellen Quecksilbernäpfe, die weißen Klemmschrauben dar.

Zwischen 1 und 9 ist ein Manganindraht gespannt, auf welchem eine Klemmschraube verschoben werden kann; von dieser und der Klemmschraube G, welche mit dem Quecksilbernapf 3 leitend verbunden ist, gehen die Drähte zum Galvanometer. Die

Batteriedrähte führen unter Einschaltung eines in der Nähe des Beobachters angebrachten Stromschlüssels zu den Klemmschrauben

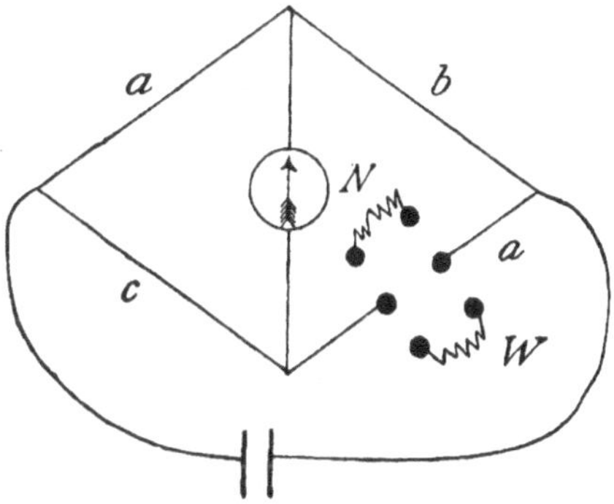

Fig. 14.

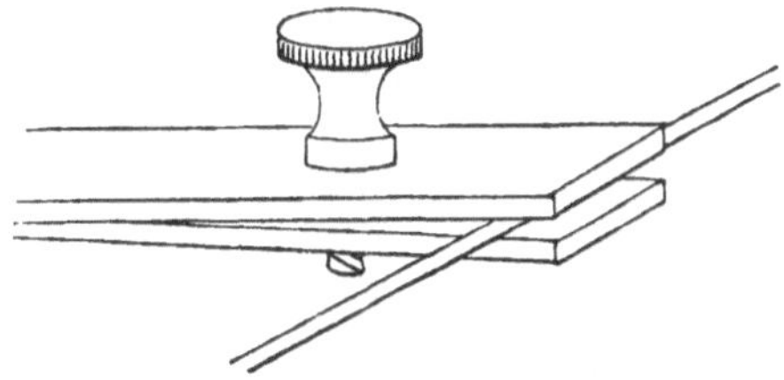

Fig. 15.

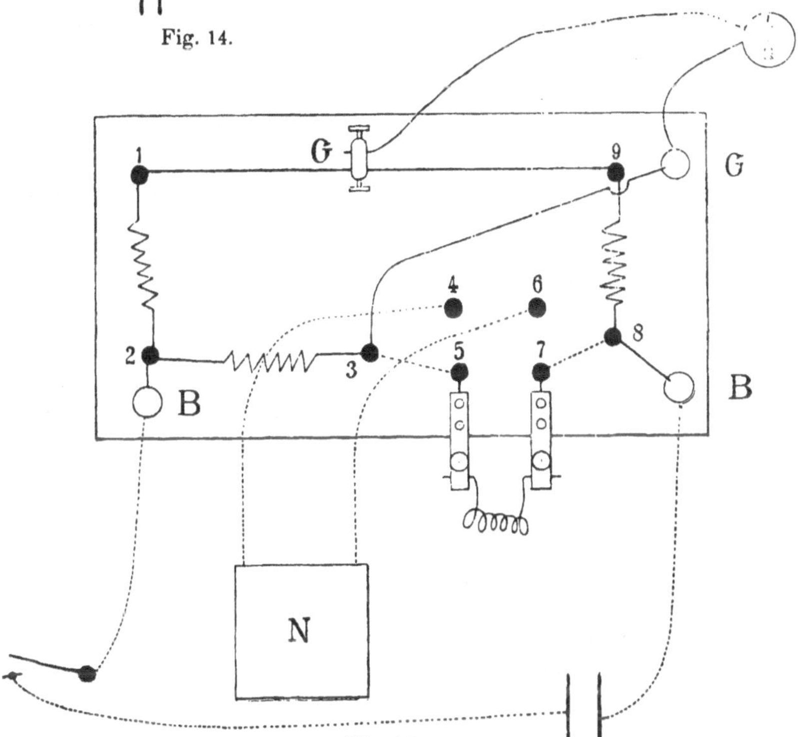

Fig. 16.

Fig. 14—16. **Widerstandsauswertung.**

B, B, welche mit den Quecksilbernäpfen 2 und 8 verbunden sind. Zwischen 1 : 2, 2 : 3 und 8 : 9 kommen drei unter sich und mit dem zu kopierenden Widerstand *N* annähernd gleiche Widerstände; der letztere *N* wird mit 4 und 6 durch starke Drähte verbunden, und nachdem die Verbindungen 3 : 4 und 6 : 8 durch zwei Drahtbügel hergestellt sind, bringt man die Brücke durch Verschieben der Klemmschraube *G* längs dem Draht ins Gleichgewicht. Dann werden die Bügel nach 3 : 5 und 7 : 8 gelegt. Man klemmt zwischen die Klammern den abzugleichenden Widerstand *W* und ändert diesen so lange, bis die Brücke wieder im Gleichgewicht ist. Durch erneute Einschaltung von *N* überzeugt man sich, daß das ursprüngliche Gleichgewicht nicht gestört ist, bezw. stellt es von neuem her und bewirkt schließlich nach Einschalten von *W* die endgültige Ablesung.

Des bequemeren Handhabens wegen werden die Widerstände aufgewickelt. Hölzerne oder andere Spulen sind nur für beträchtliche Drahtlängen nötig. Kürzere Drähte biegt man in der Mitte zusammen und wickelt die beiden Teile gemeinsam um den Finger oder um ein cylindrisches Stück Holz. Die erhaltene Rolle wird abgestreift, mit etwas dünnem Bindfaden festgebunden und mit geschmolzenem Paraffin getränkt. Die Enden des Drahtes werden hinreichend lang gelassen, um die Regulierung und Befestigung bewerkstelligen zu können. Man thut wohl, die letzte Abgleichung erst nach dieser Vorbereitung vorzunehmen.

Die beiden Enden des so gewonnenen Widerstandes werden am besten an Messingklötze oder starke Kupferdrähte angelötet.

Es ist bei der Aufwickelung der Widerstände stets die Vorsichtsmaßregel zu beachten, den Draht in der Mitte umzubiegen und die beiden Teile, beim Knicke beginnend, gleichzeitig aufzuwickeln, weil sonst durch Selbstinduktion der entstehenden Solenoide Fehler entstehen.“

Normalwiderstände. Es ist noch nötig, mit einigen Worten auf die Form von Normalwiderständen einzugehen. Dieselben sind nach einer von W. Siemens angegebenen Methode direkt mit dem der Messung zu Grunde liegenden Quecksilberwiderstande verglichen und käuflich zu haben. Ihre Einrichtung ist die folgende (Fig. 17).

In eine runde Holzbüchse, deren Deckel und Boden von einem 10 mm weiten Loche durchbrochen sind, ist ein doppelt übersponnener, gut lackierter Neusilberdraht von 0·9 mm Durchmesser, 1·7 g Gewicht und etwa 2·7 m Länge in einer doppelt gewundenen Spirale eingelegt. In die Büchse sind zwei viereckige Messingstäbe *a* und *b* eingelassen, die auf der einen Seite dicke amalgamierte Kupferdrähte zum Einsenken in die Quecksilbernäpfe, auf der andern Klemmschrauben zum Befestigen starker Leitungsdrähte tragen. Mittels angeschraubter Messingplatten werden die Enden des Neusilberdrahtes gegen die Messingstäbe fest geklemmt und verlötet. Diese Apparate besitzen bei Zimmertemperatur (circa 20^0) genau einen Ohm Widerstand. Bei anderen Temperaturen ist in Berücksichtigung zu ziehen, daß

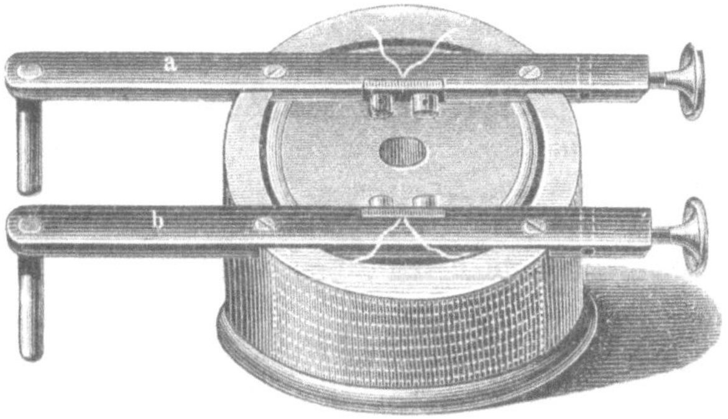

Fig. 17. Normal-Widerstand.

für 1^0 Celsius Temperaturerhöhung der Widerstand um 0·0004 Ohm sich verringert.

Spätere Konstruktionen von Siemens gestatten den Innenraum der Büchse mit einer nicht leitenden Flüssigkeit zu füllen, wodurch das Einhalten ganz bestimmter Temperaturen ermöglicht wird.

§ 5. **Meßapparate.**

Um den Strom vollständig zu messen, muß man sowohl seine zwischen den zu beobachtenden Punkten zur Geltung kommende elektromotorische Kraft oder Potentialdifferenz oder Spannung, sowie auch die Stromstärke kennen, welche bekanntlich in jedem Punkte eines Stromkreises die gleiche ist.

Es ist daher ein Meßapparat zur Bestimmung der Stromstärke, gleichgültig wie er konstruiert ist, an irgend einer Stelle in den Stromkreis einfach einzuschalten, so daß er einen Teil des Stromkreises bildet.

Ein Apparat zur Bestimmung der elektromotorischen Kraft muß hingegen stets zwischen diejenigen Punkte des Stromkreises gebracht werden, deren Potentialdifferenz zu bestimmen ist. Will man z. B. diese Messung an den Elektroden einer Zersetzungszelle vornehmen, so wird, während der Strom die Zelle passiert, der Apparat mittels zweier kurzer Drähte an den Elektroden selbst angelegt, ein sogenannter Nebenschluß hergestellt, wodurch bei geeigneter Aichung des Apparates direkt der innerhalb der Zelle stattfindende Spannungsabfall in Volt gegeben wird.

Ampèremeter, Voltmeter. Die käuflichen, empirisch geaichten Apparate sind für die genauesten Messungen nicht brauchbar, sie kommen überall dort zur Anwendung, wo es sich um Kontrolle der Stromgrößen handelt; sobald die Aufgabe des Versuches in der Ermittelung der Stromgrößen selbst liegt, wendet man weit empfindlichere, ungeaichte Apparate an, die Galvanometer und Elektrometer.

Die gewöhnlichen Ampèremeter und Voltmeter sind elektromagnetische Instrumente, deren Einrichtung bei beiden im Prinzipe die gleiche ist. Die Konstruktion derselben beruht auf der Eigenschaft einer vom Strom durchflossenen Spirale, einen Cylinder oder auch eine Röhre aus weichem Eisen in der Richtung der Axe in sich hineinzuziehen. Die Kraft, mit der diese Anziehung erfolgt, ist proportional der Intensität des Stromes; die Apparate sind empirisch geaicht. Während nun ein Ampèremeter einen möglichst geringen Widerstand besitzt, wird bei den Voltmetern der Widerstand im Apparate so groß gemacht (100—1000 Ohm), daß der Widerstand im betrachteten Stromkreise vernachlässigt werden darf. Dadurch findet zwischen den beiden Beobachtungspunkten der Spannungsabfall praktisch ganz im Apparate statt. Nach dem Ohm'schen Gesetze ist $\pi = i.w$; w ist eine Konstante, so daß man in Wirklichkeit nur die Intensität abliest, die aber in empirischer Aichung direkt in Volt umgerechnet ist.

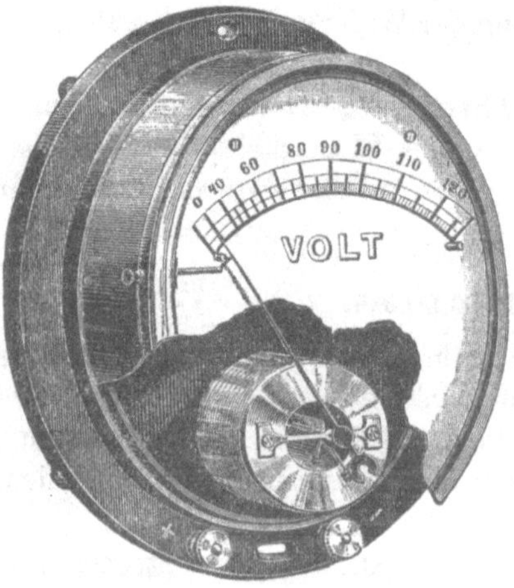

Fig. 18. Voltmeter.

Fig. 17 zeigt ein Voltmeter, ein Ampèremeter bietet in der äußeren Form dasselbe Bild.

Als besonders empfehlenswert seien die nach dem WESTON-Prinzip konstruierten Voltmeter und Ampèremeter für genauere Messungen erwähnt. Ihre Einrichtung ist wesentlich die der beschriebenen Apparate.

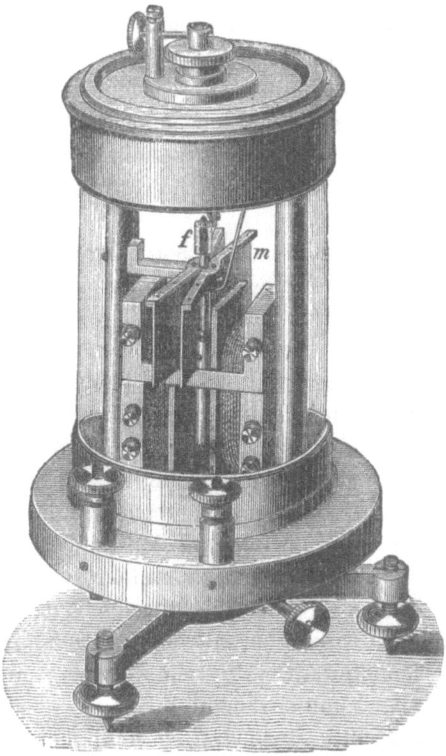

Fig. 19. Torsionsgalvanometer.

Galvanometer. Neben dem geschilderten Voltmeter gebraucht man auch häufiger zu Spannungsmessungen das Torsionsgalvanometer. (Fig. 19.)

Die Einrichtung besteht im wesentlichen aus zwei vertikal und parallel gestellten Drahtspulen von großem Widerstand, zwischen denen ein Magnet in Form einer leichten Glocke an einer Spiralfeder aufgehängt ist. Die Spiralfeder geht bis unter den runden Glasdeckel des Instrumentes, welcher mit einer Teilung versehen ist, und trägt dort einen horizontalen Zeiger. Die obere, über dem Glasdeckel liegende Befestigung der Spiralfeder ist mittels eines auf dem Glasdeckel sitzenden Knopfes drehbar und die Größe dieser Drehung kann wieder durch einen eigenen Zeiger abgelesen werden.

Man stellt das Instrument stromlos so auf, daß der letzte Zeiger zunächst auf den Nullpunkt der Teilung des Glasdeckels gebracht wird und dreht nun den ganzen Apparat so, daß der Zeiger des freischwebenden Magneten, welcher die durch den Erdmagnetismus bedingte Lage einhält, gleichfalls auf Null weist, so daß beide Zeiger sich übereinander befinden. Der Durchgang des Stromes ruft eine bestimmte Ablenkung der Magnetnadel und somit des letzterwähnten Zeigers hervor; er verläßt die Nulllage und kann nur durch eine im entgegengesetzten Sinne ausgeführte Drehung des mit der Spiralfeder verbundenen Knopfes wieder in die Nulllage zurückgebracht werden. Dabei nimmt der mit dem Knopfe starr verbundene Zeiger einen bestimmten Teilstrich der auf dem Glasdeckel befindlichen Skala ein. Die Teilung ist nun empirisch so geaicht, daß die erhaltene Ablesung sogleich die elektromotorische Kraft in Volt liefert. Gewöhnlich benutzt man einen gesonderten Widerstandskasten bei der Messung, welcher durch Einstöpselung eines Metallstiftes den Widerstand des Apparates und hierdurch die Empfindlichkeit zu variieren ermöglicht.

Die elektrolytischen Apparate finden als Übungsaufgaben im speziellen Teile Erwähnung.

Während die bisher beschriebenen Meßapparate, wie bereits erwähnt, zu Kontrollbeobachtungen innerhalb weiter Grenzen verwendbar sind, dienen die Galvanometer und Elektrometer bei ihrer hohen Empfindlichkeit zu den feinsten Messungen.

Die Konstruktion des Galvanometers, welche in den verschiedensten Formen zur Ausführung gebracht werden, kann als bekannt vorausgesetzt werden, zumal da eine genaue Beschreibung ihrer Einrichtung und Anwendung in vielen physikalischen Hilfs- und Lehrbüchern zu finden ist. (S. a. Ostwald, Hand- und Hilfsbuch.) Die Ablesung der Galvanometer geschieht bei empfindlichen Apparaten entweder mittels eines auf eine Skala reflektierten erleuchteten Spaltes (Lichtbildes), oder weitaus am häufigsten mit Spiegel und erleuchteter Skala. Die Größe des Ausschlages für bestimmte Stromstärken muß bei jedem Apparat empirisch festgestellt werden; man benutzt hierzu die später zu beschreibenden Normalelemente. Ein solches Galvanometer kann nun ebenso gut als Ausschlagsinstrument, wie bei Kompensationsmethoden als Nullinstrument Verwendung finden. Diese letztere Methode hat das Prinzip, den zu bestimmenden elektrischen Größen bekannte entgegenzuschalten und letztere in kontrollierbarer Weise so lange zu variieren, bis die entgegenwirkenden Kräfte sich gegenseitig aufheben, das eingeschaltete „Nullinstrument“ demnach Stromlosigkeit anzeigt.

Elektrometer. Ein Apparat, der zweckmäßig nur zu solchen Ablesungen benutzt wird, ist das Lippmann'sche Kapillarelektrometer, dessen Einführung und praktische Form wir Ostwald verdanken, nach dessen Angaben[1] und teilweise eigenen Worten die folgende Beschreibung gegeben ist. Für die im speziellen Teil vorkommenden Messungen empfehlen sich äußerst einfache Konstruktionen. OSTWALD beschreibt das Elektrometer in folgender Weise: „Das Elektrometer beruht auf der Thatsache, daß die Oberflächenspannung des mit einem Elektrolyt (verd. Schwefelsäure) in Berührung stehenden Quecksilbers sich ändert, wenn der Potentialunterschied an der Berührungsstelle geändert wird. Das Elektrometer besteht aus zwei Quecksilbermassen, zwischen denen sich Schwefelsäure befindet. Die eine Masse berührt die Säure in einer sehr ausgedehnten Fläche, die andere in einer sehr kleinen; wird nun ein Potentialunterschied zwischen beide gebracht, so verteilt er sich im Verhältnis der beiden Oberflächengrößen an die beiden Elektroden, d. h. er ändert fast aus-

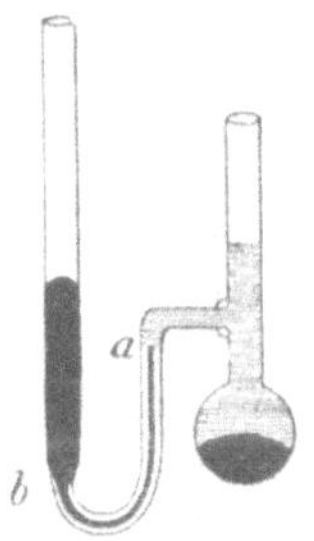

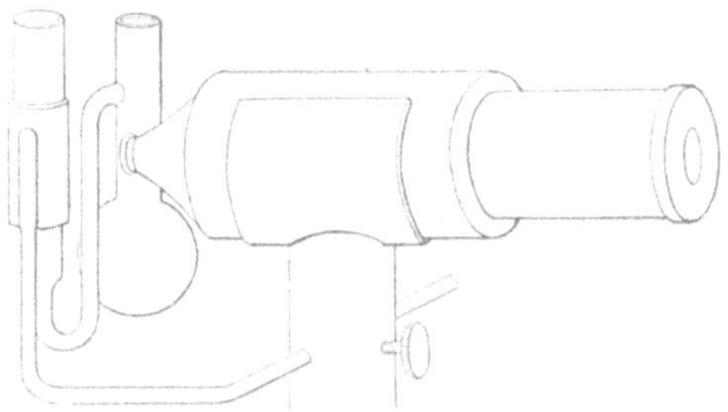

Fig. 20. Kapillar-Elektrometer. Fig. 21.

schließlich den Zustand der kleinen. Ist diese so angeordnet, daß sie unter dem Einfluß der Oberflächenspannung eine bestimmte Gleichgewichtslage einnimmt, so muß infolge der Einschaltung des Potentialunterschiedes diese Gleichgewichtslage geändert werden, und es erfolgt eine Bewegung des Quecksilbers an dieser Stelle, welche durch Vernichtung des Potentialunterschiedes mittels Gegenschaltung eines gleich großen wieder aufgehoben werden kann.

„Eine geeignete, recht empfindliche Form zeigt Fig. 20. Die Kapillare ist etwa 0·5 mm weit; man füllt das Quecksilber und verdünnte Schwefelsäure (1 : 6 dem Volum nach) in der Weise, wie in der Figur angedeutet, ein und führt Platindrähte in das

[1] Hand- und Hilfsbuch zur Ausführung physico-chemischer Messungen. Leipzig 1893.

Quecksilber zur Zuleitung ein, von denen der eine durch eine übergeschmolzene Glaskapillare gegen die verdünnte Schwefelsäure isoliert werden muß. Man beobachtet den Stand des Quecksilbers in der Kapillare mittels eines Mikroskopes von 20—40facher Vergrößerung; eine Skala von 0·2 mm Abstand der Teilstriche im Okular ist notwendig.

„Das Elektrometer und das Mikroskop werden so befestigt, daß das erstere eine kleine vertikale, das letztere eine Bewegung in seiner Längsrichtung gestattet und die Kapillare durch die Mitte des Gesichtsfeldes geht. Fig. 21 zeigt die Einstellung mit gleichzeitig zweckmäßigster Befestigung in Messinghülsen. Durch einen kleinen beweglichen Spiegel wird das Licht durch das Elektrometer in das Mikroskop geworfen."

Für den Fall, daß das Elektrometer nicht zur Messung gebraucht wird, muß es, um dauernd im Stande zu bleiben, in sich geschlossen sein. Ostwald hat, um eine bequeme Be-

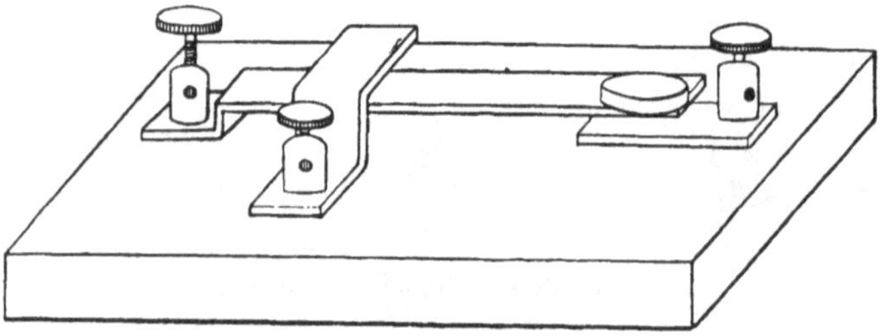

Fig. 22. Schließungsschlüssel.

nutzung des Apparates zu erleichtern, den in Fig. 22 dargestellten Schlüssel konstruiert. „Ein federnder Messingstreifen ist mit einem isolierenden Knopf versehen und verbindet beim Niederdrücken die linke Klemmschraube mit der rechten. In der Ruhelage drückt er nach oben gegen einen übergreifenden Messingstreifen, an dem sich die mittlere Klemmschraube befindet, so daß während der Ruhe diese mit der linken verbunden ist und erst kurz vor der Berührung mit der rechten abgetrennt wird. Von dem unter der Schwefelsäure in der Kugel befindlichen Quecksilber geht die Leitung nach der mittleren Klemmschraube, die linke ist mit dem Quecksilber der Kapillare verbunden.

„Die empfindlichste von allen Formen des Lippmann'schen

Elektrometers ist die ursprünglich vom Erfinder angegebene mit kegelförmiger Kapillare, welcher sich leicht folgendermaßen herstellen läßt.

„Eine Probierröhre von etwa 8 cm Höhe wird mit einem am Boden eingeschmolzenen Platindraht versehen und zweckmäßig in einem Loche eines Holzbrettes befestigt. Sodann überschichtet man den Boden des Reagiercylinders mit reinem Quecksilber und gießt hierauf bis ungefähr zu $^3/_4$ der Höhe des Gläschens reine verdünnte Schwefelsäure (1 : 6). Man bereitet sich ferner eine dickwandige Kapillare von etwa 1 mm Lumen und steckt dieselbe durch die Durchlochung eines paraffinierten Korkpfropfens, welcher den Reagiercylinder lose verschließt, so daß der Luft Durchgang gewährt ist. Das Loch für die Kapillare im Pfropfen muß dicht an eine Seite angebracht sein, so daß die eingefügte Kapillare möglichst dicht an eine Wandung des Reagiercylinders aufliegt. Diese Vorsicht ist deshalb nötig, um bei der mikroskopischen Beobachtung die Parallaxe möglichst auszuschließen. An das obere Ende der Kapillare kommt ein 5 cm langer Schlauch von schwarzem Gummi, der sorgfältig festgebunden wird; über diesen wird ein Schraubenquetschhahn geschoben und in das freie Ende des Schlauches ein Glasrohr von 30 cm Länge und 0·5 cm Weite gesteckt, welches gleichfalls festgebunden wird. Das letzte trägt einen eingeschmolzenen Platindraht, sowie einen seitlichen Stutzen, welcher mit Gummischlauch und Quetschhahn verschlossen ist, und wird mittels einer Klemme von einer in das Grundbrett geschraubten Stange getragen. Der Platindraht der Kapillare und der Probierröhre gehen in je eine durch Hartgummi isolierte Klemmschraube aus, die beide auf dem Grundbrett angebracht sind. Ferner bedarf man zu der Beobachtung eines Beleuchtungsspiegels.

„Um den Apparat in Gang zu setzen, bringt man zunächst auf den Boden der Probierröhre reines Quecksilber, füllt sie zu $^3/_4$ mit Schwefelsäure und bringt die Kapillare in feste Stellung. Dann wird der Schraubenquetschhahn geschlossen und durch das am Gummischlauch befestigte Glasrohr Quecksilber eingefüllt. Durch vorsichtiges Öffnen des Quetschhahnes läßt man nun das Quecksilber so in die Kapillare treten, daß keine Luftblasen den Quecksilberfaden unterbrechen.

„Nun kommt der schwierigste Teil der Operation, die Füllung der Kapillare mit Quecksilber. Man verbindet zunächst die beiden Platindrähte mit beiden Klemmschrauben, und diese miteinander durch einen Draht, so daß das Elektrometer in sich geschlossen ist, schraubt den Quetschhahn ganz zu und preßt den zwischen den Hahn und der Kapillare liegenden Teil des Gummischlauches, der mit Quecksilber gefüllt ist, mit den Fingern zusammen. Man kann auf diese Weise einen sehr bedeutenden Druck ausüben und bringt das Quecksilber leicht durch die Kapillare. Hebt man nun den Druck auf, so tritt Schwefelsäure in die Kapillare ein.

„Ist dies gelungen, so wird der Quetschhahn wieder geöffnet und man beobachtet, ob Quecksilber freiwillig aus der Kapillare ausfließt oder nicht. Ist ersteres der Fall, so läßt man aus dem seitlichen Stutzen des Glasrohres so lange Quecksilber ausfließen, bis infolge des verminderten Druckes das Austropfen aufhört und Schwefelsäure in die Kapillare dringt. Jetzt hat man nur durch kleine Drehungen des Pfropfens der Probierröhre die Kapillare in das Gesichtsfeld des Mikroskopes zu bringen und den Druck mittels des Schraubenquetschhahnes so zu regulieren, daß der Meniskus am mittleren Teile des Okularmikrometers erscheint. Der von der Schwefelsäure eingenommene untere Teil der Kapillare soll möglichst kurz gehalten werden, da die Schnelligkeit der Einstellung davon abhängt.

„Tropft das Quecksilber auch dann nicht freiwillig aus der Kapillare, wenn das Druckrohr vollkommen gefüllt ist, so ist die Kapillare zu eng. Man sucht mit einer Lupe die Stelle auf, wo das Quecksilber einsteht, und schneidet die Kapillare dort ab; dann läßt sie sich, wie vorbeschrieben, regulieren.

„Um das Quecksilber leicht bewegen zu können, wird schließlich über das Druckrohr ein längerer Gummischlauch geschoben, an welchem man mit dem Munde saugen und blasen kann, während man das Auge am Mikroskop hat. Das Elektrometer bewegt sich nur regelmäßig, wenn die Kapillare gut mit Schwefelsäure benetzt ist, und man muß nach längerer Ruhe jedesmal durch Druckverminderung die Schwefelsäure in die Kapillare hinaufbewegen, wenn man gute Einstellungen haben will.

„Die ursprüngliche Nulllage des Elektrometers ändert sich langsam in den ersten Tagen; wird aber später sehr konstant.

„Das Mikroskop soll eine Vergrößerung von 50—100 haben, das Okularmikrometer rund 30 Striche im Gesichtsfelde."

Die Empfindlichkeit dieser Anordnung ist eine ungemein

große. Gewöhnlich hat man für 0·001 Volt 3 bis 10 Skalenteile Ausschlag, kann somit noch 0·0001 Volt sicher beobachten und bis 0·00001 Volt schätzen.

Fig. 23 zeigt die ganze Anordnung in zweckmäßiger Aufstellung. Spiegel und das am Glasrohr befindliche seitliche Stutzen mit Gummischlauch und Quetschhahn sind in der Zeichnung fortgelassen.

In der Zeit, als das durch Ostwald allgemein eingeführte

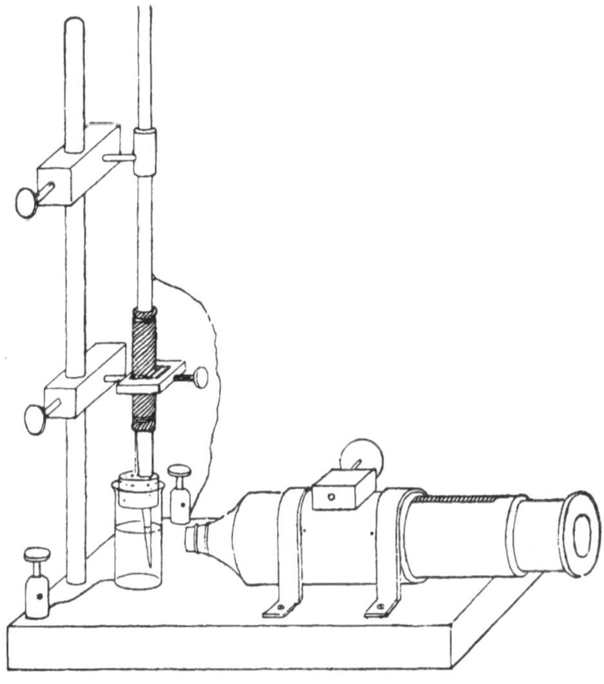

Fig. 23. Kapillar-Elektrometer.

Lippmann'sche Elektrometer noch nicht seine jetzige Handlichkeit und Erprobtheit besaß, wurde zur Messung von Potentialdifferenzen fast ausschließlich das Quadranten-Elektrometer von Thomson benutzt. Bis in die letzte Zeit war es aber fast vollständig für die Aufgaben der Elektrochemie vom Kapillarelektrometer verdrängt; erst die sinnreiche Konstruktion von Nernst und Dolezalek hat ihm einen Platz in der Ausstattung elektrochemischer Laboratorien gesichert.

Das Prinzip des THOMSON'schen Quadrantenelektrometers ist das folgende.

Eine bewegliche Nadel befindet sich zwischen zwei symmetrisch angeordneten, von einander isolierten und auf verschiedene Potentiale gebrachten, festen Leitern, so daß die Ablenkung des beweglichen Teiles von der Potentialdifferenz der beiden festen Leiter und dem Potential der Nadel selbst abhängt. Häufig ist die Einrichtung so, daß die aus Aluminium hergestellte Nadel N an einem Faden in einem aus „4 Quadranten" gebildeten Metallgehäuse, von denen je zwei leitend miteinander verbunden sind, schwebt, wie es in Fig. 24 angedeutet ist. Die Aluminiumnadel hat nach unten einen Drahtfortsatz D, welcher mit einem ringförmig gebogenen Ende in ein Gefäß mit konzentrierter Schwefelsäure S taucht.

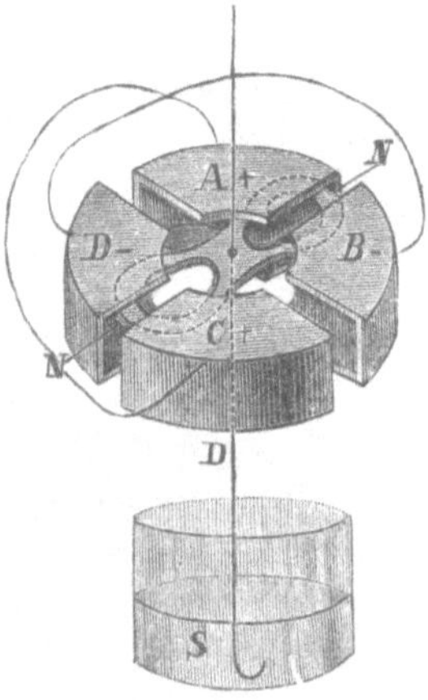

Fig. 24.
Quadranten-Elektrometer.

Bei der Benutzung des Apparates wird die Aluminiumnadel auf ein hohes Potential geladen, dadurch, daß man den in die Schwefelsäure führenden Draht mit einer Leidener Flasche in Verbindung bringt. Die zu messende Potentialdifferenz wird immer so bestimmt, daß man je zwei mit einander verbundene Quadranten mit einem der auf Potentialdifferenz zu untersuchenden Leiter in Verbindung bringt. Dadurch befinden sich die Quadrantenpaare auf verschiedenem Potential und die Ablenkung der Nadel aus ihrer Ruhelage, die bei gleichem Potential der Quadranten unverändert bleiben würde, zeigt die gesuchte Differenz in einfacher Rechnung an. Bedeutet $V_1 - V_2$ diese Differenz, welche zu bestimmen ist, so gilt die Gleichung:

$$V_1 - V_2 = \frac{S}{a \cdot V}$$

wobei a eine Konstante des Apparates, S die mit Spiegel und Fernrohr abgelesenen Skalenteile (für kleine Ausschläge) und V das Potential der Nadel bedeutet.

Ist das letztere konstant, so kann man durch Einschaltung einer schon bekannten Potentialdifferenz für den Apparat die Größe $\frac{1}{a \cdot V}$ zur Anstellung von Messungen vorher auswerten.

Nernst und Dolezalek[1] haben diesem Instrumente nun die folgende Form gegeben: Eine kleine Zambonische Säule Z wird aus unechten Silberpapierscheibchen (Zinn), deren eine Seite mit Bleisuperoxyd bedeckt ist, aufgebaut. Eine solche von 4 mm Durchmesser und 6·5 cm Länge zeigte eine konstante Spannung von 1400 Volt; sie kann nach der Entladung leicht stets wieder auf das ursprüngliche Potential gebracht werden. (Fig. 25.)

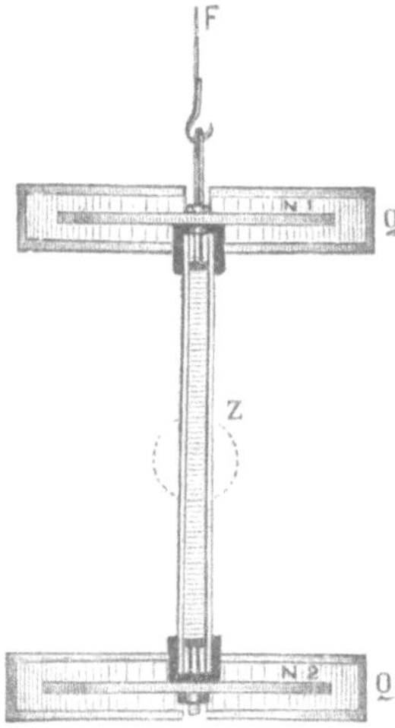

Fig. 25.
Quadranten-Elektrometer.

Das Säulchen Z ist an einem Quarzfaden F aufgehängt und trägt an seinen Polen die Elektrometernadeln N_1 und N_2, welche in den über einander angeordneten Quadrantenschachteln Q_1 und Q_2 schweben. Setzt man diesen Apparat in ein metallisches Gehäuse, so hat man einen Elektrometer von großer Empfindlichkeit, dessen Ausschläge mit Spiegel S und Fernrohr genau gemessen werden können.

Die Messung einer Potentialdifferenz kann nach Aichung des Apparates mit einer Normalspannung ebenso gut durch direkten Ausschlag als nach einer Kompensationsmethode erfolgen.

Ampèrestundenzähler. Es ist häufig, besonders in der Technik, bequemer, anstatt die Intensität des Stromes dauernd zu kontrollieren, direkt einen elektromagnetischen Ampèrestundenzähler anzuwenden.

Der am häufigsten benutzte von Aron konstruierte Zähler, hat folgende Einrichtung (s. Fig. 26):

Ein an dem unteren Ende eines Uhrpendels angebrachter Magnet schwingt über einem vom Strome durchflossenen Solenoid. Durch die mit der Stärke des Stromes variierende Anziehung des Magneten gegen das Solenoid erhält man eine in gleichem Maß variierende Belastung des Pendels, dessen Schwingungen mithin dieser Anziehung entsprechend modifiziert werden. Dieses Uhrwerk wird nun mit einer gewöhnlichen Uhr in der Art in Kombination gebracht, daß der Gangunterschied der beiden Uhren als Maß der das Solenoid durchfließenden Strommenge auf einem Zifferblatt mittels Zeigers ablesbar ist.

[1] Ztschr. f. Elektrochemie 1896/97. S. 1.

Handelt es sich um direkte Ablesung der Wattstunden, so bringt man an Stelle des einen Magneten gleichfalls ein Solenoid, welches aber nicht direkt vom Strome durchflossen wird, wie das erste, sondern in einem Nebenschlusse der Leitung liegt, so daß die durchfließende Elektrizitätsmenge den Volts entspricht. Aus der gegenseitigen Wirkung der beiden Spulen kann man das Produkt Volt × Ampère bestimmen.

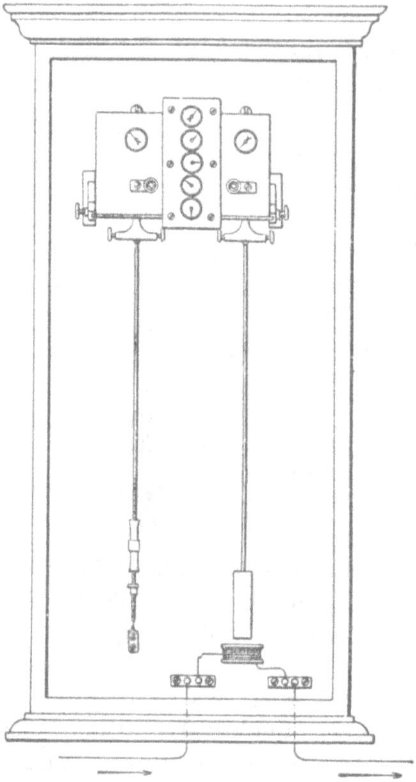

Fig. 26. Ampèrestundenzähler.

Durch eine Kombination mit dem Uhrwerk kann man nunmehr hierdurch die Wattstunden ablesen.

§ 6. Zersetzungsgefäße.

Das Gefäß, in welchem die elektrolytische Zersetzung vor sich gehen soll, bezeichnet man als elektrolytische Zelle oder als Elektrolysator. Im Prinzipe besteht die ganze Einrichtung entweder aus einem Gefäß von isolierendem Material, wie Glas, in welches die beiden stromzuführenden Elektroden tauchen, oder man verwendet das aus einem Metall hergestellte Gefäß gleichzeitig als eine Elektrode, die den Elektrolyten aufnimmt. In diesen taucht dann die zweite Elektrode. Bei den unendlich vielen Aufgaben elektrolytischer Natur, welche speziellen Zwecken dienen, sind die Vorschläge zur Konstruktion in großer Zahl gegeben. Im allgemeinen kann man sich mit leichter Mühe den geeigneten Apparat konstruieren; je nach Maßgabe der vorliegenden Aufgabe wird man Variationen vornehmen müssen. Es ist deshalb ohne Zweck, eingehender jede einmal in Anwendung und zur Veröffentlichung gebrachte Vorrichtung zu beschreiben. Nur einige wenige typische Modelle sollen erwähnt werden, deren endgültiger Konstruktion auf Grund längerer Erfahrung die vorliegende Form gegeben worden ist.

A. Zellen zu analytischen Zwecken.

Bei der quantitativen Abscheidung von Metallen und Metallsuperoxyden nimmt man nach CLASSEN's Vorschlag als die Elektrode, welche die quantitativ abgeschiedene Substanz, Metall oder Metallsuperoxyd, aufnehmen soll, eine dünne, ausgeschlagene Platinschale von ca. 250 ccm Inhalt, 9 cm Durchmesser, etwa 4·2 cm Tiefe und 35 bis 37 g Gewicht. Sie hat die in Fig. 27 in halber natürlicher Größe abgebildete Form. Zweckmäßig läßt man die innere Oberfläche im Sandstrahlgebläse mattieren, weil hierdurch ein festeres Haften der Niederschläge erzielt wird.

Fig. 27. Platinschale.

Eine Platin-Iridiumlegierung mit 10 % Iridium ist wegen der weit größeren Härte den reinen Platinschalen vorzuziehen. Als zweite Elektrode taucht in die mit dem Elektrolyten gefüllte Schale ein mäßig dickes Platinblech von 4·5 cm Durchmesser, welches an einem starken Platindraht leitend befestigt ist.

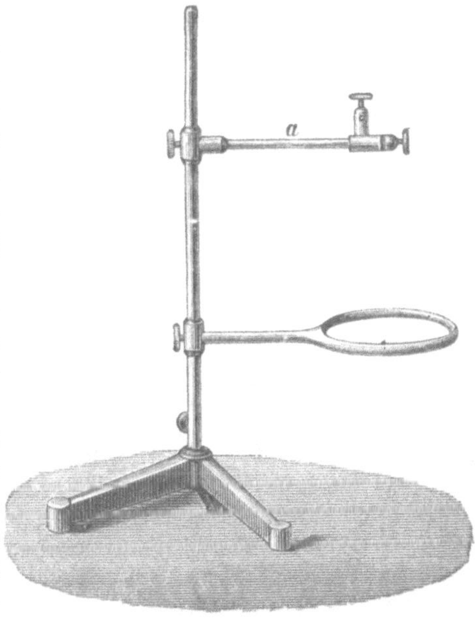

Fig. 28. Stativ.

Zur Aufnahme von Schale und Platinblech dient ein Stativ von den in Fig. 28 und 29 gezeichneten Formen. Auf dem mit drei kleinen Platinkontaktstiften versehenen Messingring ruht die Schale. Ist die Stange des Stativs aus Metall, so muß die Klemme für das Platinblech an einem isolierenden Glasarm sitzen. Empfehlenswerter (Fig. 29 und 30) ist es, die Stativstange aus Glas, alle anderen Teile aus Metall zu wählen.

Zur Elektrolyse in einem Becherglas eignet sich die neben-

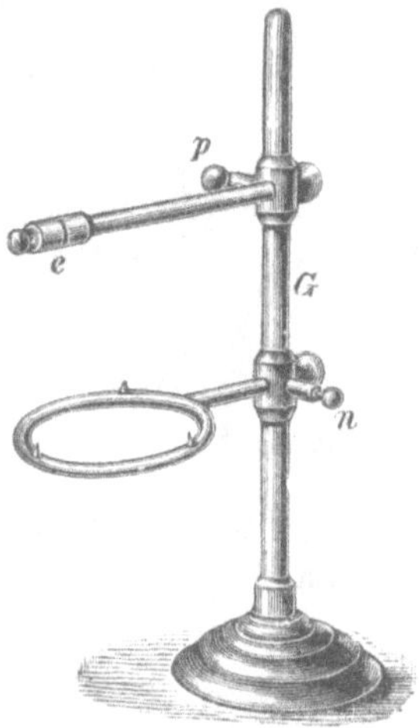

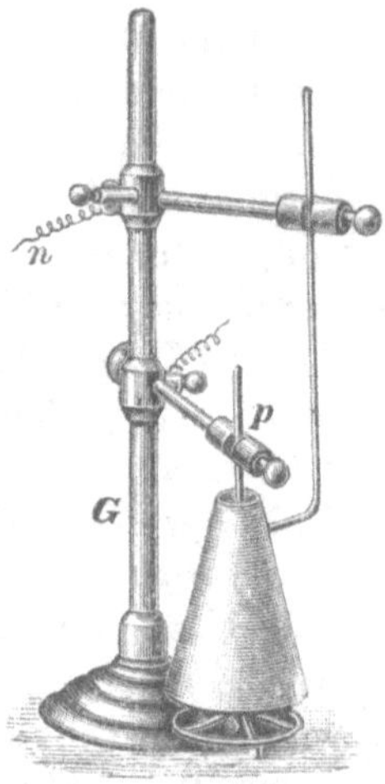

Fig. 29. Stative. Fig. 30.

stehende Form (Fig. 30) mit Platinkonus und Platindraht, welche ohne weiteres verständlich ist.

Andere Anordnungen von elektrolytischen Zellen zeigen

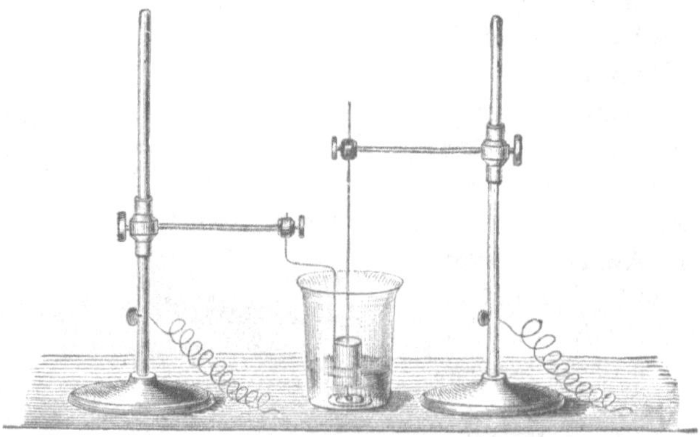

Fig. 31. Elektrolyse.

Fig. 31 und Fig. 32, bei welch' letzterer ein spiralförmig gewundener Platindraht als erste, eine auf einem Metalldreifuß ruhende Schale als zweite Elektrode verwandt wird.

Ein Universalstativ mit sämtlichen für die Elektrolyse notwendigen Apparaten rührt von KLOBUKOW[1] her. (S. Fig. 33.)

Wird die Elektrolyse mit Anwendung einer Platinschale als Elektrode ausgeführt, so dient als Träger der Schale *s* der Ring *R* mit drei eingelöteten Platinspitzen. Die zweite Elektrode *E* wird in den Träger *d* eingeklemmt, welch' letzterer am Muff *D*, bezw. an der Querstange *T T* aus Hartgummi verstellbar befestigt ist. Die Zuleitungen des Stromes erfolgen: Zur Schale *s* bei *m* vermittelst der Metallmasse des Stativs, zur Elektrode *E* bei *n* mittels der am Ende des Trägers *d* angebrachten Klemmschraube.

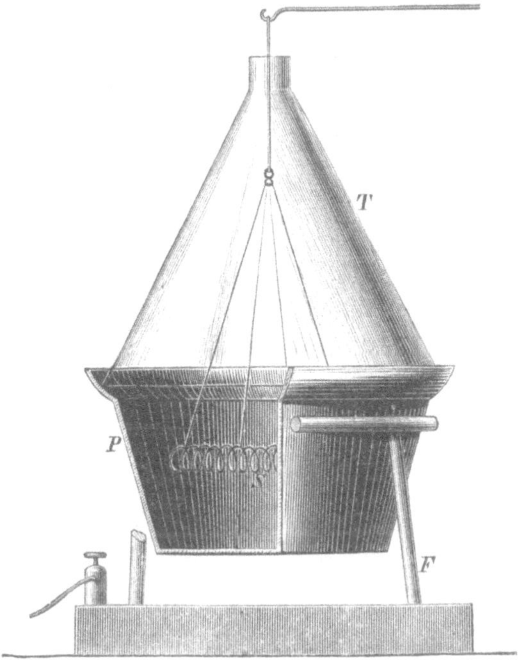

Fig. 32. Elektrolyse.

Die Zuleitungsdrähte sind mit der am Arbeitstisch festangebrachten Wippe *W* verbunden, welche in den betreffenden Stromkreis eingeschaltet wird. Außerdem sind Zuleitungen zum Voltmeter vorhanden, deren Enden bei der Messung der Potentialdifferenz an den Elektroden in geeigneter Weise an *s* und *E* angelegt werden.

Als weitere Teile des Universalstativs funktionieren: der zur Erwärmung der Flüssigkeit in *s* während der Elektrolyse dienende Mikrobrenner *B* und die mit einem Heber von besonderer Konstruktion verbundene Flasche *F*, welche die zum Auswaschen des Metallniederschlages in der Schale während des Durchganges des Stromes dienende Flüssigkeit enthält. Die Einrichtung des ge-

[1] Journal prakt. Chem. (2) **33**, 473, **34**, 539, **40**, 121.

nannten Hebers ist so getroffen, daß beim entsprechenden Öffnen der Hähne h, h_1, h_2 einerseits die Waschflüssigkeit in die Schale, andererseits der Inhalt der Schale in das Glas G übergeführt werden. Für bestimmte Zwecke läßt sich in der Weise eine

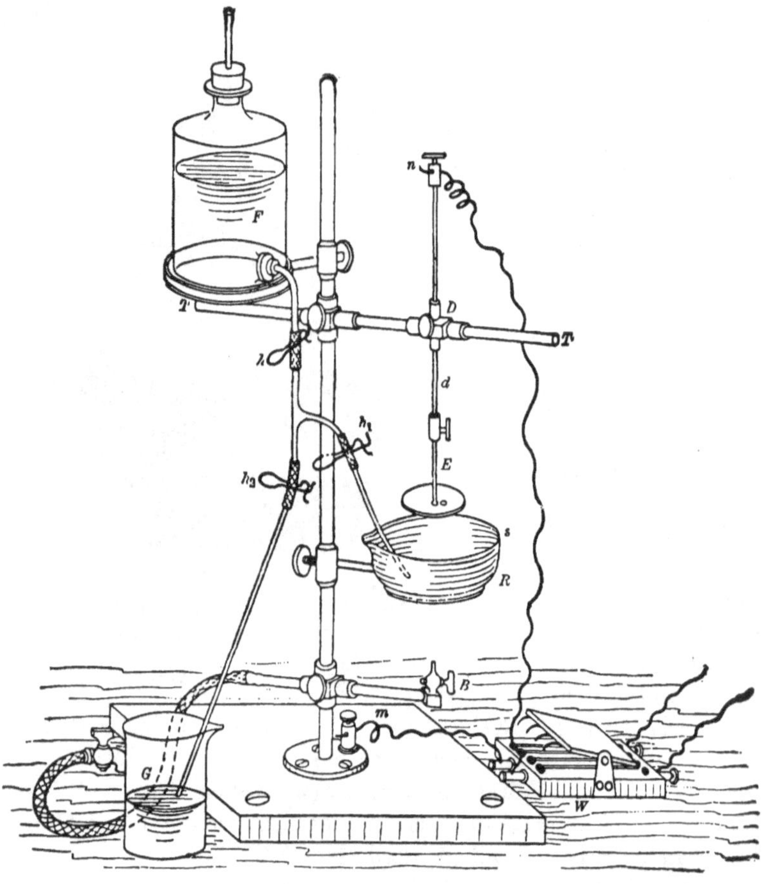

Fig. 33. Universalstativ.

Rührvorrichtung anbringen, daß die mit einer entsprechenden Rührvorrichtung versehene Elektrode E in langsame rotierende Bewegung um ihre Axe versetzt wird, während die Stromzufuhr durch einen Gleitkontakt vermittelt wird.

B. Andere Elektrolysatoren.

Wenn man die an den beiden Elektroden sich entwickelnden Gase nicht gesondert auffangen will, so genügt eine der Einrichtung des Knallgasvoltameters (s. w. u.) entsprechende Vorrichtung. Oder man schließt die ganze Zersetzungszelle mit einem dreifach durchbohrten Gummipfropfen, deren zwei Durchbohrungen zur Aufnahme der in Glasröhren eingeschmolzenen Elektrodenzuleitungen dienen; die dritte dient zur Entweichung der Gase, welche mittels geeigneter Anordnung aufgefangen werden.

Weit häufiger ist man in der Lage, die Produkte, welche an Anode und Kathode entstehen, getrennt auffangen zu müssen. Die Trennung innerhalb der Zelle erreicht man entweder durch poröse Diaphragmen[1], wie Thoncylinder, Thonplatten, poröse Gewebe, echtes Pergamentpapier oder sogenannte Diffusionshüllen, oder auch durch zweckmäßige Anordnung des Apparates. So kann man Kathode und Anode in den beiden Schenkeln eines **U**-Rohres unterbringen, oder in getrennten, durch Heber oder durch mit dem Elektrolyten getränkte Wolle verbundenen Gefäßen.

Das getrennte Auffangen der an Anode und Kathode sich entwickelnden Gase ist nicht mit Schwierigkeiten verknüpft und ohne weiteres verständlich.

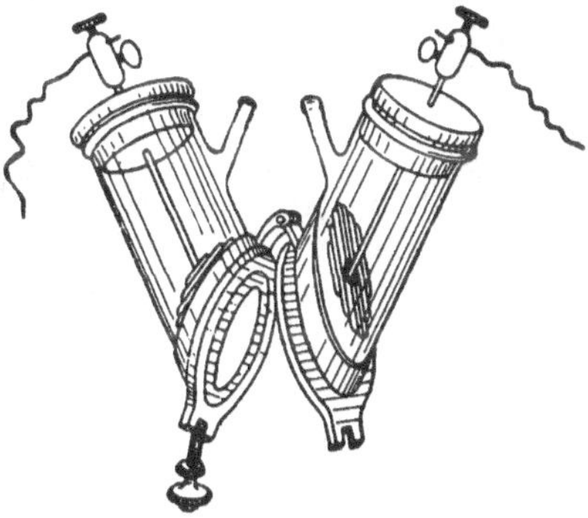

Fig. 34. Zersetzungszelle.

Fig. 34 zeigt den von KLOBUKOW vorgeschlagenen Apparat. Zwischen die beiden getrennten Schenkel mit genau auf einander geschliffenen Berührungsstellen wird die Membran gebracht. Der dichte Verschluß wird mittels eines Scharniers und einer Schraube bewirkt und zur Benutzung die Berührungsstellen der Glasschenkel gut verkittet.

Häufig ist es für das Gelingen einer Elektrolyse erforderlich, die Temperatur des Elektrolyten in bestimmten Grenzen zu halten. Man kann diesen Zweck durch Einsetzen der Elektro-

[1] Genaueres s. w. u.

lysatoren in Bäder von gewünschter Temperatur erreichen. Oft ist es jedoch, besonders bei notwendiger Kühlung, vorzuziehen, direkt die Elektroden hohl, entweder in Form von unten geschlossenen Cylindern oder von spiralartig angeordneten Kühlschlangen zu wählen, und in die Elektroden selbst das Kühlmittel, also gewöhnlich Wasser, zu bringen oder sie von ihm durchströmen zu lassen. Ein zur Kühlung geeigneter Apparat[1] ist z. B. der folgende (s. Fig. 35):

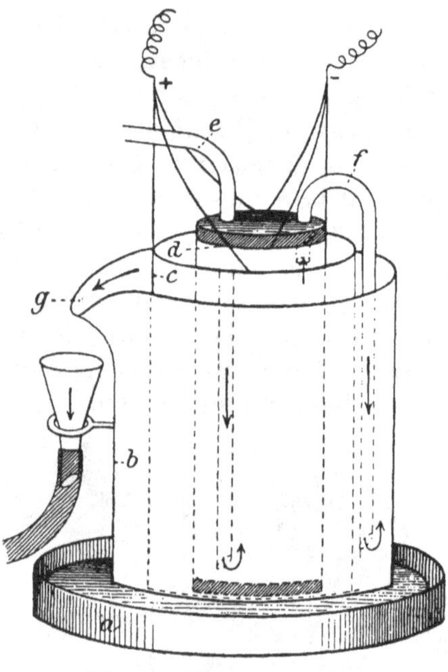

Fig. 35. Zersetzungszelle.

In ein großes starkwandiges Becherglas mit Ausguß oder ein gleichgeformtes Metallgefäß *a* wird der unten durch einen Gummipfropfen oder metallisch verschlossene, oben offene Cylinder *c*, den man aus dem gewünschten Elektrodenmetall herstellt, eingesetzt. Konzentrisch wird ein zweiter Metallcylinder *d*, der jedenfalls mit einem isolierenden Boden geschlossen ist (damit kein Kurzschluß bei metallischem Verschlusse des ersten Cylinders entsteht), eingefügt, welcher also lose auf dem inneren Boden von *c* steht. Falls man mit trennenden Thonwandungen arbeiten will, setzt man in *c* einen unten verschlossenen Thoncylinder und in diesen den Cylinder *d*. Zwischen den beiden Cylindern findet die Elektrolyse statt. Durch einen zweifach durchbohrten Gummipfropfen wird der Cylinder *d* geschlossen. Durch die eine Durchbohrung geht ein rechtwinklig gebogenes Glasrohr *e* bis fast auf den Boden des Cylinders, während aus der zweiten Öffnung, kurz unter dem Gummipfropfen beginnend, ein zweites Rohr *f* in zweimal rechtwinkliger Biegung so aufsteigt, daß es über den Elektrolysenraum hinweg in das äußere Gefäß bis nahe zum Boden

[1] W. Löb, Ztschr. für Elektrochemie. 1895/96, S. 663.

reicht. Das Glasrohr *e* wird mit der Wasserleitung in Verbindung gebracht, das Kühlwasser steigt nach Füllung des innersten Cylinders durch die Röhre *f* in das äußere Gefäß, füllt dieses an und fließt durch den Ausguß *g* in konstantem Strome ab. Der Elektrolysenraum ist also von beiden Seiten stets von Wasser umgeben, welches bei der guten Wärmeleitung des Metalles für ausreichende Kühlung sorgt.

Ein Apparat für durchfließende Elektrolyte ist von Hofer[1] beschrieben. Fig. 36 zeigt zwei Elektrodenräume aus Glas, welche mit Zufluß- und Abflußrohr für den Elektrolyten, der in kontinuierlichem Strome durchgeführt wird, und einem Ableitungsrohr für die entwickelten Gase versehen sind. Beide Hälften werden mittels einer festgekitteten Fassung unter Zwischenlegung von Pergamentpapier oder einer sonstigen porösen Scheidewand durch Zusammenschrauben befestigt. Die Elektroden bestehen aus spiralförmig gewundenem Platindraht von 0·8 mm Stärke, oder auch aus kleinen Platinblechen, die an einem längeren Platindraht befestigt sind. Diese Zuleitungsdrähte gehen durch die Gasableitungsröhren und werden für den Fall, daß die Gase gesammelt werden sollen, noch durch ein angefügtes T-Rohr geführt, und die Dichtung mit Kautschukstöpsel bewerkstelligt. Die zu elektrolysierende Flüssigkeit befindet sich in einem Kugelhahntrichter, dessen Rohr mit dem unten mündenden Zuflußrohr einer Abteilung des Apparates durch einen Kautschukschlauch verbunden ist. Die Flüssigkeit wird also kontinuierlich an die betreffende Elektrode geführt und muß den Apparat von unten nach oben durchströmen. Sie fließt durch das Abflußrohr, an welchem ein Glasrohr mit Kautschukschlauch und Schrauben-Quetschhahn zur Regulierung des Durchströmens befestigt ist, in ein untergestelltes Gefäß.

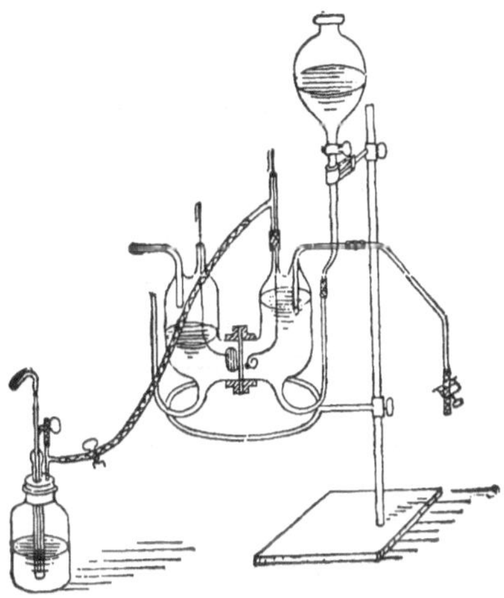

Fig. 36. Zersetzungszelle.

[1] Ber. Dtsch. Chem. Ges. **27**, S. 461.

§ 7. Diaphragmen.

Die bei vielen Elektrolysen notwendige Trennung von Anoden- und Kathodenflüssigkeit wird durch Teilung der Zelle mittels Diaphragmen in zwei getrennte, jedoch elektrolytisch in Zusammenhang stehende Räume erreicht. Solche Diaphragmen müssen eine ganze Reihe von Anforderungen erfüllen; zunächst darf der zu beiden Seiten des Diaphragmas befindliche Elektrolyt chemisch nicht auf dasselbe einwirken; ferner muß es die richtige Porösität besitzen, um, ohne den elektrolytischen Widerstand zu erhöhen, eine irgendwie beträchtliche Mischung der zu seinen beiden Seiten befindlichen Flüssigkeiten zu verhindern. Des weiteren darf die feste Substanz des Diaphragmas nicht metallisch leiten, wie etwa poröse Kohle, weil sonst die trennende Wand als Mittelleiter wirkt, d. h. die Ausbildung von Anode und Kathode auf ihr und somit direkte Elektrolyse eintritt.

Für Laboratoriumsversuche genügen eine ganze Anzahl von Substanzen zur Herstellung poröser Diaphragmen, während im Großbetrieb die Diaphragmenfrage zu den schwierigsten gehört. Für kleinere Versuche eignet sich ausgezeichnet die PUKALL'sche Thonmasse der Königl. Porzellanmanufaktur in Berlin, welche mit geringem elektrolytischen Widerstande große chemische Widerstandsfähigkeit verbindet. Es empfiehlt sich, vor dem Gebrauch die Diaphragmen, welche sowohl in Plattenform, wie in Cylinderform verwendet werden, durch längeres Digerieren mit mäßig konzentrierten Säuren und Alkalien zu reinigen und von den löslichen Anteilen zu befreien.

Auch die sogenannten Diffusionshüllen von SCHLEICHER und SCHÜLL in Düren eignen sich, ebenso wie das echte Pergamentpapier zu trennenden Membranen; ein Übelstand bei ersteren ist die bei dem Aufbewahren gebrauchter Hülsen eintretende Schrumpfung.

Von den in der Technik, hauptsächlich für die Salzsäure- und Chloridelektrolyse, angewandten Diaphragmen hat nur das von MATTHES und WEBER konstruierte unmittelbares Interesse. Diese porösen Wandungen werden nach der betreffenden Patentschrift durch Mischen von Cement mit löslichen Salzen und Säuren dargestellt. Wählt man auf 1000 Teile Cement 720 Teile Kochsalzlösung von 24° B. und 320 Teile Salzsäure von 20° B., so entzieht beim Mischen und Abbinden der Cement den Salzlösungen das Wasser, so daß die Salze in feiner Verteilung sich in fester Form in dem Cementkörper abscheiden. Wird nunmehr nach beendigter Abbindung der Cementkörper ausgelaugt, so erhält man einen äußerst fein und gleichmäßig porösen Körper, indem die löslichen Salze entfernt werden, und die unlöslichen Bestandteile gewissermaßen das Skelett des Körpers bilden.

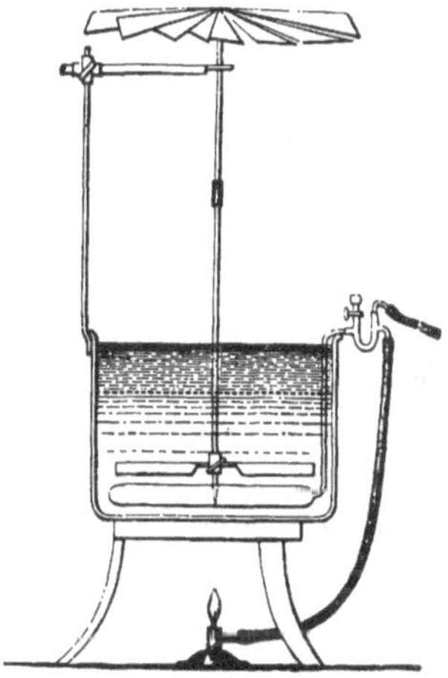

Fig. 37.
OSTWALD's Thermostat.

§ 8. Die Temperaturregulierung.

Da für eine große Reihe elektrochemischer Versuche eine möglichst genaue Konstanz der Temperatur notwendig ist, wie z. B. für viele Elektrolysen und vor allem für die Leitfähigkeitsbestimmungen, so möge hier die Beschreibung des äußerst bequemen OSTWALD'schen[1] Thermostaten folgen.

Auf den Boden eines Wasserbades von passender Größe, am zweckmäßigsten von emaillierten Eisenblech, wird das cylindrische Gefäß des Temperaturregulators gelegt (Fig. 37), welches in einen aufrechten Hals ausläuft, der über den Rand des Wasserbades rechtwinklig abgebogen ist.

Mit diesem Halse wird die U-förmige Reguliervorrichtung durch eine zwischengeschobene Gummidichtung wasserdicht verbunden. (Fig. 38.)

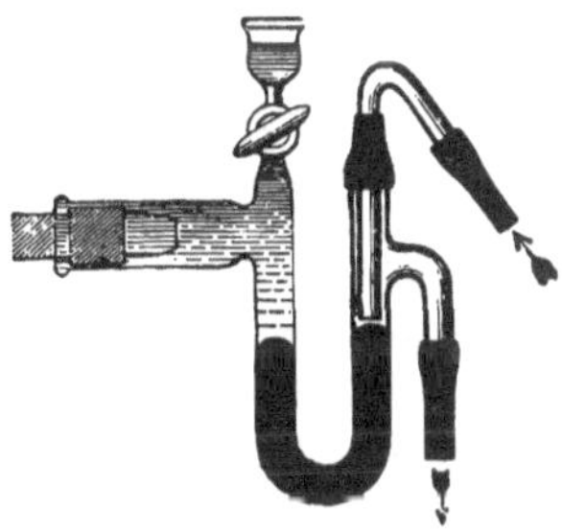

Fig. 38. Gasregulator.

Zur Füllung des Wasserbades benutzt man eine etwa 10proz. Lösung von Chlorcalcium, welche sich gleichförmiger und bei niederen Temperaturen stärker als Wasser ausdehnt. Die durch den Temperaturwechsel bedingten Volumänderungen der Flüssigkeit wirken auf das Quecksilber des Regulators (Fig. 38), welcher nach dem gewöhnlichen Prinzip eingerichtet ist. Der einzige für die Empfindlichkeit des Apparates entscheidende Unter-

[1] Ztschr. f. phys. Chem. II, S. 565.

schied besteht darin, daß die Öffnung der Gaszuflußröhre nicht wie gewöhnlich schief, sondern völlig gerade abgeschnitten ist. Es genügt alsdann eine sehr kleine Veränderung des Quecksilberstandes, um eine sehr bedeutende Änderung der Ausflußöffnung zu bewirken. Zur Verhinderung des Auslöschens wird eine sehr kleine seitliche Öffnung in der Gaszuflußröhre angebracht.

Um die Temperatur im ganzen Bade gleichförmig zu machen, dient ein Rührwerk, welches aus einer horizontal liegenden Windmühle besteht, die ein System von vier im Wasser umlaufenden, schmalen Schaufeln in Bewegung setzt. Die Windmühle wird durch den vom Thermostaten aufsteigenden, warmen Luftstrom bewegt; genügt dieser nicht, so läßt man unter der Mühle ein Hilfsflämmchen brennen. Um eine möglichst große Beweglichkeit zu erzielen, wird die senkrechte Axe des Rührwerkes aus einer leichten Glasröhre hergestellt, welche in eine Stahlspitze (starke Nähnadel) ausgeht, die in einem Achathütchen, wie sie für Kompaßnadeln benutzt werden, läuft. Die Mühle stellt man möglichst leicht aus Draht und steifem Papier, dünnem Aluminiumblech oder Glimmer her und giebt ihr einen Durchmesser von 40 bis 50 cm.

§ 9. Anordnung bei elektrolytischen Versuchen.

Wenn es sich um das Studium der galvanischen Zersetzung handelt, um Probleme, welche die Elektroanalyse, die Elektrometallurgie, die Galvanoplastik, die Elektrolyse und Elektrosynthese vorlegt, so können für die zweckmäßige und bequeme Anordnung der bezüglichen Versuche einige übereinstimmende Gesichtspunkte geltend gemacht werden. So ist stets eine Kontrolle der Stromgrößen, der Intensität und der in der Zersetzungszelle waltenden elektromotorischen Kraft, erforderlich; hierzu tritt der Umstand, daß häufig eine ganze Reihe Versuche in bequemer Weise mit möglichst geringem Aufwand an Meßapparaten bewerkstelligt werden sollen. Die Einrichtung, welche leicht mit wenigen Hilfsmitteln herzustellen ist und sich praktisch gut bewährt, ist im folgenden[1] kurz wiedergegeben.

[1] Classen, Quantitat. Elektroanalyse. IV. Auflage unter Mitwirkung von W. Löb. Berlin 1897, und W. Löb, Grundzüge der Elektrochemie. Leipzig 1897.

Da der Widerstand eines Elektrolyten während des Stromdurchganges sich ändert, so muß, da gewöhnlich die Intensität innerhalb gewisser Grenzen gehalten werden soll, der Stromkreis einen variabeln Widerstand besitzen, welcher zur Regulierung der Intensität dient.

Mittels desselben Widerstandes läßt sich auch die in der Zelle wirksame elektromotorische Kraft bei konstanter Potentialdifferenz der Stromquelle regulieren. Häufig jedoch ist es notwendig, nach oben hin die elektromotorische Kraft der Zelle festzusetzen, wie z. B. bei Trennungen in der elektrolytischen Metallanalyse. Dann wählt man einen Zweigstrom derart, daß zwischen den Abzweigungspunkten die im Maximum gestattete Potentialdifferenz herrscht, so dass ungeachtet sonstiger Änderungen in dem Zweigstrom ein Überschreiten des Maximalwertes ausgeschlossen ist. Man bedient sich folgender einfachen Vorrichtung zu diesem Zwecke.

Die Stromquelle *A* liefere einen Strom von 8 Volt, dann beträgt der Spannungsabfall längs des Stromkreises *acdb* 8 Volt. Dieser primäre Stromkreis besitze einen Widerstand von 100 Ohm, dann ist für jedes Ohm Widerstand ein Spannungsabfall von 0·08 Volt vorhanden. *cd* sei nun ein Widerstand aus feinmaschigem Drahtnetz, ein sogenannter CLASSEN'scher Siebwiderstand, dessen Größe gestattet den Widerstand der Drähte *ac* und *bd* zu vernachlässigen. Dann können wir sagen, längs des Widerstandes *cd* = 100 Ohm findet ein Spannungsabfall von 8 Volt statt. Dieser Widerstand *cd* sei in 10 gleiche Teile geteilt, deren jeder mithin 0·8 Volt Spannungsabfall hat. Zweigt man nun einen Strom von dem Widerstand ab, so daß die Abzweigungsdrähte eine bestimmte Anzahl Ohm des Siebwiderstandes umschließen, so ist hierdurch die Spannung in dem Zweigstrome geregelt. Befinden

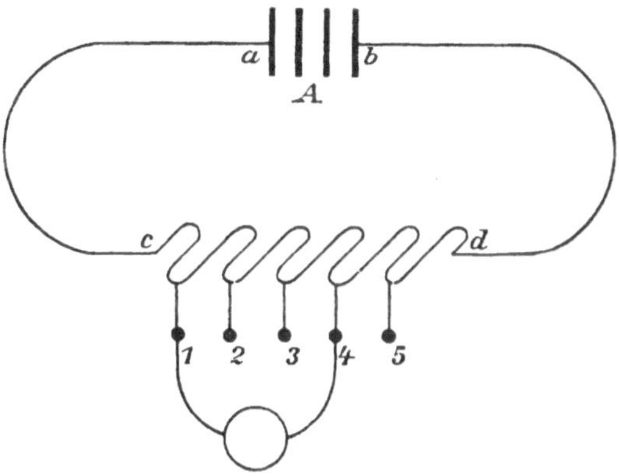

Fig. 39. Nebenschlußschaltung.

sich an jedem der 10 Teile des Widerstandes Klemmschrauben, so liefert der Strom zwischen Klemmschraube 1 und 2 in dem Zweigstrom 0·8 Volt, zwischen Klemmschraube 1 und 3 1·6 Volt, zwischen 1 und 4 2·4 Volt u. s. w., schließlich zwischen 1 und 10 die gesamten 8 Volt. (Fig. 40, Siebwiderstand mit 20 Klemmen.)

Trotzdem je nach dem Widerstand im Nebenschlusse geringe Verschiebungen der Potentialdifferenzen an den Abzweigungspunkten eintreten, auch nach oben hin, so sind die Begrenzungen doch für alle elektrolytischen Versuche hinreichend genau.

Man muß stets den Stromkreis, in welchem die Zersetzungen

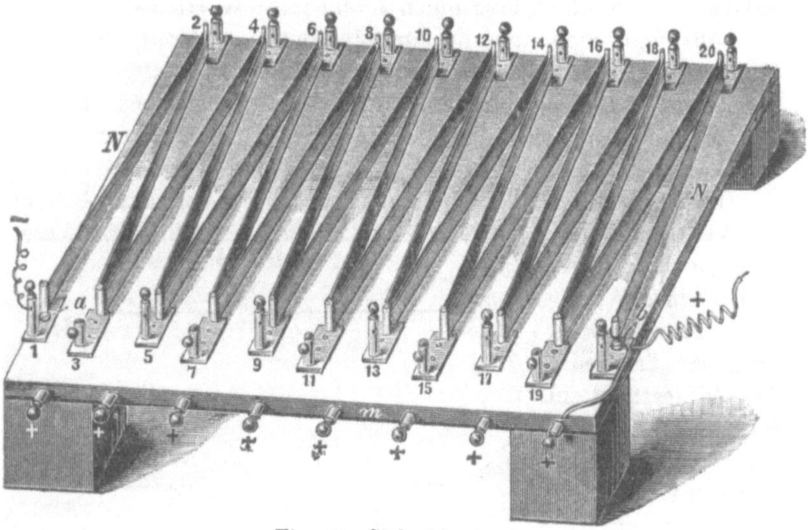

Fig. 40. Siebwiderstand.

stattfinden, also im vorliegenden Fall den durch den Nebenschluß entstandenen Stromkreis, mit den notwendigen Kontrollapparaten versehen; häufig ist es notwendig auch im Hauptkreis, in welchem der elektrolytische Vorgang sich nicht abspielt, Meßinstrumente anzubringen, da durch die Stromgrößen im Hauptkreise die des Nebenschlusses gegeben sind.

Für den eigentlichen Zersetzungsstromkreis empfiehlt sich für mehrere Versuche die folgende prinzipielle Anordnung, wie sie in der Fig. 41 schematisch skizziert ist und an welcher je nach Bedarf Modifikationen anzubringen sind.

Bei dieser Einrichtung, bei welcher Intensität und Spannung durch denselben Widerstand geregelt wird, bedeutet A eine Stromquelle, von der aus die Leitung zu zwei Reihen Klemmschrauben führt, die zur Entnahme des positiven (links), und zur Entnahme des negativen Stromes (rechts) dienen. Der positive Strom wird sofort in die Zersetzungszelle geleitet, der negative

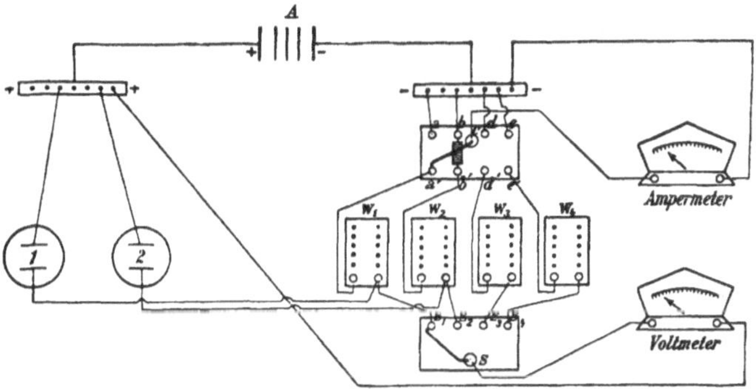

Fig. 41. Versuchsanordnung.

Strom führt mittels einer Reihe kurzer Drähte (in der Zeichnung sind vier Drähte gewählt) in auf einem Brett befindliche Quecksilbernäpfe *a b d e*, während der in der Mitte befindliche Quecksilbernapf *c* mit dem Ampèremeter in Verbindung steht, dessen zweiter Draht direkt zum negativen Pol führt. Auf der anderen Seite des Brettes sind wieder vier Quecksilbernäpfe *a' b' d' e'*, welche mit den Widerstandskästen $w_1\, w_2\, w_3\, w_4$ in Verbindung stehen; von den letzten führen Drähte zur Zelle; in der Zeichnung sind zwei Zellen 1 und 2 eingeschaltet. Verbindet man die Quecksilbernäpfe *a* und *a'*, so fließt also der Strom durch Zelle 1, Widerstand w_1, über *a a'* zum negativen Pol. Schaltet man aber mittels eines Bügels aus Metall den Quecksilbernapf *c* mit *a'* zusammen, so fließt der Strom durch Zelle 1, Widerstand w_1, *a' c* durch das Ampèremeter zum negativen Pol und ermöglicht die Ablesung der in diesem Stromkreis herrschenden Intensität.

Verbindet man wieder *a a'*, so fließt der Strom nicht durch das Ampèremeter und man kann durch Schaltung *c b'* nun die Intensität im Stromkreise der Zelle 2 ablesen. So ist es möglich mittels des einen Meßinstrumentes bei gleichzeitiger Ausführung mehrerer elektrolytischer Zersetzungen in jedem einzelnen Stromkreise die Intensität zu bestimmen. Da das Ampèremeter selbst Widerstand besitzt, so bestehen die Bügel zur Verbindung von *a a'*, *b b'*, *d d'*, *e e'* aus Drahtrollen, welche den gleichen Widerstand wie das Ampèremeter besitzen, so daß die Verhältnisse bei Ein- und Ausschaltung stets dieselben bleiben. (Fig. 42.) Die Bügel zur Einschaltung des Ampèremeters *ca'*, *cb'*, *cd'*, *ce'* sind widerstandslose Metallstücke.

Auch zur gesonderten Bestimmung der in den einzelnen Zellen herrschenden Spannungen dient ein einziges Instrument. Von den Widerstandskästen w_1, w_2, w_3, w_4 führen von den Klemmen,

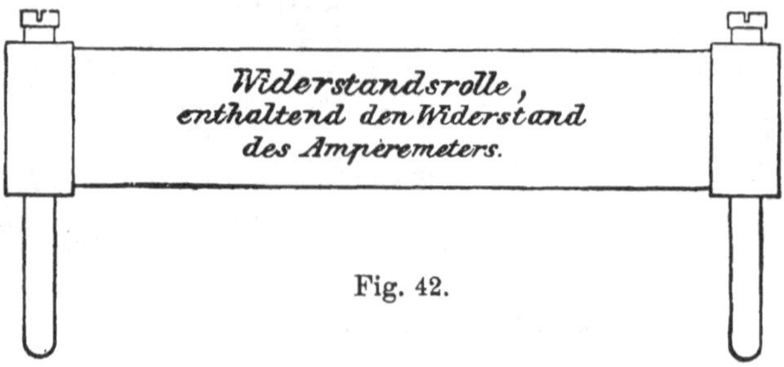

Fig. 42.

welche mit den Zellen direkt in Verbindung stehen, kurze Drähte zu den auf einem Holzbrett befindlichen Quecksilbernäpfchen s_1 s_2 s_3 s_4, denen gegenüber ein Quecksilbernapf s sich befindet, welcher mit dem Voltmeter in Verbindung steht. Der zweite Draht des letzteren führt direkt zum positiven Pole. Will man die Spannung in Zelle 1 z. B. kennen lernen, so schaltet man $s s_1$, man erhält dann die Spannung zwischen dem positiven Pol und der Klemmschraube des Widerstandskastens, also eines Stückes der Strombahn, in dem als einziger größerer Widerstand, auf welchem ein meßbarer Spannungsabfall erfolgt, die Zelle 1 sich befindet. Man kann deshalb die abgelesene Spannung direkt als die zwischen den Elektroden der Zelle herrschende betrachten. Durch Schaltung $s s_2$ erhält man die Spannung in Zelle 2 u. s. w.

Diese leicht herzustellende Einrichtung genügt für die meisten elektrolytischen Zwecke. Eine Nebenschlußschaltung zur genauen Innehaltung bestimmter Spannungen, wie solche bei Trennungen mittels wechselnder Spannung erforderlich sind, läßt sich natürlich leicht in dieser Einrichtung anbringen.

Arbeitet man mit einer Anzahl galvanischer Elemente, welche hintereinander geschaltet sind, so daß der negative Pol des einen mit dem positiven Pol des anderen in Verbindung steht, so kann man Spannungsänderungen dadurch erreichen, daß man eins oder mehrere Elemente nebeneinander schaltet. Darunter versteht man eine Schaltung derart, daß negativer Pol des einen mit negativem Pol des folgenden Elementes verbunden wird. Hierdurch wird die Spannung des ersten Elementes nicht vergrößert; der Gesamtwiderstand innerhalb der Elemente aber verringert, so daß die im äußeren Stromkreise verwertbare Intensität wächst.

Die erste Art der Schaltung „hintereinander" nennt man Schaltung auf Spannung, die letztere „nebeneinander" oder „parallel" Schaltung auf Intensität.

Diese Art der Spannungsvariation ist bei allen Elementen, auch Akkumulatoren natürlich, anwendbar.

Bei Dynamomaschinen kann man die Spannung auch dadurch herabsetzen, daß man entweder die Tourenzahl verlangsamt, oder den Widerstand der Windungen des Elektromagneten vergrößert.

Kompliziertere und vollkommenere Einrichtungen, wie sie das Aachener elektrochemische Institut nach CLASSEN's Angaben erhalten hat, bedürfen kostspieliger und nur fabrikatorisch herstellbarer Anlagen. Es sei deshalb nur auf die Beschreibung derselben in der „Quantitativen Analyse durch Elektrolyse", IV. Auflage, hingewiesen. Andere Vorschläge rühren von KRÜGER her.[1]

§ 10. **Herstellung eines Wechselstromes von bekannter Potentialdifferenz.**[2]

Die im folgenden beschriebene, von NERNST angegebene Konstruktion, bezieht sich auf Wechselstrommaschinen jeder Art, welche durch von Gas erhitzten Heißluftmotoren getrieben werden.

Die konstante Potentialdifferenz der Wechselstrommaschinen ist abhängig von der ganz konstanten Rotationsgeschwindigkeit des Ankers. Dieselbe läßt sich erreichen durch genaue Regulierung des Gaskonsums mittels des folgenden Modelles. In der Fig. 43 rotiert im Cylinder $M\ M'$ gegenüber der Öffnung des Seitenrohres R eine dünne Scheibe aus Stahl S. In dem Cylinder $C\ C'$ wird Quecksilber eingefüllt, bis sein Niveau etwa 3 mm oberhalb der Scheibe liegt. Der Kork K ragt in den ersten Cylinder, $^1/_2$ cm von der Scheibe entfernt, hinein. Wenn die Scheibe rotiert, erhöht sich das Niveau des Quecksilbers durch die Wirkung der Centrifugal-

[1] Elektrochem. Ztschr. II, S. 73. 104. 129. 174. 207. 251. III, S. 7. 76. 129.

[2] SMALE, Wied. Ann. **57**, S. 218.

kraft, folglich steigt das Quecksilber in dem Seitenrohr *R*, während gleichzeitig aus dem Reservoir *C C'* Quecksilber nachfließt. Die Steighöhe in dem Rohr *R* ändert sich mit der Rotationsgeschwindigkeit der Scheibe. Durch eine kleine Vorrichtung, ähnlich der an Thermostaten (s. S. 35), bewirkt dieses Steigen und Fallen des Quecksilbers in dem Rohre *R* ein Schließen und Öffnen des Gasstromes, der den Brenner des Heißluftmotors speist. Die Axe der Scheibe *S* ist mit der Axe der Wechselstrommaschine verbunden. Eine kleine Sparflamme verhindert das Verlöschen des Brenners, der zum Schutze gegen das Durchschlagen mit einem Drahtnetz überzogen wird. Eine kleine Änderung in der Rotationsgeschwindigkeit der Wechselstrommaschine zeigt sich sogleich durch das Steigen oder Fallen des Quecksilbers an. Die Empfindlichkeit der Vorrichtung wird dadurch vermehrt, daß man auf der oberen Seite der Scheibe ein Stückchen Stahlblech 1 mm breit, rechtwinklig zur Scheibe anbringt. Durch diese Vorrichtung bekommt man eine Steighöhe von 6—7 cm und wenn der Apparat richtig im Gange ist, beobachtet man ein kontinuierliches Spielen der Flamme.

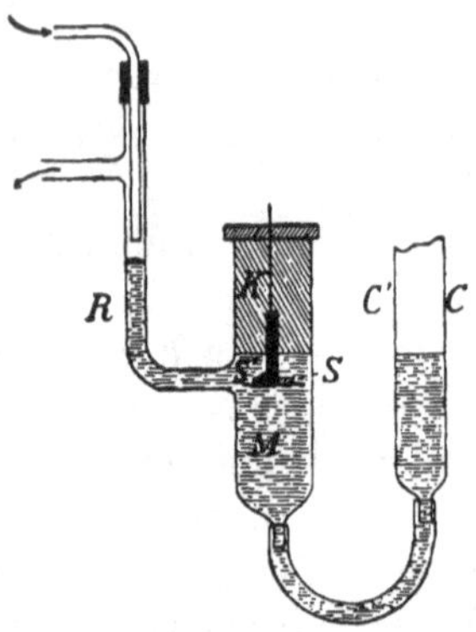

Fig. 43. Gaskonsumregulator.

Man kann durch diesen Apparat jedem durch Gas getriebenen Rotationsapparat ganz konstante Geschwindigkeit erteilen.

Zweites Kapitel.
Das FARADAY'sche Gesetz.

§ 1. Erklärung des Gesetzes.

Das FARADAY'sche Gesetz zerfällt in zwei Teile. Der erste beschäftigt sich mit dem Zusammenhang zwischen Elektricitätsmenge und Stoffmenge bei einem Elektrolyten, der zweite mit dem Zusammenhang von gleichen Elektricitätsmengen und den Stoffmengen verschiedener Elektrolyte.

Die erste Gesetzmäßigkeit läßt sich dahin zusammenfassen, daß die während gleicher Zeiträume an den Elektroden abgeschiedenen Mengen der Ionen der Stromintensität direkt proportional sind.

Leitet[1] man z. B. durch eine Lösung von Silbernitrat, in welche zwei Silberelektroden tauchen, Ströme ein, deren Intensitäten durch Wahl der Widerstände sich wie 1 : 2 : 4 verhalten, und führt man die Zersetzung für jede der drei Stromintensitäten eine gleiche Zeitdauer durch, so ergiebt die Wägung der Kathode, an der sich das Silber niedergeschlagen hat, folgende Resultate:

Stromintensität	Während 10 Std. abgeschiedene Silbermenge in mg
1	130·93 130·50
2	258·78 259·17
4	518·33.

Aus diesen Daten erhellt die Richtigkeit des obigen Gesetzes.

Konzentration der Lösung, Temperatur, Form der Elektroden sind ohne jeden Einfluß auf seine strenge Giltigkeit.

Auf dieser Thatsache beruht die Konstruktion der weiter unten beschriebenen Gewichtsvoltameter zur Bestimmung der Stromintensität.

Die zweite von FARADAY erkannte Gesetzmäßigkeit, welche gemeinhin als das FARADAY'sche Gesetz bezeichnet wird, sagt aus, daß durch gleiche Elektricitätsmengen die Ionen im Verhältnisse ihrer chemischen Äquivalentgewichte ausgeschieden werden. Dieses Gesetz gilt sowohl für die an den beiden Elektroden einer Zelle abgeschiedenen Stoffmengen, als auch für die an den Elektroden entladenen Ionen verschiedener Elektrolyte.

[1] Versuche von BUFF aus: JAHN, Grundriß der Elektrochemie. S. 20.

Der erste Fall läßt sich durch die Zersetzung von angesäuertem Wasser leicht experimentell veranschaulichen. Es bildet sich Knallgas; auf jedes Volum Sauerstoff, welches durch die elektrolytische Zersetzung sich entwickelt, kommen zwei Volumina Wasserstoff. Oder die Gewichte der ausgeschiedenen Gase verhalten sich wie 8 : 1, stehen also im Verhältnisse ihrer chemischen Äquivalentgewichte.

Der experimentelle Beweis des zweiten Falles wird in der Art ausgeführt, daß eine Reihe von mit verschiedenen Elektrolyten gefüllten Zellen hintereinander in denselben Stromkreis eingeschaltet werden, so daß durch jede der Zellen dieselbe Elektrizitätsmenge (Intensität) hindurchfließt. Wendet man als Elektrolyte Metallsalze an, so können die verschiedenen ausgeschiedenen Metalle direkt gewogen werden.

So elektrolysierte Hittorf gleichzeitig eine Lösung von Kupfersulfat und Silbernitrat. Die nach Unterbrechung des Stromes ausgeschiedene Kupfermenge betrug 0·2975 g, das Gewicht des niedergeschlagenen Silbers betrug 1·008 g.

Das Molekulargewicht des Silbers ist 108, das des Kupfers 63. Da das letztere im Kupfersulfat zweiwertig ist, so hat das Verhältnis der Äquivalentgewichte den Wert $\frac{108}{63/2} = \frac{108}{31.5} = 3 \cdot 43$. Das Verhältnis der abgeschiedenen Silber- und Kupfermenge $\frac{1 \cdot 008}{0 \cdot 2975} = 3 \cdot 39$. Es findet also eine genügend genaue Übereinstimmung statt.

So fand Vanni das Verhältnis der ausgeschiedenen Kupfermenge zu der durch den gleichen Strom niedergeschlagenen Silbermenge zu 0·2938, während sich 0·2934 berechnet.

Auf 0·6595 g ausgeschiedenes Silber müßten der Theorie nach sich 0·1984 g Zink abscheiden, während der Versuch 0·1996 g ergab.

Für viele Metalle ist das Äquivalentgewicht nicht konstant, die Wertigkeit wechselt, wie z. B. bei dem Kupfer, das ein- und zweiwertig, bei dem Eisen, das zwei- und dreiwertig u. s. w. sein kann. Für solche Metalle gilt das Faraday'sche Gesetz in der Form, daß die Wertigkeit mithin das Äquivalentgewicht durch die gerade bei der Elektrolyse verwandte Verbindung definiert ist.

So scheidet aus einer Kupferchlorürlösung, in der das Äquivalentgewicht des Kupfers 63 ist, der gleiche Strom die doppelte Menge Kupfer ab, wie in einer Kupferchloridlösung, in welcher bei der Zweiwertigkeit des Kupfers dessen Äquivalentgewicht 31·5 ist. Bei Eisenoxydul- und Eisenoxydsalz ist das Verhältnis der durch denselben Strom gefällten Eisenmengen, wie 2 : 3.

Was hier für die Kationen wegen der bequemeren experimentellen Ausführung gesagt ist, gilt natürlich genau so für die Anionen. Das Gesetz sagt ja aus, daß die Menge des ausgeschiedenen Anions zu der des ausgeschiedenen Kations in einer Zelle stets im Verhältnis der Äquivalentgewichte steht, so daß ganz allgemein die gleiche Gültigkeit für Anionen und Kationen verschiedener Elektrolyte daraus folgt.

§ 2. Experimenteller Beweis.

Versuch 1. Zum Beweise, daß die Mengen der ausgeschiedenen Ionen bei gleicher Dauer der Zersetzung den angewandten Stromintensitäten proportional sind, diene folgender Versuch.

Man bringt in einen Stromkreis, welcher ein Ampèremeter enthält, eine Lösung von Kaliumsilbercyanid, erhalten aus 200 g Wasser, 3 g Silbernitrat und 5 g Cyankalium. Als Zersetzungszelle verwendet man die bei quantitativen Bestimmungen gebräuchliche Anordnung und wählt als Kathode die vor dem Versuch gewogene Platinschale. Man läßt nun einen Strom von bestimmter Intensität etwa 30 Minuten lang die Zelle passieren, spült die Platinschale schnell mit Wasser und Alkohol gründlich ab, trocknet bei 120° und bestimmt durch eine neue Wägung die Menge des niedergeschlagenen Silbers.

Es bietet keine Schwierigkeit, die Intensität während des Versuches konstant zu halten, da der Widerstand der Lösung sich nicht merklich ändert. Eine etwa eintretende Zunahme der Intensität läßt sich durch Stöpselung im Rheostaten leicht regeln.

Die gereinigte und abermals gewogene Schale wird nun nach Füllung mit derselben Lösung in den Stromkreis zurückgebracht, der nunmehr von einem Strome durchflossen wird, dessen Intensität von dem im ersten Versuch verwandten erheblich abweicht. Man erreicht diese Variation durch Ein- nnd Ausschaltung größerer Widerstände (15—20 Ohm) im Rheostaten. Nach genau 30 Minuten wird der Versuch abermals unterbrochen und durch Wägung die nunmehr ausgeschiedene Silbermenge bestimmt.

Für eine dritte Intensität mag der Versuch noch einmal in gleicher Weise durchgeführt werden.

Waren die Intensitäten der drei Versuche i_1, i_2 und i_3, die ausgeschiedenen entsprechenden Silbermengen m_1, m_2 und m_3, so muß der Versuch die Richtigkeit des FARADAY'schen Gesetzes durch das Eintreffen der Proportion ergeben:

$$i_1 : i_2 : i_3 = m_1 : m_2 : m_3.$$

Verwendet man eine Kupferlösung zum Versuch, so bereite man sich dieselbe durch Mischung von 100 cm³ einer gesättigten Kupfersulfatlösung mit 100 cm³ Wasser und 15 cm³ Salpetersäure.

Ausführung und Resultat sollen dieselben wie bei den ersterwähnten Versuchen sein.

Auf der strengen Gültigkeit der erwähnten Beziehungen beruhen die im vierten Kapitel erwähnten Gewichts- und Knallgasvoltmeter zur Bestimmung der Stromintensität. Wendet man zur Zersetzung angesäuertes Wasser, welches Knallgas entwickelt, an, so kann man direkt am Knallgasvoltmeter den Versuch anstellen, oder in einem HOFMANN'schen Zersetzungsgefäß zum getrennten Auffangen von Wasserstoff und Sauerstoff. Bei diesen Messungen tritt an Stelle der Wägungen die einfachere, direkte Volumablesung.

Versuch 2. Die nämliche Strommenge macht in den verschiedenen Elektrolyten gleich viel Valenzen frei oder führt sie in andere Kombinationen über.

Zum Beweise dieses Gesetzes diene folgende Versuchsreihe.[1]

Der experimentellen Bequemlichkeit halber sei die Ableitung nur für die Kationen gegeben.

„In den Kreis eines von 4 bis 5 Akkumulatoren gelieferten Stromes schalte man einen Rheostaten, mittels dessen der Strom anfangs abzuschwächen ist, einen HOFMANN'schen Wasserzersetzungsapparat und vier prismatische Tröge aus Glas, von denen zwei, G_1 und G_2, nebst dem HOFMANN'schen Apparat in Fig. 44 dargestellt sind. In jedem der Tröge ragen die Elektrodenbleche a und k hinab, deren Zuleitungsdrähte mit den Kupferblechstreifen S S mittels Klemmschrauben befestigt sind. Die Kathoden bestehen sämtlich aus Platin; sie sind vor dem Versuche mit rauchender Salpetersäure sorgfältig zu reinigen und genau zu wägen. Als Anoden-

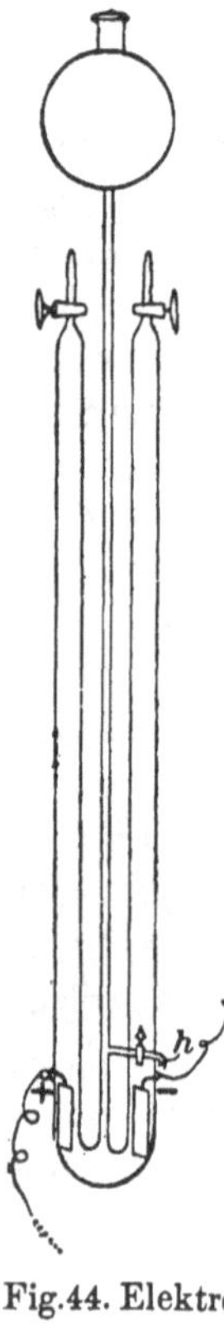

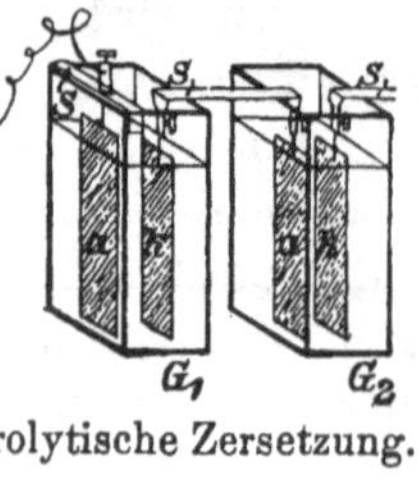

Fig. 44. Elektrolytische Zersetzung.

[1] LÜPKE, Grundzüge der Elektrochemie. S. 26.

metall ist entweder ebenfalls Platin oder das im Elektrolyten enthaltene Metall zu verwenden.

Bei der Auswahl der Elektrolyte ist zu berücksichtigen, daß die Metallniederschläge an den Kathoden festhaften müssen und daß die Wertigkeit ihrer Atome möglichst verschieden ist. Dementsprechend sind zu empfehlen:

1. Eine Kaliumsilbercyanidlösung, erhalten aus 200 g Wasser, 3 g Silbernitrat und 5 g Kaliumcyanid.

2. Eine Kupferchlorürlösung, die man durch Auflösen von 3 g des käuflichen, mit Wasser auf dem Filter zu waschenden Salzes in Chlorwasserstoffsäure und Verdünnen auf 200 cm^3 darstellt.

3. Eine Kupfersulfatlösung, die aus 100 cm^3 gesättigter Lösung, 100 cm^3 Wasser und 15 cm^3 Salpetersäure besteht.

4. Eine Zinntetrachloridlösung, die man erhält, wenn man 1 g Stanniol in Chlorwasserstoffsäure löst, die freie Säure nach Hinzufügung einiger Tropfen Brom fast vollständig abdampft und dann 100 cm^3 Wasser und 100 cm^3 gesättigter Ammoniumbioxalatlösung zusetzt.

In den Hofmann'schen Wasserzersetzungsapparat ist Schwefelsäure in einer Verdünnung von 1 : 12 zu füllen.

Nach der etwa 30 Minuten dauernden Elektrolyse sind die Kathodenbleche mit Wasser abzuspülen, mit Alkohol und Äther gut zu trocknen und zu wägen.

In der folgenden Tabelle sind die Resultate eines Versuches übersichtlich geordnet.

Elektrolyt	I. Verdünnte Schwefels. 1 : 12	II. $KAgCy_2$	III. CuCl	IV. $CuSO_4$	V. $SnCl_4$
Elektrodenmaterial	Pt − Pt +	Pt − Ag +	Pt − Cu +	Pt − Cu +	Pt − Pt +
Menge der abgeschiedenen Kationen	67 cm^3 H = 6·002 mg H	650 mg Ag	380 mg Cu	190 mg Cu	170 mg Sn
Auf 1 mg H kommen:	1 mg H	108·2 mg Ag^{I}[1]	63·6 mg Cu^{I}	31·8 mg Cu^{II}	28·3 mg Sn^{IV}
Atomgewichte	1	107·6	63·3	63·3	117·8
Fehler in %	—	+ 0·6%	+ 0·4%	+ 0·4%	− 4%

[1] Die kleinen römischen Ziffern bedeuten die Wertigkeit der Metalle.

Die Zahlen für die abgeschiedenen Mengen der Kationen ergeben, wenn sie auf einen Teil Wasserstoff bezogen werden, in der That nahezu diejenigen Mengen der Metalle, welche einer einzelnen Valenz ihrer Atommenge entsprechen; denn in der Lösung II und III sind die Silber- bezw. Kupferatome einwertig, in IV sind die Kupferatome zweiwertig und in V die Zinnatome vierwertig. Das FARADAY'sche Gesetz ist mithin durch diesen Versuch genügend demonstriert."

§ 3. Gültigkeit des FARADAY'schen Gesetzes bei sehr schwachen Strömen.[1]

Versuch 3. Um die Gültigkeit des elektrolytischen Grundgesetzes bei minimalen Stromintensitäten zu beweisen, bedarf man Stromquellen von großer Beständigkeit und Konstanz, wie solche heutzutage in Akkumulatorenbatterien zur Verfügung stehen. BUFF, dessen Untersuchungen die nachfolgenden Versuche entnommen sind, bediente sich DANIELL'scher Elemente, bei welchen durch sinnreiche Vermeidung der Endosmose und der aus ihr folgenden Stromschwankungen für lange Zeit ein konstanter Strom gewonnen wurde.

Um das Verhältnis der elektrolytischen Wirkung zur Stromstärke zu prüfen, wurde als Zersetzungsflüssigkeit eine Lösung von neutralem, salpetersaurem Silber gewählt. In dieselbe tauchten zwei Silberstreifen, so daß unter dem Einfluß des Stromes von dem einen Streifen Silber in die Flüssigkeit eintrat und an dem andern sich absetzte.

Ein Wechsel der Stromstärke wurde durch Einschaltung ungleich langer Drähte erzielt. Hierzu dienten zwei ganz gleich beschaffene, sehr dünne und so lange Kupferdrähte, daß jeder für sich einen Leitungswiderstand gleich dem eines Silberdrahtes von 1·5 mm Durchmesser bei 1 800 000 m Länge ausübte. Je nachdem beide Drähte r und r' hintereinander, oder nur einer derselben oder endlich beide nebeneinander als Draht von doppeltem Querschnitt in den Kreis eingeschaltet wurden, entstanden daher drei Ströme, deren Stärken sich nahe wie 1 zu 2 zu 4 verhalten mußten.

Diese Drähte bildeten zugleich das Multiplikatorgewinde eines Galvanometers, so daß man aus der durch einen Strom bewirkten

[1] BUFF, Lieb. Ann. **85**, S. 1.

Ablenkung der Nadel jeden Augenblick imstande war, den Grad der Beständigkeit des Stromes zu kontrollieren.

Hier folgen die Resultate einiger Versuche:

Nr.	Länge des Drahtes	Ablenkung der Nadel	Dauer des Stromes in Minuten	Silberniederschlag in mg gefunden	Silberniederschlag in mg berechnet auf 6000′
1	$r + r'$	78°·15	1756	38·3	130·93
2	$r + r'$	78°·15	2547	55·4	130·56
3	r	78°·13	1393	60·1	259·78
4	r'	78°·0	1411	60·95	258·17
5	$^1/_2\, r$	83°·5	720	62·2	518·33

Die hier bezeichneten Ablenkungen sind nicht Mittelwerte, sondern waren während der ganzen Dauer der betreffenden Versuche unveränderlich. Die ausgeschiedenen Silbermengen in den ersten beiden Versuchen sind, wie man sieht, fast genau der Zeit proportional. Die Versuche 3 und 4 enthalten durch das Ergebnis der Elektrolyse einen Beleg für die genau gleiche Länge der Drähte r und r'. Ferner sieht man, daß bei der halben Drahtlänge die Quantität des in der Zeiteinheit niedergeschlagenen Silbers fast verdoppelt wurde. Der kleine Unterschied erklärt sich aus dem Umstande, daß der Leitungswiderstand des Elementes und der Zersetzungszelle nicht ganz verschwindend war.

Um zu erfahren, ob die zersetzende Kraft schwacher Ströme in verschiedenen Querschnitten sich gleich bleibt, wurden zwei Zellen mit Silberlösung, sowie die ganze Drahtlänge $r + r'$ mit dem konstanten Elemente verbunden. Der Strom blieb fast 9 Tage, nämlich 12 539 Minuten hindurch, ununterbrochen im Gange. Nach dieser Zeit fand man in der einen Zersetzungszelle:

Gewichtsverlust des positiven Silberstreifens = 267·0 mg
Gewichtszunahme des negativen Silberstreifens = 266·6 mg,

in der anderenen Zersetzungszelle:

Gewichtsverlust des positiven Silberstreifens = 267·6 mg
Gewichtszunahme des negativen Silberstreifens = 267·4 mg.

Die verwendete Silberlösung enthielt in 1 ccm Flüssigkeit 25 mg neutrales salpetersaures Silber. Um einen etwaigen Einfluß einer Verschiedenheit des Konzentrationsgrades kennen zu lernen, wurde noch eine verdünntere Lösung gebildet, welche nur 10 mg des Silbersalzes in 1 ccm Flüssigkeit enthielt.

Zwei Zellen, mit diesen Lösungen gefüllt, wurden zugleich mit dem Drahte *r* in den Kreislauf des Stromes gebracht. Der Versuch dauert $51^1/_2$ Stunden. Nach dieser Zeit hatte der negative Silberstreifen in der Zelle mit konzentrierter Lösung um 124·66 mg an Gewicht zugenommen. Der negative Silberstreif in der Zelle mit verdünnterer Lösung war um 124·16 mg schwerer geworden.

Der Verdünnungsgrad hat hiernach keinen Einfluß auf das Ergebnis der Elektrolyse.

Versuch 4. Silber- und Kupferausscheidung durch schwache Ströme.[1] Eine Silbernitratlösung und eine Kupferlösung wurden in einen Stromkreis geschaltet. Während die Silberlösung zwei Silberelektroden erhielt, wurden für die Kupferlösung eine Kupferanode und eine Platinkathode gewählt. Zur Messung kamen die Gewichtszunahmen der beiden Kathoden. Das auf der Platinplatte abgeschiedene Kupfer wurde nach beendigtem Versuche mit ausgekochtem Wasser vom anhängenden Kupfervitriol gereinigt, dann rasch unter die Luftpumpe gebracht und mit Hilfe von konzentrierter Schwefelsäure vollkommen getrocknet.

Es zeigte stets, wenigstens an der Oberfläche, einen Anflug von Oxydul, von welchem es durch Ausglühen in einem Strome reinen Wasserstoffgases befreit werden mußte.

Um eine Oxydation des Kupfers während der Dauer des Zersetzungsprozesses möglichst zu verhüten, wurde die Kupferlösung zuvor luftfrei gemacht. Einige Zersetzungen wurden ganz unter der Luftpumpe ausgeführt. Auch wurde zweckmäßig während der Dauer des Versuches Wasserstoffgas durch die Flüssigkeit geleitet. Aber selbst das im Wasserstoff ausgeglühte und dadurch rein metallische Kupfer überzog sich bald und sogar schon während des Abwiegens teilweise mit Oxydul. Die Leichtigkeit, womit das elektrisch niedergeschlagene Kupfer Sauerstoff aus der Luft aufsaugt, ist wohl die Ursache, warum immer etwas mehr Kupfer gefunden wurde, als dem Äquivalente des Silbers entspricht.

Die Resultate der einzelnen Versuche sind in der folgenden Tabelle zusammengestellt. Die Zahlen der vierten Spalte bezeichnen die den gefundenen Silbermengen wirklich entsprechenden Kupfergewichte. Sie lassen bei der Schwierigkeit der genauen

[1] Buff, Lieb. Ann. **85**, S. 14.

Bestimmung des elektrisch ausgeschiedenen Kupfers keinen Zweifel an der Gültigkeit des FARADAY'schen Gesetzes.

Dauer des Versuches in Minuten	Silbermenge gefunden mg	Kupfermenge gefunden mg	Kupfermenge berechnet mg	Verhältnis der Stromstärken
2669	107·4	33·9	31·44	1
1236	534·5	157·9	156·50	10·7
1397	683·85	200·6	200·20	12·1
1029	535·7	157·6	156·83	13·2
458	862·4	257·8	252·50	46·5

Das FARADAY'sche Gesetz gilt ganz allgemein; mithin ebenso scharf für geschmolzene Elektrolyte, wie für gelöste.

§ 4. Bestimmung von Äquivalentgewichten mit Hilfe des FARADAY'schen Gesetzes.

Versuch 5. Die genaue Gültigkeit des FARADAY'schen Gesetzes kann man benutzen, um mit großer Schärfe Äquivalentgewichtsbestimmungen oder, wenn die Wertigkeit des Elementes bekannt ist, Atomgewichtsbestimmungen auszuführen. Am einfachsten gestaltet sich diese Aufgabe, wenn es sich um solche Bestimmungen bei elektrolytisch gut abscheidbaren Metallen oder völlig im Elektrolyten unlöslichen und von den Elektroden nicht adsorbierbaren Gasen handelt.

Da das Atomgewicht des Silbers, gleichzeitig sein Äquivalentgewicht, mit großer Schärfe auf 107·93 (O = 16) bestimmt ist, so schaltet man am besten ein Silbervoltameter als Aichungsgröße in den Stromkreis. Zur Ausführung eines instruktiven Versuches bringe man in denselben Stromkreis eine Lösung von Kupfersulfat[1] und eine solche von reinem Kupferchlorür, und elektrolysiere in den zu quantitativen Elektroanalysen geeigneten Apparaten (s. w. u.). Ebenso verwende man die dort angegebenen Stromgrößen. Nachdem der Strom eine genügende Menge der Metalle gefällt hat, wägt man nach gründlichem Auswaschen mit destilliertem Wasser und absolutem Alkohol und nach dem Trocknen die erhaltenen Niederschläge.

[1] Man benutze die Lösungen aus Versuch 2.

Ist die gefällte Silbermenge gleich a, die aus dem Kupfersulfat abgeschiedene Kupfermenge gleich b, die aus dem Kupferchlorür gleich c, so wird man zur Bestimmung der Äquivalentgewichte folgende Ansätze machen:

1. $$\frac{107 \cdot 93}{a} = \frac{x}{b}, \quad x = \frac{b}{a} \cdot 107 \cdot 93,$$

das Äquivalentgewicht des zweiwertigen Kupfers;

2. $$\frac{107 \cdot 93}{a} = \frac{y}{c}, \quad y = \frac{c}{a} \cdot 107 \cdot 93,$$

das Äquivalentgewicht des einwertigen Kupfers;

3. $$\frac{x}{y} = \frac{b}{c}.$$

Das Resultat ist, daß $x = 36 \cdot 8$, $y = 63 \cdot 6$ und $\frac{x}{y} = \frac{1}{2}$ gefunden wird.

So kann das Faraday'sche Gesetz auch dazu dienen, die Äquivalentgewichte neuer, galvanisch abscheidbarer Elemente zu ermitteln.

Drittes Kapitel.

Stromarbeit und Stromausbeute.

§ 1. Berechnungen nach dem Faraday'schen Gesetz.

Bei den meisten elektrolytischen Versuchen handelt es sich vornehmlich um eine bestimmte Reaktion, welche durch den Strom hervorgerufen werden soll. Da aber häufig durch die Anordnung des Versuches, besonders durch die Natur der zu zersetzenden Elektrolyte in der Lösung die Möglichkeit gegeben ist, daß außer der hauptsächlich beabsichtigten Reaktion noch Nebenreaktionen eintreten, welche gleichfalls auf Kosten des Stromes geleistet werden, so ist es wesentlich, den Anteil des Stromes kennen zu lernen, welcher nur der beabsichtigten Hauptreaktion dient; mit anderen Worten, die Stromausbeute für dieses spezielle Produkt festzustellen. Andererseits ist es von Bedeutung, um einigermaßen Dauer und Stromverbrauch vor dem Versuch festzustellen, die Stromausbeute in der Voraussetzung quantitativer Ausnutzung für die auszuführende Reaktion kennen zu lernen, um das Minimum von Elektricität, welche zugeführt werden muß, bereits vor Ausführung des Versuches abschätzen zu können. Die Verteilung der Stromausbeute auf etwa noch auftretende Nebenprodukte ergiebt dann leicht die Untersuchung der elektrolysierten Flüssigkeit.

Um solche Berechnungen auszuführen, bedient man sich des FARADAY'schen Gesetzes in einfacher Weise.

Die Thatsache, daß durch ein Ampère in einer Stunde 0·037 g Wasserstoff ausgeschieden wird, ermöglicht es, bei den bekannten Äquivalentgewichten aller anderen Elemente oder Radikale die in einer Stunde durch ein Ampère zur Entladung gebrachte Menge derselben auszurechnen. Hieraus kann man umgekehrt natürlich bei bekannter Menge der zur Ausscheidung zu bringenden Ionen die nötige Elektricitätsmenge feststellen.

Kennt man außerdem die für den gerade vorliegenden Elektrolyten nötige Zersetzungsspannung, so ist es ein leichtes, die Stromarbeit zu ermitteln, welche in Minimo für den beabsichtigten Versuch nötig ist. Dieselbe ergiebt sich durch Multiplikation der zuerst berechneten Ampèrestunden mit der Zersetzungsspannung; das erhaltene Produkt giebt den gesuchten Wert in Wattstunden.

Berücksichtigt man nun, daß eine Wattstunde gleich $^1/_{736}$ Pferdekraftstunde ist, so läßt sich die zur Zersetzung in Minimo nötige Kraft ohne weiteres in dem letztgenannten mechanischen Maße angeben.

Zunächst möge umstehende Tabelle der elektrochemischen Äquivalente folgen, welche in der angedeuteten Weise berechnet ist.

Ebenso wie für die einzelnen Elemente lassen sich natürlich auch Zahlen für alle complexeren Ionen, Kationen wie Anionen, deren Äquivalentwerte bekannt sind, leicht berechnen.

Ein Beispiel wird die Art der Berechnung veranschaulichen. Es sei zunächst die Stromausbeute zu bestimmen für einen Versuch, bei welchem durch 25 Ampèrestunden (also durch 1 Ampère während 25 Stunden, durch 2 Ampère während $12^1/_2$ Stunden, durch 3 Ampère während $8^1/_3$ Stunde u. s. w.) aus einer Lösung von $CuSO_4$ 25 g Kupfer zur Ausscheidung gebracht worden sind.

Aus der Tabelle folgt, daß in einer Ampèrestunde 1·184 g des zweiwertigen Kupfers zur Abscheidung gebracht werden können, in 25 Ampèrestunden also 25 × 1·184 = 29·6 g Cu. Das

Tabelle der elektrochemischen Äquivalente.

Element	Atomgewicht	Valenz	Äquivalent-Gewicht	Elektrochem. Äquivalent pro 1 Sek. Amp. mg	Elektrochem. Äquivalent pro 1 Amp. Stunde g
Al	27·11	3	9·03	0·0935	0·3377
Sb	119·9	3	39·97	0·4154	1·494
As	75·1	3	25	0·260	0·936
Pb	206·91	2	103·45	0·071	3·852
Br	79·96	1	79·96	0·829	2·984
Ca	40·01	2	20	0·207	0·746
Cl	35·46	1	35·46	0·367	1·322
Cr	52·14	2	26·07	0·273	0·982
Cr	52·14	3	17·38	0·182	0·655
Fe	56·02	2	28	0·290	1·045
Fe	56·02	3	18·67	0·193	0·696
Fl	19·1	1	19·1	0·199	0·716
Au	197·2	3	65·7	0·681	2·452
J	126·86	1	126·86	1·313	4·747
Cd	112·0	2	56	0·580	2·087
K	39·12	1	39·12	0·405	1·459
Co	59·6	2	29·8	0·305	1·097
Co	59·6	3	19·8	0·203	0·732
C	12	4	3	0·03113	0·112
Cu	63·60	1	63·6	0·656	2·362
Cu	63·60	2	31·8	0·3289	1·184
Li	7·03	1	7·03	0·0730	0·263
Mg	24·36	2	12·18	0·126	0·454
Mn	54·94	2	27·47	0·284	1·022
Mn	54·94	3	18·31	0·190	0·684
Na	23·05	1	23·05	0·239	0·860
Ni	58·9	2	29·45	0·304	1·094
Ni	58·9	3	19·9	0·202	0·727
P	31·03	3	10·34	0·1074	0·387
Pt	194·8	4	48·7	0·504	1·814
Hg	200·3	1	200·3	2·075	7·470
Hg	200·3	2	100·01	1·037	3·733
O	16·00	2	8	0·08308	0·299
S	32·06	2	16·03	0·166	0·598
Se	79·07	2	39·53	0·411	1·480
Ag	107·92	1	107·92	1·118	4·025
Si	28·38	4	7·08	0·0736	0·2649
N	14·04	3	4·68	0·0485	0·175
Ti	48·1	4	12·02	0·102	0·450
H	1·008	1	1·008	0·104	0·037
Bi	208·9	4	52·25	0·541	1·948
Zn	65·41	2	32·7	0·339	1·220
Sn	119·10	4	29·8	0·309	1·112

Resultat des Versuches aber war ein Niederschlag von 25 g Kupfer. Demnach verhält sich die durch den Strom theoretisch lieferbare Kupfermenge zu der thatsächlich erhaltenen, wie 29.6 zu 25, oder der dem Kupfer zu Gute gekommene Strom ist, wenn man die gesamte Strommenge gleich 1 setzt, gleich $25/29 \cdot 6 = 0 \cdot 8445$ oder gleich $84 \cdot 45\,^0/_0$.

Diese letzte Zahl giebt mithin die Stromausbeute in Prozenten an.

Bei dem praktischen Versuche ist es am einfachsten, um von den leicht auftretenden Schwankungen der Intensität unabhängig zu sein, ein Kupfer- oder Silbervoltameter, in denen ja die elektrolytische Metallausscheidung ohne jede Nebenreaktion, also auch bezüglich der Stromausbeute quantitativ verläuft, mit in den Stromkreis einzuschalten und die im Voltameter gefällte Metallmenge der Berechnung der Stromausbeute zu Grunde zu legen.

So würde in dem letzt erwähnten Versuche ein mit der zu untersuchenden Kupferlösung eingeschaltetes Kupfervoltameter durch die Abscheidung von 29·6 g Cu leicht berechnen lassen, daß 25 Ampèrestunden das System passiert haben. Ein direkter Vergleich der im Voltameter ausgeschiedenen Metallmengen mit der in der Versuchszelle verlaufenen Reaktion ermöglicht es immer, natürlich unter Berücksichtigung der elektrochemischen Äquivalente ohne weiteres die Stromausbeute festzustellen.

In gleicher Weise läßt sich das Minimum der für eine bestimmte Reaktion erforderlichen Strommenge berechnen. Um z. B. 1 kg Nitrobenzol zu Anilin zu reduzieren, gilt der folgende Ansatz.

Die Reduktion vollzieht sich nach der Gleichung:

$$C_6H_5NO_2 + 3H_2 = 2H_2O + C_6H_5 \cdot NH_2.$$

Mithin sind auf 123 (Molekulargewicht des Nitrobenzols) Teile Nitrobenzol 6 Teile Wasserstoff erforderlich, mithin auf 1 kg Nitrobenzol 0·049 kg Wasserstoff oder 49 g Wasserstoff.

Da eine Ampèrestunde nach der Tabelle 0·037 g Wasserstoff entwickelt, so sind zur Bildung der nötigen 49 g Wassersoff mithin rund 1325 Ampèrestunden erforderlich. Das heißt: man muß, um 1 kg Nitrobenzol in einer Wasserstoff durch den Strom entwickelnden Lösung zu Anilin zu reduzieren, entweder mit einem Ampère 1325 Stunden lang, oder mit 10 Ampère 132·5 Stunden lang oder mit 20 Ampère 66·25 Stunden u. s. w. elektrolysieren.

Um schließlich ein Beispiel für die Berechnung der Stromarbeit zu geben, sei zu ermitteln, wieviel Pferdekraftstunden zur Zersetzung von 1 kg Schwefelsäure erforderlich sind. Das Minimum der Zersetzungsspannung für Schwefelsäure ist nach den Versuchen von LE BLANC 1·67 Volt, welche, um diesen Wert bei Ausführung des Versuches überschreiten zu können, gleich 2 Volt angenommen werden sollen.

Die Zersetzung der Schwefelsäure besteht in der Abscheidung ihrer Ionen $\overset{--}{SO_4}$ und $\overset{++}{H_2}$; ob dieselben nach ihrer Entladung noch weiter reagieren, ist für die Berechnung gleichgültig.

Da das Molekulargewicht der Schwefelsäure 98 ist, so bilden sich mithin aus 98 g Schwefelsäure stets 2 g Wasserstoff. Bei der Zersetzung von 1000 g = 1 kg Schwefelsäure müssen mithin 20·4 g Wasserstoff frei werden. Da in 1 Amp.-Stunde wieder 0·037 g Wasserstoff entwickelt werden, so sind für 20·4 g Wasserstoff rund 551 Amp.-Stunden erforderlich.

Die aufzuwendende Spannung soll 2 Volt betragen; daher ist der Wert der zu leistenden Stromarbeit $2 \times 551 = 1102$ Wattstunden oder, wenn man die Beziehung, daß eine Wattstunde gleich $\frac{1}{736}$ Pferdekraftstunde ist, benutzt, so erhält man als die zur Zersetzung von 1 kg Schwefelsäure erforderliche Arbeit den Wert von 1·5 Pferdekraftstunden.

§ 2. Berechnung von Zersetzungsspannungen.

Um einen angenäherten Aufschluß über die zu Zersetzungen notwendigen Spannungen zu erhalten, kann man die sogenannte THOMSON'sche Regel benutzen.

Dieselbe geht von der nur approximativ richtigen Voraussetzung aus, daß man die Verbindungswärme einer Substanz aus ihren Komponenten oder die Zersetzungswärme in ihre Komponenten als Maß der Energie betrachtet, welche notwendig ist, um die Substanz auf irgend eine Weise, also auch elektrolytisch zu zersetzen. Ist mithin für eine Reaktion die Wärmetönung bekannt, so läßt sich mit Hilfe der Beziehung

$$1 \text{ Voltcoulomb} = 0{\cdot}236 \text{ cal}$$

die thermische Energie in elektrischer Energie ohne weiteres ausdrücken. Die Zahl 0·236 ist das elektrische Wärmeäquivalent.

So ist z. B. die Wärmetönung der Salzsäure

$$\mathrm{H} + \mathrm{Cl} = \mathrm{HCl} + 22000 \text{ cal}$$

bekannt. Daraus folgt mit der Annahme, das die zur Zersetzung erforderliche Energie der zur Bildung gleich ist, daß zur Elektrolyse eines Grammmoleküles Salzsäure aufzuwenden ist

$$\frac{22000}{0 \cdot 236} = 93220 \text{ Voltcoulomb.}$$

Bei der Zerlegung eines Grammmoleküles Salzsäure wird an der Anode ein Grammäquivalent Chlor, an der Kathode ein Grammäquivalent Wasserstoff frei, welche nach den Darlegungen des FARADAY'schen Gesetzes zu ihrer Ausscheidung 96540 Coulomb benötigen. Daraus folgt, daß zu der beabsichtigten Zersetzung $\frac{93220 \text{ Voltcoulomb}}{96540 \text{ Coulomb}}$ Volt erforderlich sind. Also beträgt die Anzahl der erforderlichen Volts $\pi = 0 \cdot 966$.

Um die THOMSON'sche Regel in eine allgemeine Form zu bringen, soll W die Wärmetönung einer Reaktion in Grammkalorien, n die Anzahl der bei der Zerlegung eines Grammmoleküles entstehenden Grammäquivalente bezeichnen. Es ist dann die aufzuwendende Spannung π in Volt allgemein:

$$\pi = \frac{W}{0 \cdot 236 \cdot n \cdot 96540}.$$

Viertes Kapitel.

Prüfung und Aichung von Meßapparaten.

§ 1. Kupfer-, Silber- und Knallgasvoltmeter.

Da die chemischen, elektromagnetischen und anderen Wirkungen der Elektrizität in der gleichen Weise von den Stromgrößen abhängen und unter einander proportional sind, so können die Meßinstrumente auf jede dieser Wirkungen begründet werden, wenn man nur ein einheitliches Maß hat und dessen Beziehungen zu den verschiedenen Wirkungen erkannt hat. So beruhen die Galvanometer, Voltmeter, Ampèremeter, und Bussolen auf elektromagnetischen, die Kupfer-, Silber- und Knallgasvoltmeter auf den chemischen Wirkungen des Stromes. Und zwar sind alle diese Wirkungen der Elektricitätsmenge, der Intensität, proportional; die Kenntnis der elektromotorischen Kräfte kann aus den Intensitäten durch die Beziehungen des OHM'schen Gesetzes aber gleichfalls häufig direkt bestimmt werden.

Als praktische Einheit der Strommenge oder Intensität hat man das Ampère gewählt, welches man für unsere Zwecke am besten durch seine chemische Wirksamkeit als Grundgröße der Messungen definiert.

Nach dem FARADAY'schen Gesetze macht die nämliche Strommenge in den verschiedenen Elektrolyten gleich viel Valenzen frei oder führt sie in andere Kombinationen über. Das heißt mit anderen Worten: Die verschiedenen Ionen werden durch gleiche Elektricitätsmengen im Verhältnis ihrer Äquivalentgewichte zur Abscheidung gebracht. So scheidet ein Ampère pro Sekunde:

0·3281 mg Cu
1·1181 mg Ag
0·174 cm³ Knallgas (auf Normalzustand reduziert)

ab.

Auf dieser genauen Proportionalität der Strommenge mit der abgeschiedenen Menge Jonen beruht die Konstruktion der Intensitätsmesser, die man je nach Wahl der zersetzten Metalle als Kupfer- oder Silbervoltmeter, oder für den Fall der Wasserzersetzung als Knallgasvoltmeter bezeichnet.

Da man sich jeden der drei Apparate leicht herstellen kann, so können sie stets zur Kontrolle anderer Meßapparate hinzugezogen werden.

Zu einem Kupfervoltmeter benutzt man am besten schmale Glaströge, an deren breiten Wandungen sich zwei Kupferbleche anlehnen, ein starkes dient zur Anode, ein leichteres zur Kathode. Man füllt das Gefäß mit der folgenden Lösung:[1]

150 g Kupfervitriol
50 g Schwefelsäure
50 g Alkohol
1000 g Wasser.

Diese Lösung kann natürlich häufig benutzt werden.

[1] ÖTTEL, Chem. Ztg. 1893. 543.

Ebenso einfach ist die Herstellung eines Silbervoltmeters. Man füllt ein Becherglas mit neutraler Silbernitratlösung (1 : 7) und wählt ein reines Silberblech als Anode, ein Platin- oder Silberblech als Kathode.

Die Einrichtung des Knallgasvoltmeters geht aus nachstehender Figur 45 hervor; die Reduktion des direkt abgelesenen

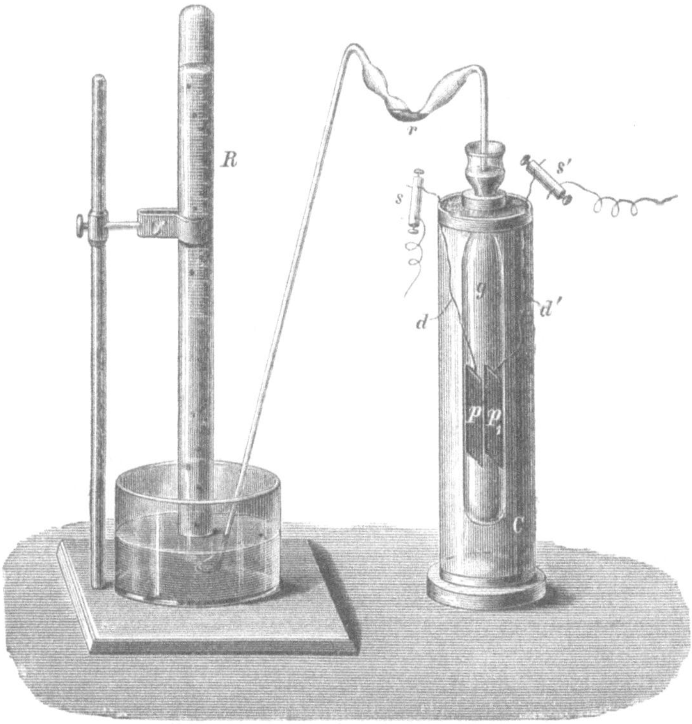

Fig. 45. Knallgasvoltmeter.

Gasvolumens auf die Normalbedingungen (0° Celsius und 760 mm Barometerdruck) geschieht nach der Formel

$$v = v_1 \frac{(b - h)\,273}{760\,(273 + t)}.$$

Hierbei ist v_1 das direkt abgelesene Gasvolumen, b der herrschende Barometerstand und h die Tension des Wasserdampfes bei der Temperatur des Wassers und des Gases t. Die Ablesung hat bei Benutzung dieser Formel so stattzufinden, daß das entwickelte Gas nur unter dem Barometerstand steht, was man bekanntlich dadurch erreicht, daß im Meßcylinder das gleiche Wasserniveau wie das der Sperrflüssigkeit durch zweckmäßiges Einsenken des ersteren hergestellt wird.

Bei allen diesen Messungen ist selbstverständlich die Dauer des Versuches maßgebend. Da 1 Ampère z. B. in der Minute 10·44 ccm Knallgas entwickelt, so gilt bei der Reduktion der entwickelten Gasmenge auf der Dauer einer Minute (die Zersetzung ist bei konstantem Strom der Zeit proportional):

$$i = \frac{v}{10 \cdot 44},$$

wobei dann i die Stromstärke in Ampère bedeutet.

Es möge hier ein äußerst praktisches, von Öttel angegebenes[1] Knallgasvoltmeter Erwähnung finden, welches als Elektrolyt anstatt der Schwefelsäure Natronlauge enthält. Die Konstruktion dieses alkalischen Voltmeters ist die folgende. Die Elektroden sind aus Nickelblech und werden in einem Glastroge untergebracht, wie sie für kleine Laboratoriums-Akkumulatoren im Gebrauch sind. Die Anode hat eine Gesamtoberfläche von ca 80 cm^2, die Kathode ist zu beiden Seiten der Anode angeordnet, hat also eine etwas größere einseitige Oberfläche; als Elektrolyt dient 15 prozentige chlorfreie Natronlauge. Infolge der großen, dicht gegenüberstehenden Elektrodenoberflächen braucht dieses alkalische Voltmeter sehr geringe Spannungen zu seinem Betriebe.

Schaltet man die Apparate in einen Stromkreis, so erhält man bei Ausführung des Versuches eine Bestätigung des Faraday'schen Gesetzes.

Die erwähnten Voltmeter eignen sich lediglich zur Aichung der elektromagnetischen Instrumente, sie selbst erfüllen als direkte Intensitätsmesser nur dann ihren Zweck, wenn sie während der ganzen Versuche im Stromkreise bleiben, da ihr wechselnder Widerstand eine stets wechselnde Beeinflussung des zu messenden Stromes ausübt.

Hingegen eignen sich alle Instrumente mit unveränderlichem Widerstand zur dauernden Aichung und um diese auszuführen, geht man zweckmäßig auf die chemischen Apparate zurück.

Man bringt zu dem Zwecke Ampèremeter, Bussolen oder Galvanometer nötigenfalls unter Einschaltung von nach der Empfindlichkeit der Instrumente zu wählenden Widerständen oder eines Nebenschlusses für eine bestimmte Zeit mit dem Gewichts-

[1] Zeitsch. f. Elektrochemie I, S. 469.

oder Knallgasvoltmeter oder einem bereits geaichten Normalinstrument in einen Stromkreis und stellt am besten graphisch die Werte für das zu messende Instrument fest. Für die am häufigsten vorkommenden Fälle möge das Verfahren an Beispielen erläutert werden.

§ 2. Prüfungen und Aichungen.

Versuch 6. Aichung des Ampèremeters.[1] Das käufliche Ampèremeter ist in den verschiedensten Formen, wie die Kohlrausch'sche Federwage, der Weston'sche Apparat, und mit den verschiedensten Empfindlichkeiten ausgestattet im Handel zu haben. Bei einer Prüfung bezw. Aichung der Apparate muß man der Empfindlichkeit Rechnung tragen; ferner ist die erwünschte Genauigkeit ausschlaggebend für die Anzahl der bei verschiedenen Stromstärken anzustellenden Versuche, ebenso wie die Größe der zu wählenden Intensitäten. Im allgemeinen verfährt man folgendermaßen.

Man schaltet in einen Stromkreis hintereinander den zu prüfenden Apparat, einen Regulierrheostaten und ein Silber- oder Kupfervoltmeter, oder auch ein Knallgasvoltmeter. Letzteres eignet sich am wenigsten zu diesen Messungen. Deshalb mögen nur die beiden erstgenannten Apparate in Betracht gezogen werden. Man verfährt nun nach Öttel's[2] Vorschlage folgendermaßen: Durch das Voltmeter wird während des Versuches ein mäßig starker Wasserstoffstrom geleitet, um die Flüssigkeit stetig durchzumischen. Man benutzt für das Voltmeter zwei gleich große Kathoden. Von diesen wird die eine, welche Meßkathode heißen mag, zu den eigentlichen Beobachtungen gebraucht, während die andere, die Hilfskathode, während der gewünschten Stromeinstellung benutzt wird. Zunächst wird die letztere in das Voltmeter eingehängt und mittels des Rheostaten eine gewünschte Zeigerstellung am Ampèremeter hergestellt. Sodann unterbricht man den Strom, vertauscht die Hilfskathode gegen die genau gewogene Meßkathode und stellt nunmehr nach der Sekundenuhr für einige Minuten Stromschluß her. Es soll nicht mehr als 0·2 g Metall an der Kathode des Voltmeters niedergeschlagen werden; hiernach ist die Dauer des Versuches zu bemessen.

[1] Nach Öttel, Elektrochemische Übungsaufgaben.

[2] Ebenda, S. 9.

Hierbei notiert man während einer Reihe mit verschiedenen Stromstärken angestellter Versuche den während jeden Versuches konstant bleibenden Ausschlag des Ampèremeterzeigers, und ermittelt für die verschiedenen Werte, welche sich aus der Wägung der Voltmeterkathode für eine Versuchsreihe ergeben, die entsprechenden genauen Ampèrezahlen. Für den Fall einer Aichung des Ampèremeters bringt man auf die Skala desselben eine provisorische Millimeterteilung, notiert für die direkt experimentell gefundenen Ampèrezahlen die entsprechenden Punkte derselben und konstruiert aus diesen Werten derart eine Kurve, daß man die Millimeter als Abscissen und die zugehörigen gefundenen Stromstärken als Ordinaten aufträgt. Aus dieser Kurve entnimmt man die den Millimeterstrichen der Skala entsprechenden Ampèrezahlen und trägt dieselbe als Aichung auf.

Handelt es sich nur um eine Kontrolle des Instrumentes, so verbessert man nötigenfalls die gefundenen Werte direkt auf der Skala und fertigt aus der in beschriebener Weise hergestellten Kurve eine Korrektionstabelle für das Instrument an.

Versuch 7. Aichung des Voltmeters. Zu einer direkte Ablesung gestattenden Aichung eines Spannungsmessers bedarf man einer konstanten, elektromotorischen Kraft, als welche die später zu behandelnden Normalelemente empfehlenswert sind. Man verbindet bei den gewöhnlichen, technischen Voltmetern, welche einen genügend großen Widerstand besitzen, die Pole direkt mit den Klemmen des Apparates und notiert den Ausschlag desselben für die bekannte elektromotorische Kraft. Durch Hintereinanderschaltung zweier Elemente, so daß die ungleichnamigen Pole derselben metallisch verbunden sind, erhält man die doppelte elektromotorische Kraft, durch drei die dreifache u. s. w. Man verfährt dann zweckmäßig, wie bei der Aichung des Ampèremeters und ergänzt durch Auftragen der erhaltenen Werte auf ein Koordinatensystem die fehlenden aus der auf die beschriebene Weise resultierenden Kurve. Man kann so Apparate erhalten, welche bis auf 0·2 Volt richtige Werte angeben und für manche Zwecke elektrolytischer Zersetzungen genügen.

Eine andere Methode Voltmeter zu aichen oder zu prüfen, ist die folgende. Man schließt eine Anzahl konstanter Elemente durch einen gleichmäßigen Draht (Nickelindraht) von bestimmter Länge und genügend großem Widerstande, so daß die Verbindung nicht wie ein Kurzschluß wirkt.

Die gesamte elektromotorische Kraft des Elementes verteilt dann ihren ganzen Spannungsabfall gleichmäßig in der Länge des Drahtes. Beträgt dieselbe für den etwa 1 m langen Draht *a* Volt, so ist der Spannungsabfall für je 10 cm des Drahtes $^1/_{10}\, a$ Volt, für je 1 mm $^1/_{100}\, a$ Volt. Man kann also innerhalb der durch das Element gegebenen elektromotorischen Kraft jeden Bruchteil derselben erhalten, indem man zwei Punkte des Drahtes, welche eine bestimmte Entfernung von einander haben, auswählt. Zweigt man von solchen Punkten einen Nebenschluß ab, so erhält man einen zweiten Stromkreis mit einer durch die Entfernung der Drahtpunkte gegebenen elektromotorischen Kraft.

Zur Aichung oder Kontrolle des Voltmeters bringt man das Instrument in diesen Nebenstromkreis, wählt als den einen Punkt den Anfang des Drahtes und bringt an der vom Voltmeter zum Draht zurückführenden Metallverbindung einen Gleitkontakt, wie der bei der WHEATSTONE'schen Brücke übliche. Mittels desselben kann man die Entfernung leicht variieren und somit nach einander verschiedene bestimmte elektromotorische Kräfte im Apparat zur Wirksamkeit bringen, welche man durch Wahl und Anzahl der Elemente außerdem über einen weiten Spielraum verteilen kann.

Ist man im Besitze eines genauen Torsionsgalvanometers, so kann man auch ohne direkte Kenntnis der elektromotorischen Kraft der Stromquelle operieren. Man schließt dann von dem einen Endpunkte des Meßdrahtes gleichzeitig mit dem zum Voltmeter führenden Draht einen zweiten an, der zum Torsionsgalvanometer bezw. zu dessem Vorschaltwiderstand geleitet wird, während vom Gleitkontakt ein kurzer Draht zu einem doppelt wirkenden Stromschlüssel führt. Letzterer steht wiederum einerseits mit dem Voltmeter, andererseits mit dem Torsionsgalvanometer in Verbindung. Man schließt bei bestimmten Stellungen des Gleitkontaktes den Strom nun mittels des Schlüssels einmal zum Voltmeter, notiert den Ausschlag, dann zum Torsionsgalvanometer, welches sogleich die dem gerade herrschenden Spannungsabfall entsprechenden Anzahl Volt angiebt.

Versuch 8. Aichung eines Galvanometers als Ampèremeter. Das Galvanometer kann sowohl zur Messung von Stromstärken wie zu der elektromotorischer Kräfte verwandt werden. Bei seiner großen Empfindlichkeit ist eine direkte Vergleichung mit anderen

Meßapparaten selten auszuführen, man operiert entweder mit großen Widerständen oder besser mit Nebenschlüssen.

Um es als Ampèremeter zu aichen, bringt man in einen Stromkreis einen Rheostaten und ein Kupfervoltameter und regelt die Stromstärke für den gewünschten Meßbereich. Sodann legt man an zwei Punkte des Stromkreises die Abzweigung an, welche das Galvanometer enthält. Der zwischen den beiden Punkten liegende Widerstand der Hauptleitung ist maßgebend für den Bruchteil der Elektrizitätsmengen, welche das Galvanometer durchströmen. Bei großer Empfindlichkeit des Instrumentes muß derselbe klein, bei geringerer Empfindlichkeit größer sein. Man wählt nun solche Abzweigungspunkte, bei denen das Maximum der zur Aichung kommenden Stromstärken eine Ablenkung des Galvanometerspiegels von höchstens 60 ^{0} hervorruft. Um einen genügenden Spielraum zu haben, legt man die Abzweigung an zwei auf einem Holzbrettchen befestigten Klemmen an, zwischen welche man Drähte von wechselnder Länge schaltet, bis der gewünschte Ausschlag erreicht ist. Für die so erzielbare Aichung des Galvanometers ist natürlich erforderlich, daß der gesamte Abzweigungsstromkreis, bei dem die Aichung vorgenommen ist, stets in allen Teilen unverändert bleibt, da jede Widerstandsveränderung andere Ausschläge für gleiche Intensitäten im Hauptkreise bedingt.

Man läßt den Versuch eine Zeit lang währen, und da im Hauptstromkreis die Stromintensität selten ganz konstant ist, so liest man die Zeigerstellung des Galvanometers jede halbe Minute ab und nimmt nach beendetem Versuch das arithmetische Mittel. Sodann ändert man durch Stöpselung des Rheostaten im Hauptkreis die Stromstärke und wiederholt für diese veränderte Intensität die Galvanometerbeobachtung. Hat man auf diese Weise für eine Reihe von Intensitäten die zugehörigen Galvanometerausschläge ermittelt, so interpoliert man die zwischenliegenden Werte. Graphisch wählt man eine Kurve, bei welcher die Galvanometerausschläge Ordinaten, die zugehörigen Intensitäten die Abscissen sind.

Ein Knallgasvoltameter eignet sich weniger zu diesem Versuche, weil die durch die Knallgasentwickelung hervorgerufene Änderung der Säurekonzentration leicht den Widerstand im Hauptkreise beträchtlich verschiebt, so daß man für die Versuchsdauer keine konstanten Ströme erhält.

Besitzt man bereits ein genau geaichtes Galvanometer, so kann man ein zweites aichen, indem man es gleichzeitig mit dem ersten in denselben Stromkreis schaltet und die beiderseitigen Ausschläge vergleicht.

Versuch 9. Aichung eines Galvanometers als Voltmeter. Auch bei diesem Versuche muß man das Galvanometer in einen Nebenschluß bringen und zwar in der Art, daß der zwischen den beiden Abzweigungspunkten liegende Spannungsabfall bekannt ist. Man erreicht das in der Weise, daß man den Strom eines Normalelementes zu den beiden Klemmen eines genauen Rheostaten kurzleitend führt, so daß der gesamte Spannungsabfall im Rheostaten statfindet. Beträgt der Widerstand des Rheostaten z. B. 1000 Ohm, so ist für je 10 Ohm Widerstand $^1/_{100}$ der elektromotorischen Kraft des Normalelementes in Anschlag zu bringen. Durch Stöpselung im Rheostaten kann man mithin jeden durch die Einrichtung des Rheostaten ermöglichten Bruchteil der ursprünglichen elektromotorischen Kraft auf das Galvanometer übertragen. Die Empfindlichkeit des letzteren ist für die Wahl des Abzweigungswiderstandes wie bei der vorigen Aufgabe maßgebend. Man ermittelt wiederum für eine Reihe von elektromotorischen Kräften die zugehörigen Galvanometerausschläge und interpoliert in der mehrfach erwähnten Weise.

Anstatt einen festen Rheostaten zu wählen, kann man, wenn die Verhältnisse es gestatten, die Pole des Normalelementes mit einem Nickelindraht von bekanntem Widerstand, welcher für gleich lange Stücke des Drahtes den gleichen Betrag besitzen muß, in Verbindung setzen, so wie es bei der Aichung des Voltmeters beschrieben ist. Der Nebenschluß für das Galvanometer setzt an dem einen Ende des Nickelindrahtes ein und endet auf einem Gleitkontakt, durch welchen man beliebige Längen des Nickelindrahtes und somit beliebige Spannungsabfälle für den Nebenschluß abgrenzt.

§ 3. Die Herstellung von Normal-Elementen.

Versuch 10. Herstellung eines 1 Volt-Elementes.[1] Auf dem Boden eines aus starkem Glase angefertigten Reagensglases von 10 cm Höhe und 5 cm Durchmesser wird eine 1 cm hohe Schicht reinen Quecksilbers gebracht, in welcher ein durch den Boden der Glasröhre eingeführter Platindrat die äußere Leitung vermittelt.

[1] Ostwald, Ztschr. phys. Chem. I, 406.

Man überschichtet das Quecksilber mit Kalomel, welches man am besten in einer konzentrierten reinen Zinkvitriollösung vom spez. Gew. 1·409 aufschlemmt und in das Reagensglas einfüllt. Es setzt sich dann der Kalomelniederschlag schnell als gleichmäßige Schicht auf dem Quecksilber ab. Durch einen das Reagensglas dicht schließenden durchbohrten Pfropfen führt man als zweite Elektrode einen amalgamierten Zinkstab von etwa 1 cm Dicke ein, an dessem herausragendem Teile der zweite Zuleitungsdraht angelegt wird.

Zur Amalgation des Zinkstabes taucht man denselben in verdünnte Schwefelsäure (1 : 10), wobei eine Auflösung des Zinkes, wenn es, wie nötig, rein ist, nicht erfolgt, und taucht ihn, ohne abzuspülen, für wenige Sekunden völlig in Quecksilber ein, und läßt ihn zum Durchziehen des letzteren $^1/_4$ Stunde liegen. Sodann reinigt man ihn durch gründliches Abspülen mit fließendem Wasser.

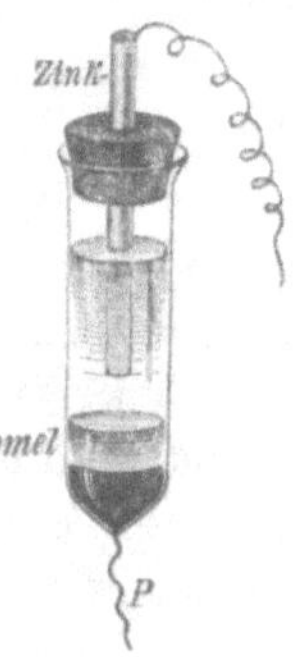

Fig. 46.
Ein Volt-Element.

Die elektromotorische Kraft eines solchen Elementes ist fast genau 1 Volt; die Abweichungen müssen durch Vergleich mit den später zu erwähnenden Normalelementen festgelegt werden. Der Temperaturkoëffizient, das ist die Änderung der elektromotorischen Kraft für 1° Temperaturerhöhung, beträgt nur 0·00007 Volt, so daß für die geringen Schwankungen der Zimmertemperatur das Element als konstant angesehen werden kann, so lange es sich nicht um die genauesten Messungen handelt. (Fig. 46.)

Versuch 11. Herstellung eines Clark-Elementes. In gleicher Weise, wie der Aufbau des 1 Volt-Elementes, erfolgt der des Clark-Elementes.[1] Man füllt ein Reagensglas oder einen kleinen Stehcylinder von 2 cm Weite und 6 cm Höhe mit einer Schicht reinsten Quecksilbers, in welches bei Anwendung eines Stehcylinders der Platindraht durch ein kurz über dem Ende des Drahtes zusammengeschmolzenes Glasröhrchen eingeführt wird, so daß das Glas noch eben in das Quecksilber hineintaucht. Auf dem Quecksilber ruht eine Schicht von in gesättigter Zinksulfatlösung aufgeschlemmten Quecksilberoxydulsulfat mit etwas metallischem Quecksilber, darüber kommt ein ganz dickflüssiger

[1] Ostwald, Hand- u. Hilfsbuch, S. 231.

Brei von Zinksulfatkrystallen in der gleichen gesättigten Lösung, so daß der eintauchende amalgamierte Zinkstab von Zinkkrystallen umgeben ist. Zu dem Zwecke füllt man die Mischung warm ein; beim Erkalten erstarrt sie dann zu einem das ganze System befestigendem Krystallbrei. Der amalgamierte Zinkstab wird bis auf 1 cm des eintauchenden Endes mit Siegellack isoliert und durch die eine Durchbohrung des Pfropfens gesteckt, dessen andere Durchbohrung das Glasröhrchen mit dem in das Quecksilber tauchenden Platindrat aufnimmt. Der Pfropfen wird fest bis unter den Rand des Cylinders eingepreßt und mit Paraffin und geschmolzenem Harz verkittet.

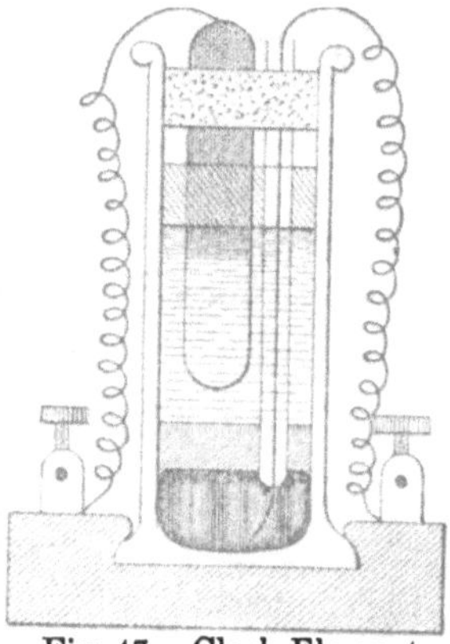

Fig. 47. Clark-Element.

Das Clarkelement hat zum Nachteile seiner Anwendung einen großen, allerdings genau festgestellten Temperaturkoëffizienten, so daß man es am besten erst nach längerem Verweilen in einem Thermostaten, stets aber mit genauer Berücksichtigung der Temperatur anzuwenden hat.

Der Temperaturkoëffizient des Clarkelementes (Fig. 47) ist $-0 \cdot 001$ Volt; seine elektromotorische Kraft bei 15^0 gleich $1 \cdot 4336$ Volt, so daß für beliebige Temperaturen t^0 zu setzen ist:

$$E = 1 \cdot 4336 - 0 \cdot 001 (t^0 - 15) \text{Volt}.$$

Versuch 12. Herstellung eines Cadmium-Elementes[1]. Der bedeutende Temperaturkoëffizient des Clarkelementes ist die Veranlassung zu der Konstruktion anderer Normalelemente, unter denen das Weston- oder Cadmiumelement das wichtigste ist, in welchem bei sonst in allen Punkten genau gleicher Einrichtung mit dem Clarkelement das Zink in allen Fällen durch Cadmium ersetzt ist.

Da jedoch, wie Cohen[2] nachgewiesen hat, bei 15^0 die Krystallform des Cadmiumsulfates und damit sein Temperaturkoëffizient sich ändert, so soll man das Element niemals unterhalb 15^0 benutzen. Sollte es einer Temperatur unterhalb 15^0 ausgesetzt gewesen sein, so muß man es vor dem Gebrauch kurze Zeit auf einige Grade oberhalb 15^0 erwärmen.

[1] Jäger u. Wachsmuth, Wied. Ann. 59, S. 579. 1896.

[2] Ztschr. f. Elektrochemie IV, S. 543.

Die elektromotorische Kraft des Cadmiumelementes ist bei 20° aus dem Verhältnis bestimmt:

$$\frac{\text{Clark } 0^{\circ}}{\text{Cadmium } 20^{\circ}} = 1 \cdot 4226$$

Da das Clarkelement bei 0°, wie aus der Formel (s. S. 67) für dasselbe hervorgeht, eine elektromotorische Kraft von 1·4486 Volt hat, so folgt für das Cadmiumelement bei 20° eine elektromotorische Kraft von 1·0183 Volt. Da für mittlere Temperatur sein Temperaturkoëffizient 0·00038 Volt beträgt, so ist

$$E = 1 \cdot 0183 - 0 \cdot 0004 \cdot (t^{\circ} - 20) \text{ Volt}$$

zu setzen.

In der physikalisch-technischen Reichsanstalt werden die Elemente folgendermaßen zusammengestellt. Das Schema ist

$$Cd - CdSO_4 - Hg_2SO_4 - Hg.$$

Für die Glasgefäße werden die **H**-Formen angewandt; am besten schmilzt man, wie in nebenstehender Figur **48**, die zuleitenden Platindrähte ein. Statt des reinen Cadmiums verwendet man ein Amalgam von 1 Gewichtsteil Cadmium auf 6 Teile Quecksilber, welches bei 100° flüssig, bei gewöhnlicher Temperatur vollkommen fest ist. Das Merkurosulfat wird mit Krystallen und einer konzentrierten Lösung von Cadmiumsulfat, sowie mit Quecksilber zu einer zähflüssigen Paste verrieben.

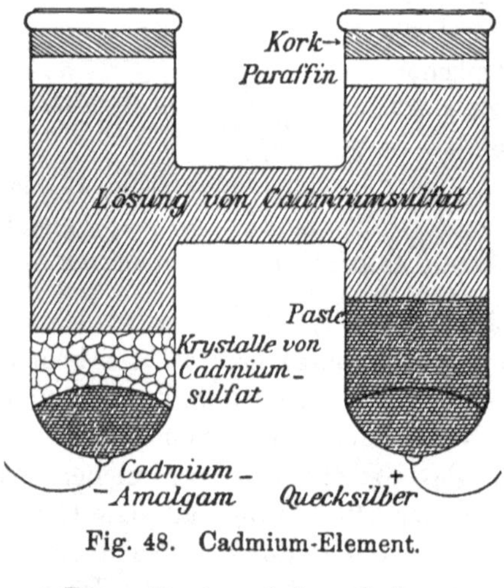

Fig. 48. Cadmium-Element.

Diese Paste wird auf der metallischen Quecksilberelektrode aufgeschichtet, die Cadmiumamalgamelektrode (die negative) wird mit einer Schicht von Cadmiumsulfatkrystallen versetzt und der übrige Teil des Gefäßes mit der gesättigten Cadmiumsulfatlösung ausgefüllt. Den Verschluß jedes Schenkels bildet eine Paraffinschicht, auf der ein dünnes Stück Kork liegt; zuletzt wird das Element mit gutem Siegellack verkittet.

Man kann natürlich auch die für das Clarkelement gegebene Form für das Cadmiumelement verwenden, wie auch umgekehrt dem Clarkelement häufig (z. B. in der physikalisch-technischen Reichsanstalt) die **H**-Form gegeben wird.

Auf die Reinheit und die gleichmäßige Zusammensetzung der Materialien ist große Sorgfalt zu verwenden.

Ist das Cadmium des Handels zinkhaltig, wodurch die elektromotorische Kraft stärker beeinflußt wird, so stellt man sich am besten reines Cadmium durch Elektrolyse des Cadmiumsulfates dar. Das Cadmium löst sich leicht in Quecksilber.

Das Cadmiumsulfat des Handels enthält nur Spuren von Verunreinigungen, welche ohne Einfluß sind; man hat jedoch darauf zu achten, daß die resultierende Lösung absolut neutral ist.

Man stellt sich zu dem Zwecke gesättigte Lösungen von Cadmiumsulfat ($3\,CdSO_4 + 8\,H_2O$) durch längeres Stehenlassen und Schütteln von Wasser mit fein pulverisiertem Salz dar, da in der Wärme nur wenig mehr gelöst wird. Zur Abstumpfung etwa vorhandener Säure digeriert man die Lösung mit frisch gefälltem und sorgfältigst ausgewaschenem Cadmiumhydroxyd und schließlich, um die von letzterem herrührende, leicht alkalische Reaktion zu zerstören, nach dem Filtrieren mit ganz reinem Merkurosulfat bei etwa 50^0 und filtriert vom Überschuß desselben und dem ausgeschiedenen Quecksilberoxydul ab. Die so gewonnene Lösung wird zur Füllung des Elementes benutzt.

Zu dem reinen Quecksilberoxydulsulfat setzt man, wie bereits erwähnt, fein verteilt metallisches Quecksilber zu, um das Salz stets in der notwendigen Oxydulstufe zu erhalten.

Spezieller Teil.

Erstes Kapitel.

Die Elektrolyse.

§ 1. Quantitative Bestimmung von Metallen.[1]

Vorbemerkungen.

Die Ausführung einer quantitativen Analyse durch Elektrolyse verlangt die Beachtung größter Reinlichkeit. Man benutzt zu den elektrolytischen Fällungen zweckmäßig dünn ausgehämmerte Platinschalen, ca. 35—37 g schwer, von 9 cm Durchmesser, 4·2 cm Tiefe und ca. 250 ccm Inhalt (siehe S. 27). Es empfiehlt sich, die inneren Oberflächen der Schalen mit dem Sandstrahlgebläse mattieren zu lassen, weil hierdurch ein festeres Haften des elektrolytischen Niederschlages erzielt wird. (Zur Bleibestimmung ist die Mattierung der Oberfläche unbedingtes Erfordernis.) Besonders haltbar sind die Schalen, denen 10 % Iridium zugesetzt ist.

Als zweite Elektrode wähle man ein mäßig dickes Platinblech von ca. 4·5 cm Durchmesser, welches an einem ziemlich starken Platindraht leitend befestigt ist. (Fig. 49.) Um während der Elektrolyse Mischung der Lösung zu ermöglichen und eine bequeme Gasentwickelung zu erreichen, durchlöchert man das Blech mittels eines Korkbohrers.

Die Elektrolyse wird auf einem Stativ von der abgebildeten Form (S. 28, Fig. 29) ausgeführt. Ring und Arm sind an einer Glasstange *G* verstellbar befestigt, *n* wird im allgemeinen

---

[1] Classen, Quantit. Elektrolyse. IV. Aufl., unter Mitwirkung von W. Löb.

mit dem negativen, *p* mit dem positiven Pole verbunden. Die positive Elektrode selbst wird bei *e* befestigt. Die an dem Ringe des Statives angebrachten Metallspitzen vermitteln bei einfachem Aufsetzen der Schale völligen Kontakt.

Zur Erwärmung der Lösung setzt man 1 bis 2 cm unter dem Stativring eine auf einem Dreifuß ruhende Asbestplatte und unter diese einen gewöhnlichen Bunsenbrenner.

Während der Elektrolyse wird die Schale durch ein großes Uhrglas bedeckt, welches zwei Durchbohrungen besitzt, eine genau in der Mitte, durch welche die obere Platinelektrode in die Lösung geführt wird, eine an der Seite zum Eintauchen eines Thermometers. Die Seite 28 u. f. beschriebenen Anordnungen erfüllen gleichfalls ihren Zweck.

Die Schaltungsanordnung ist die Seite 39 beschriebene. Als Stromquelle genügen für alle Bestimmungen 4 hintereinander geschaltete Akkumulatoren.

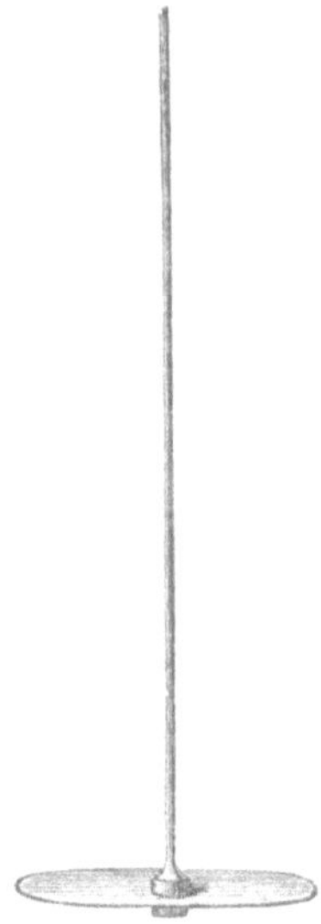

Fig. 49. Elektrode.

Versuch 13. Quantitative Bestimmung von Kobalt.[1] Die elektrolytische Abscheidung des Kolbalts geht aus der mit einem Überschuß von Ammoniumoxalat versetzten Lösung von Kobaltammoniumoxalat (Classen) sehr glatt von statten. Das Metall scheidet sich auf der negativen Elektrode, der Platinschale, mit seinen charakteristischen metallischen Eigenschaften rasch und festhaftend ab.

Man löst 4—5 g Ammoniumoxalat in 25 ccm Wasser, in welchem 2—2·5 g Kobaltkaliumsulfat bereits gelöst sind. Hierdurch wird die Überführung in das gewünschte Doppelsalz erwirkt.

Man verdünnt sodann die Lösung auf 100—120 ccm und unterwirft sie der Elektrolyse.

Versuchsbedingungen.

Temperatur der Flüssigkeit = 60°—70°.

Stromdichte ND_{100} = 1—1·2 Amp.; 100—120 ccm Lösung bedecken ziemlich genau 100 ccm der inneren Schalenoberfläche,

[1] Classen, Quantit. Elektrolyse. IV. Aufl., unter Mitwirkung von W. Löb.

so daß die direkt abgelesene Ampèrezahl als Stromdichtenangabe verwandt wird.

Elektrodenspannung = 3·1—3·8 Volt.

Nach beendigter Elektrolyse, d. h. nach ca. 2—2¹/₄ Stunden (Probe mit Schwefelammonium an einer geringen Menge der mit Hilfe eines Kapillarrohres entnommenen Flüssigkeit) wird der Niederschlag mit destilliertem Wasser und absolutem Alkohol ausgewaschen und im Luftbade getrocknet.

Vorgang: Es findet eine glatte Spaltung im Metallkation und Säureanion statt, welch' letzteres teilweise weiterer Oxydation durch den Strom anheimfällt.

Versuch 14: Quantitative Bestimmung von Zinn.[1] Man löst 1—1·2 g Zinnsalz ($SnCl_4\,2NH_4Cl$) in Wasser unter Zusatz von 3—5 ccm einer gesättigten Lösung von Oxalsäure, sodann setzt man 0·3—0·5 g salzsaures Hydroxylamin, 2 g Ammoniumacetat und 2 g Weinsäure zu und verdünnt auf 150 ccm.

Versuchsbedingungen.

Temperatur der Flüssigkeit 60°—70°.
Stromdichte ND_{100} = 0·99—1 Amp.
Elektrodenspannung: 4—5 Volt.
Dauer: 3—5 Stunden.

Nach vollendeter Abscheidung, welche man an einer Stichprobe erkennt, wird nach Stromunterbrechung das Metall mit Wasser und Alkohol ausgewaschen und bei 80°—90° im Luftbade getrocknet.

Vorgang: Das durch den Strom zur Abscheidung gelangende Zinn wird an der negativen Elektrode niedergeschlagen; zur Anode wandern die Säurerestionen, welche dort eine Sauerstoffentwickelung mit weitergehender Zersetzung hervorrufen. Um eine Oxydation des noch an der Anode befindlichen Zinnsalzes zu Zinnsäure zu verhüten, wird das starke Reduktionsmittel Hydroxylamin zugesetzt.

Versuch 15. Quantitative Bestimmung von Antimon.[2] Man versetzt eine möglichst konzentrierte Lösung von Brechweinstein (ca. 0·75—0·8 g) mit 80—100 ccm einer Lösung von Natriummonosulfid vom spezifischen Gewicht 1·14 verdünnt mit Wasser

[1] Engels, Ztschr. f. Elektrochemie.
[2] Classen, Quantit. Elektrolyse. IV. Aufl.

auf 120—130 ccm und elektrolysiert unter Benutzung mattierter Platinschalen.[1]

Versuchsbedingungen.

Temperatur der Flüssigkeit: 55°—70°.
Stromdichte: $ND_{100} = 1—1 \cdot 5$ Amp.
Elektrodenspannung = 1—2 Volt.
Dauer: 2—$2^1/_2$ Stunden.

Nach beendigter Elektrolyse muß das Metall ohne Stromunterbrechung in der Wärme mit Wasser ausgewaschen werden. Zu dem Zweck hebert man die Lösung aus der Schale heraus, während man frisches Wasser nachfließen läßt. Das Ende der Reaktion läßt sich mit Sicherheit nur mit Anwendung einer Hilfselektrode ermitteln, welche man in die Flüssigkeit taucht und durch Berührung mit der Schale, der Kathode, in metallische Verbindung bringt.

Die Schale mit dem ausgeschiedenen Antimon behandelt man in bekannter Weise mit Wasser und völlig reinem, absoluten Alkohol, trocknet kurze Zeit bei 80°—90° im Luftbade und wägt.

Vorgang: Das Natriumsulfid verbindet sich zunächst mit dem Antimon zu einem Doppelsalze, welches in der alkalischen Flüssigkeit leicht löslich ist. Man beobachtet bei Stromschluß an der Kathode zunächst Wasserstoffentwickelung, wodurch folgende Umsetzung sich wahrscheinlich vollzieht:

$$Sb_2S_3 + 3Na_2S + 6H = 2Sb + 6NaHS$$

und ferner:

$$6NaHS + 3O = 3Na_2S_2 + 3H_2O.$$

Durch Oxydation, welche natürlich an der Anode stattfindet, erkärt sich nach Beendigung des Versuches die Gegenwart von Polysulfiden in der Lösung.

[1] Das Schwefelnatrium stellt man sich zweckmäßig selbst dar. Man teilt eine Lösung reiner Natronlauge (spez. Gew. 1·25) in zwei gleiche Teile und sättigt die eine Hälfte bei Luftabschluß mit reinem Schwefelwasserstoffgas. Man filtriert die so behandelte Lösung von dem entstandenen Niederschlag, mischt sie mit der anderen Hälfte und leitet in das Gemisch beider wieder Schwefelwasserstoffgas bis zur Sättigung. Nach abermaligem Filtrieren dampft man die Lösung über freiem Feuer bis zur beginnenden Krystallisation ein und füllt die heißen Lösungen in gut schließende Flaschen. Die beim Erkalten über den ausgeschiedenen Krystallen befindliche gesättigte Lösung kann direkt zur Elektrolyse verwendet werden.

Versuch 16. Quantitative Bestimmung von Blei.[1] Man wählt nunmehr eine mattierte Platinschale als Anode, da die Bestimmung des Bleies als Superoxyd geschieht. 0·5—0·7 g Bleinitrat werden in 100 ccm Wasser gelöst unter Zusatz von 20 ccm Salpetersäure vom spezifischen Gewicht 1·35—1·38. Diese Lösung wird der Elektrolyse unterworfen. Von der vollständigen Abscheidung überzeugt man sich durch Zusatz von ca. 20 ccm Wasser und Beobachtung einer etwa auftretenden Schwärzung an der frisch benetzten Elektrodenoberfläche.

Versuchsbedingungen.

Temperatur der Flüssigkeit: 60°—65°.
Stromdichte: $ND_{100} = 1·5—1·7$ Amp.
Elektrodenspannung = 2·5—3 Volt.
Dauer: ca. $^5/_4$ Stunden.

Nach beendigter Elektrolyse wird der Strom unterbrochen und der Niederschlag mit Wasser und Alkohol ausgewaschen und sodann bei 180°—190° getrocknet. Der Rückstand ist wasserfreies Superoxyd.

Vorgang: Im Gegensatz zu den bisher ausgeführten Elektrolysen findet in diesem Falle die quantitative Metallbestimmung an der Anode statt, indem Blei, ebenso wie Mangan, die Fähigkeit besitzt, PbO_2-Ionen zu bilden, die mit negativer Elektricität beladen zur positiven Elektrode hin wandern. Man kann annehmen, daß diese PbO_2-Ionen unter dem Einflusse der Salpetersäure bereits fertig gebildet in der Lösung sich vorfinden und der Strom nur die Ausscheidung an der Elektrode besorgt. Oder man nimmt die Bildung einer Verbindung an, bei der das Blei vierwertig wird. Der Strom führt zur Anode die aus der Salpetersäure stammenden Reste $\bar{N}O_3$, so daß sich folgende Umsetzung an der Anode vollziehen kann:

$$Pb^{II}(NO_3)_2 + (\bar{N}\bar{O}_3)_2 = P^{IV}(NO_3)_4.$$

Dieses Tetranitrat ist aber unbeständig und zerfällt unter dem Einfluß des Wassers:

$$Pb(NO_3)_4 + 2H_2O = 4HNO_3 = \underline{PbO_2}$$

in Salpetersäure und Bleisuperoxyd, welches mithin an der posi-

[1] CLASSEN, Quantit. Elektrolyse. IV. Aufl.

tiven Elektrode zur Abscheidung gelangt. Eine Abscheidung von metallischem Blei ist bei dem lösenden Einfluß der starken Salpetersäure ausgeschlossen.

Versuch 17. Quantitative Bestimmung von Kupfer. Das Kupfer kann leicht nach der Methode von ENGELS[1] aus schwefelsaurer Lösung abgeschieden werden, wenn man etwas Harnstoff der zu elektrolysierenden Lösung zusetzt. Zur Ausführung der Methode bringt man zu der auf 150 ccm ergänzten Flüssigkeit, welche bis 1·5 g Kupfersalz enthalten kann, 10—15 ccm konzentrierte Schwefelsäure und 1 g Harnstoff. Man elektrolysiert in der CLASSEN'schen Zelle am besten bei einer Temperatur von 60°—70° mit einem Strome von 2·7—3·1 Volt Spannung, welcher an der Kathode eine Stromdichte $ND_{100} = 0{\cdot}8$—1 Amp. liefert. In $^5/_4$—$1\,^1/_2$ Stunden ist die Elektrolyse beendet. Das Auswaschen kann bei Stromunterbrechung geschehen.

Das abgeschiedene Kupfer enthält geringe Mengen Kohlenstoff aus dem Harnstoff und Platin, welches sich von der Anode löst. Man kann diese Beimengungen in der Art bestimmen, daß man das abgeschiedene Kupfer in verdünnter Salpetersäure (1:10) auflöst. Es hinterbleibt dann ein feiner schwarzer Überzug auf der Schale, der sich mit Wasser, dagegen nicht mit Alkohol auswaschen läßt, ohne sich loszulösen. Das nach dem Auswaschen und Trocknen im Luftbade bestimmte Gewicht der Schale wird der Berechnung des abgeschiedenen Kupfers zu Grunde gelegt.

Vorgang: Die Rolle, welche der Harnstoff spielt, ist noch nicht aufgeklärt; eine ähnliche Wirkung zeigt Hydroxylamin. Es werden jedenfalls die reduzierenden Eigenschaften dieser Substanzen in irgend einer Weise zu nutze gemacht.

Versuch 18. Quantitative Bestimmung von Silber. Die von LUCKOW angegebene Methode gründet sich auf der Abscheidung des Silbers aus dem Cyankaliumdoppelsalz. Unlösliche Silberverbindungen (Silberchlorid, Silberoxalat) können mit Cyankalium leicht in Lösung gebracht werden. Zum guten Gelingen des Versuches ist die Reinheit des verwandten Cyankalis Haupterfordernis. Es empfiehlt sich deshalb, dasselbe durch Einleiten von Blausäure in alkoholische Kaliumhydroxydlösung darzustellen. Unter Anwendung von 0·5—0·9 g des Silbersalzes

[1] CLASSEN, Quantitative Elektrolyse. IV. Aufl.

versetzt man die auf 100—120 ccm verdünnte Lösung oder Flüssigkeit mit 3 g Cyankali. Die resultierende klare Lösung wird unter Verwendung einer mattierten Platinschale als Kathode bei 20°—30° mit einem Strome von 3·7—4·7 Volt bei einer kathodischen Stromdichte von 0·2—0·5 Ampère elektrolysiert. Die Dauer der Abscheidung schwankt bei gleicher Silbermenge für Stromdichten ND_{100} = 0·2—0·5 Ampère zwischen 5 und $1^1/_2$ Stunden.

Vorgang: Bezüglich des elektrolytischen Vorganges ist zu erwähnen, daß das Silber-Cyankali-Doppelsalz nur geringe Mengen von Silberionen bildet. Der größte Teil des Silbers ist in Form komplexer Anionen $\overline{CN}.AgCN$ vorhanden, welche durch Dissoziation des Doppelsalzes in folgender Weise enstehen:

$$KCNAgCN = K \cdot C_2N_2 \cdot Ag = \overset{+}{K} + C_2\overset{-}{N_2}Ag.$$

Nichtsdestoweniger findet die ganze Abscheidung des Silbers an der Kathode statt, weil nach Entladung der wenigen vorhandenen Silberionen nach dem Massenwirkungsgesetz durch Zerfall nicht dissociierten Salzes oder komplexer Anionen sich stets neue bilden. Die Geschwindigkeit, mit welcher diese Neubildung erfolgt und von deren Größenordnung wir bis jetzt keine Vorstellung haben, ist jedenfalls eine so außerordentliche, daß selbst unter Verwendung kräftiger Ströme die Abscheidung des Silbers ausschließlich an der Kathode erfolgt.

Versuch 19. Quantitative Trennung von Kupfer und Blei. Zur Ausführung der Classen'schen Methode verdünnt man die 20 ccm Salpetersäure (spez. Gew. = 1·35) enthaltende Lösung auf nur 75 ccm und elektrolysiert die erwärmte Flüssigkeit mit einem Strome von 1·1—1·2 Ampère (entsprechend ND_{100} = 1·5—1·7 Ampère) und unterbricht die Elektrolyse bereits nach einer Stunde; alsdann ist die größte Menge des vorhandenen Bleies (98%—99%, wenn bis 0·5 g Blei in Lösung ist) als Superoxyd ausgeschieden, während die Kathode noch kein Kupfer aufweist. Man unterbricht nun den Strom und überträgt die Flüssigkeit in eine andere tarierte Schale, wäscht das Bleisuperoxyd mit Wasser aus, welches der Kupferlösung zugefügt wird, und bestimmt nach dem Trocknen dessen Gewicht. Zur elektrolytischen Fällung des Kupfers versetzt man die Lösung mit Ammoniak, bis die bekannte, tiefblaue Kupferlösung entsteht und fügt 5 ccm Salpetersäure hinzu. Die Platinschale verbindet man nunmehr mit dem negativen Pol der Stromquelle und wendet als Anode zur Aufnahme des Restes von Bleisuperoxyd eine wie die Schale mattierte durchlöcherte Platinblechelektrode an, deren Gewicht vorher ermittelt wird. Nach völligem Erkalten der auf 120—150 ccm verdünnten Flüssigkeit elektrolysiert man mit einem Strom von ND_{100} = 1—1·2 Amp.

Nach 3—4 Stunden ist das Kupfer (bei ca. 0·25 g Kupfer) und der Rest von Blei ausgeschieden.

Geht man von Bleisulfat aus, so verwandelt man dieses durch etwas Ammoniak in lockeres Bleihydroxyd, welches sich nunmehr leicht in der Salpetersäure löst.

Als Beispiele seien einige Versuche angeführt:

Stromdichte Ampère	Spannung Anfang	Spannung Ende	Temperat.	Dauer	Gefunden	Anstatt
1·1 —1·1	1·4	1·4	60°—63°	1 Std.	0·7266 g	0·7260 PbO_2
1·55—1·45	1·4	1·4	66°—72°	1 „	0·7310 g	0·7303 „

In der vom Bleisuperoxyd abgegossenen Flüssigkeit wurde das Kupfer nach Hinzufügen von Ammoniak und Ansäuern mit 5 ccm Salpetersäure gefunden:

Stromdichte Ampère	Spannung	Temperat.	Dauer	Gefunden	Anstatt
1·1—1·0	2·2 —2·5	25°—30°	5 Std.	0·2490 g	0·2495 g Cu
1·0—0·95	2·25—2·5	30°—32°	5 „	0·2505 g	0·2510 g „

Versuch 20. Trennung von Kupfer und Cadmium mittels verschiedener Spannung.[1] Wie bei Besprechung der elektromotorischen Kräfte auseinandergesetzt wird, läßt sich eine Trennung von Metallen mit verschiedenen Zersetzungspunkten ihrer der Elektrolyse unterworfenen Salzlösungen lediglich durch Spannungsvariation erreichen. So wird aus schwefelsaurer Lösung bei 2 Volt Elektrodenspannung das Kupfer gefällt, ohne daß das Cadmium sich niederschlägt. Am besten gelingt die Trennung, wenn man zunächst bis zur völligen Ausscheidung des Kupfers dafür sorgt, daß die Spannung 1·85 Volt nicht überschreitet; aus der kupferfreien Lösung läßt sich dann das Cadmium für sich bestimmen.

Der folgende Versuch kennzeichnet die besten Verhältnisse. Gesamtflüssigkeit 120 ccm, hiervon 15 ccm verdünnte Schwefel-

[1] Freudenberg, Ztschr. phys. Chem. XII, S. 97. — Heidenreich, Chem. Ber. XXVIII, S. 1585. — Classen, Quantit. Elektrolyse. IV. Aufl., unter Mitwirkung von W. Löb. S. 225.

säure (spez. Gew. = 1·09), Einwage ca. 0·1 g Kupfervitriol + 0·4 g Cadmiumsulfat, Stromdichte ND_{100} = 0·05—0·07 Amp. bei 1·7 bis 1·76 Volt. In 24 Stunden ist alles Kupfer aus der Lösung ausschieden.

§ 2. Elektrolyse geschmolzener Salze.

Die gewaltige Wärmeentwickelung, welche durch Ströme hoher Intensität bei geeignetem Widerstand des Elektrolyten erzeugt wird, kann zugleich mit der typisch elektrischen Zersetzung benutzt werden, um aus feuerflüssigen Metallsalzen die Metalle selbst zu gewinnen. Hier wirkt mithin die Elektrizität in zweierlei Weise, einmal als Wärmequelle und dann als zersetzendes Agens. Diese Form der Elektrolyse darf nicht mit den elektrothermischen Prozessen, wie sie vornehmlich von Moissan ausgearbeitet sind, verwechselt werden, bei welchen nur die Wärmewirkung den Effekt bedingt und jede elektrolytische Nebenwirkung sorgfältig ausgeschlossen ist. Die geschmolzenen Elektrolyte sind bekanntlich gute Leiter des galvanischen Stromes, sie erleiden bei Durchgang des Stromes dieselbe Zersetzung, wie in der wässerigen Lösung; nur sind hier natürlich die durch das Lösungsmittel bedingten sekundären Reaktionen ausgeschlossen. So konnten erst durch die Elektrolyse der feuerflüssigen Alkalisalze die Alkalimetalle durch Davy isoliert werden, weil hier die Überführung in Alkalihydrat durch Wasser ausgeschlossen war.

Die Elektrolyse geschmolzener Metallsalze hat vornehmlich für diejenigen Metalle Interesse, welche wegen ihrer Unbeständigkeit dem Wasser gegenüber nicht aus Lösungen ausgeschieden werden können. Es sind dies die Alkalimetalle Lithium, Natrium und Kalium, ferner die Erdkalimetalle Calcium, Strontium und Baryum und schließlich Aluminium und Magnesium. Jedoch ist bereits mit Erfolg auch bei anderen Metallsalzen, wie bei den des Bleies, des Zinks, Zinns und Silbers der Versuch gemacht worden, aus den feuerflüssigen Elektrolyten die Metalle abzuscheiden.

Bei der Ausführung solcher Versuche kann man nun entweder den durch eine besondere Wärmequelle zum Schmelzen gebrachten Elektrolyten durch den Strom zersetzen, oder die durch den elektrischen Strom selbst gelieferte Hitze zunächst für den Schmelzprozess verwerten.

Während die erstere Form der Elektrolyse nur einfacher Hilfsmittel bedarf, welche bei den einzelnen Beispielen angegeben sind, benutzt man für die letztere Form der Zersetzung eigens zu diesem Zwecke konstruierte Öfen, deren Anordnungen in der verschiedensten Weise getroffen werden können. So ist denn die Zahl der vorgeschlagenen Öfen eine ganze gewaltige.

Die meisten erfüllen ihren Zweck ganz gut, so daß es hier nur darauf ankommt, das Prinzip derselben kennen zu lernen.

Dasselbe tritt klar bei einer von Borchers[1] angegebenen Form zu Tage.

In Fig. 50 befindet sich der Schmelzraum innerhalb eines Eisenblechkastens. Dieser trägt eine in der Mitte durchlochte Chamotteplatte, durch welche die untere Elektrode eingeführt werden kann. Auf die Bodenplatten setzt man einen aus Kupferblech hergestellten Kühlkasten, so daß an den Wänden die Beschickung, mit welcher man das Ofeninnere ausfüttert, im festen Zustande erhalten bleibt. Die obere Elektrode wird durch eine Öffnung im Deckel eingeführt. Man heizt nun zunächst mit dem Lichtbogen vor, bis sich eine hinreichend dicke Schicht der Schmelze gebildet, und läßt sodann die obere Elektrode in die nun als Widerstand sich einschaltende Flüssigkeit eintauchen.

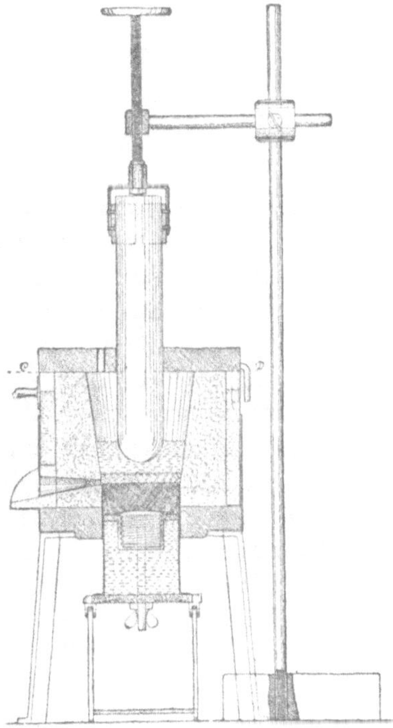

Fig. 50. Ofen.

Die obere Elektrode wird von einem starken Kohlestab gebildet, während man als untere Elektrode einen Metall- oder Kohleblock benutzt, der mit einem Schraubengewinde versehen ist, um in einen kühlbaren, kupfernen Halter eingesetzt werden zu können. Der Halter steht auf beweglichen Füßen, die sich leicht in jeder Höhe feststellen lassen.

[1] Zeitschr. f. Elektrochemie IV, S. 523.

Die Darstellung des Lithiums ist einfach (s. Versuch), während Natrium und Kalium schwieriger im Laboratorium darzustellen sind. Bekanntlich wurden die Alkalimetalle von Davy im Anfange des neunzehnten Jahrhunderts durch Elektrolyse der geschmolzenen Hydroxyde zuerst dargestellt. Jedoch gelingt es so, nur kleine Kügelchen der Metalle darzustellen.

Wählt man Kochsalz oder Kaliumchlorid oder auch ein Gemisch beider, welches leichter schmilzt als die beiden Salze für sich und zuerst das Natrium zur Abscheidung bringen läßt, so treten Schwierigkeiten durch das an der Anode entstehende Chlor auf und durch die Zerstörung, welche das geschmolzene Natrium auf die meisten Wandungen, die eine Trennung von der Anode bewerkstelligen sollen, ausübt. Diese Schwierigkeiten treten natürlich im großen Maßstabe noch mehr hervor und führten zu der Anwendung besonders konstruierter Öfen, von welchen die von Grabau[1] und Borchers[2] wohl die zweckmäßigsten sein dürften.

Die Erdalkalimetalle könnnen aus den geschmolzenen Chloriden in der Weise gewonnen werden, wie es bei der Darstellung des Lithiums beschrieben ist; jedoch ist es sehr schwierig, größere zusammenhängende Stücke der Metalle zu erhalten. Meistens erhält man sie so als in die erstarrte Masse eingesprengte Flimmer, die sich nicht zu größeren Aggregaten vereinigen.

Einen Apparat zur Abscheidung von Magnesium, Lithium und Beryllium aus geschmolzenen Haloidsalzen[3] zeigt Fig. 51.

In dem als Kathode dienenden eisernen Tiegel *K* ist als Anode ein von dem Porzellanrohre *C* umhüllter Kohlestab *A* eingehängt. Letzterer wird in die mit dem Leitungsdrahte *P* verschraubte Klammer *V* eingeklemmt und durch den ringförmigen Porzellandeckel *L* gehalten. Das Porzellanrohr wird wieder durch einen Wulst von dem ebenfalls ringförmigen Porzellandeckel *d* getragen, während der Tiegel vermittelst des Flansches *F* auf dem aus einer oder zwei Chamotteplatten gebildeten Deckel *D* einer Perrotfeuerung ruht.

Die Heizkammer derselben besteht aus einem weiteren, in den an einem Stative *S* verstellbar befestigten Eisenblechmantel *M* eingesetzten, Chamotterohre *O* und dem Einsatze *W* aus feuerfester Thonmasse. Beide ruhen auf der mit einer centralen Öffnung

[1] Borchers, Elektrometallurgie. Braunschweig 1896. S. 56.
[2] A. a. O., S. 57.
[3] A. a. O., S. 361.

versehenen Chamotteplatte *B*. Der Einsatz *W* soll die Heizgase eines beliebigen kräftigen Gasbrenners zunächst um die Tiegelwandungen nach oben führen, von wo aus sie dann in dem Zwischenraume zwischen *W* und *O* abwärts fallen, um schließlich durch den Abzug *Z* zu entweichen.

Ein nach oben gebogener Fortsatz des Flansches *F* ist durch Verschraubung mit der Leitung *N* verbunden.

Während man den vollständig zusammengesetzten leeren Tiegel eine Zeit lang anwärmt, schmilzt man am besten in einem

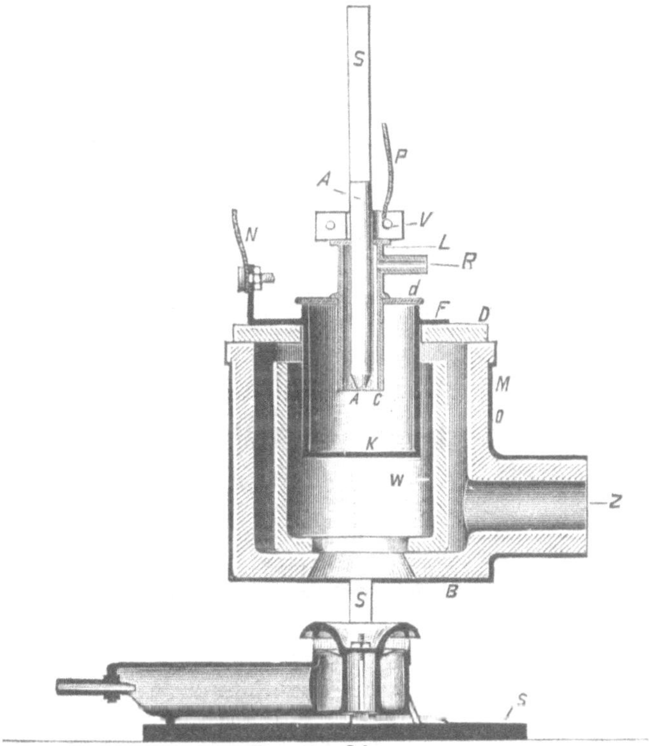

Fig. 51. Ofen.

zweiten Tiegel *T* (Fig. 52), welcher mit einer Handhabe versehen ist, das zu elektrolysierende Salz ein. Um während des Anwärmens eine Oxydation des besonders innen gut gereinigten Tiegels *K* und ein Verbrennen der Anode *A* zu verhüten, kann man eine Holzkohle in ersteren einlegen, die natürlich entfernt werden muß, sobald die Schmelze fertig zum Eingießen ist.

Während der Elektrolyse setzt sich das Metall in fortwährend wachsender Kugelform an die Tiegelwandungen, während das Chlor in *C* emporsteigend durch das Rohr *R* abgeleitet wird.

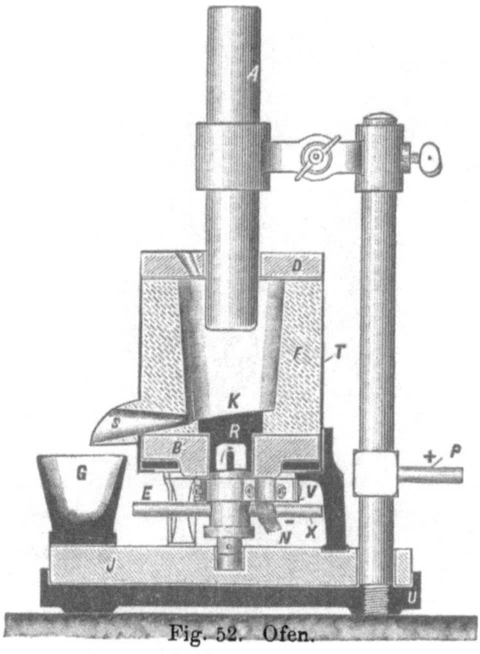

Fig. 52. Ofen.

Ein anderer von Borchers angegebener Apparat zur Elektrolyse elektrothermisch geschmolzener Substanzen ist der folgende[1] (Fig. 53).

In einem mit der Bodenplatte *B* aus Chamotte versehenen Eisenblechtiegel *T* wird zunächst die Kathode *K*, eine kleine Stahlplatte, eingesetzt und durch das Kupferrohr *R* unter Vermittelung der Klammer *V* mit der Stromleitung verbunden. Nun füttert man den Tiegel *T* durch Einstampfen mit dem Oxyde *F* desjenigen Metalles aus, das elektrolytisch abgeschieden werden

[1] Borchers, Ztschr. f. Elektrochemie Bd. II., S. 41.

soll, nur die Oberfläche an Platte *K* freilassend. Durch den Deckel *D* hängt man während des Betriebes die Kohlenanode *A* ein. Letztere ist durch die eiserne Klammer, deren ebenfalls eiserne Führungsstange und den mit Hilfe einer Kupfermuffe befestigten Draht *P* ebenfalls mit der Stromleitung in Verbindung gebracht. Die eiserne Führungsstange ist in einen Gußeisenfuß *U* eingeschraubt, auf welchem, isoliert durch eine Schieferplatte *J*, auch der Tiegel steht. Damit sich während des Betriebes das abzuscheidende Metall nicht mit dem Kathodenmateriale legiere, ist das Rohr *R* zum Kühlen eingerichtet, zu diesem Zwecke also mit dem Wasserzuflußrohr *E* und dem Ablaufrohre *X* versehen, während eine nicht ganz bis oben reichende Scheidewand in der Mitte des Rohres *R* das Wasser zwingt, bis oben an den Rohrboden zu steigen. Durch ein Stichloch *S* kann man während des Betriebes das abgeschiedene Metall abstechen, um es in dem untergestellten Eingusse *G* aufzufangen.

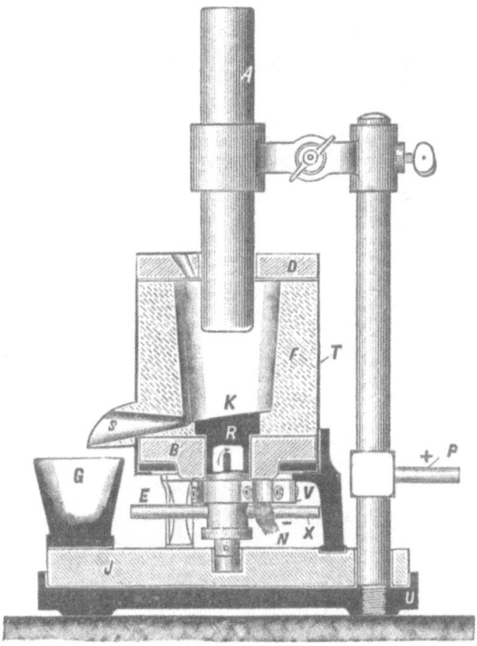

Fig. 53. Ofen von Borchers.

Der Betrieb des Apparates ist höchst einfach. Nachdem man das Stichloch mit einem Thon- oder Oxydpfropfen verschlossen hat, bringt man zunächst ein wenig desjenigen Metalles, das man abzuscheiden beabsichtigt auf den Tiegelboden. Nun nähert man die Anode der Kathode. Ist erstere konisch zugespitzt, so wird sich bei der Berührung der Kohlenspitze mit dem am Boden liegenden Metalle erstere schnell und hoch erhitzen. Besitzt die Anode eine Form, wie sie in der Figur dargestellt ist, so kann man auch einen dünnen Kohlenstift zwischen Anode und Kathode einsetzen und wird auch in diesem Falle schnell die erforderliche Schmelztemperatur haben.

Man streut nun den Elektrolyten (Salz-, Oxyd-, Sulfidgemische) durch eine Deckelöffnung allmählich in den Apparat ein und wird finden, daß derselbe, sobald er eine Schicht zwischen Anode und Kathode bildet, flüssig bleibt, so daß man nach Bedarf zusetzen kann.

Das abgeschiedene Metall kann man nach einiger Zeit bezw. nach Beendigung der Elektrolyse aus dem Stichloche *S* ablassen. Der Apparat eignet sich zur Vorführung der Aluminiumgewinnung.

Versuch 21. Elektrolyse von Magnesiumchlorid.[1] 20 g krystallisiertes Magnesiumchlorid und 7.5 g Kaliumchlorid werden unter Zusatz von 3 g Ammoniumchlorid in einer Platinschale auf dem Wasserbade zur Trockne verdampft und die Masse über der Gebläseflamme schnell bis zum klaren Schmelzfluß erhitzt. Die Schmelze wird nun in den Kopf einer stark erhitzten Pfeife aus Thon (Fig. 54) gefüllt und durch weiteres starkes Erhitzen flüssig gehalten. Sodann senkt man als Anode einen Kohlenstab *a* in die Masse und schließt den Strom mittels einer als Kathode dienenden Stricknadel *k*, welche durch den etwas aufwärts geneigten Stiel bis in die Schmelze geführt wird. Ein Strom von 5—8 Ampère genügt nunmehr, ein Erstarren der Masse zu verhindern; doch erhitzt man zweckmäßig den Kopf der Pfeife mit einem kleinen Bunsenbrenner. Alsbald nach Stromschluß überschichtet man die Schmelze mit einer dünnen Lage von Holzkohlenpulver, um Überschäumen und Oxydation zu verhüten. Nach 20—30 Minuten dauernder Einwirkung des Stromes läßt man die Masse erkalten. Beim Zerschlagen findet sich eine größere Anzahl glän-

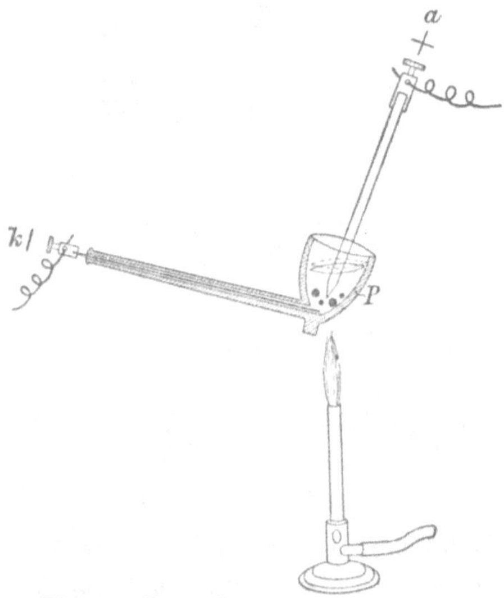

Fig. 54. Darstellung von Magnesium.

[1] Gorup-Besanez, Anorg. Chemie 1871. S. 517.

zender Magnesiumkügelchen, welche die Dicke eines halben Centimeters erreichen. Man sondert sie mittels einer Pincette und isoliert sie durch Abschlämmen in einer Porzellanschale mit absolutem Alkohol. In die Flamme gebracht, verbrennen sie mit der bekannten glänzenden Lichterscheinung.

Vorgang: Das Magnesiumchlorid wird durch den Strom in Magnesium und Chlor zerlegt.

Ersteres scheidet sich an der negativen, letzteres an der positiven Elektrode ab, wo es zum Teil entweicht und durch den Geruch, sowie durch Lackmuspapier nachgewiesen werden kann. Das Magnesium bleibt bei der Reaktionswärme zunächst geschmolzen und fließt zu den kleinen am Schluß des Versuches in der kalten Masse eingebetteten Kügelchen zusammen. Der Reaktionsmechanismus läßt sich durch die Gleichung veranschaulichen:

$$MgCl_2 = Mg + Cl_2.$$

Die Zusätze der verschiedenen Salze bezwecken eine leichtere Schmelzbarkeit der Masse.

Versuch 22. Darstellung von Magnesium aus Carnallit.[1] A. Darstellung des Rohmaterials. Da das im Carnallit befindliche Magnesiumsulfat die Bildung größerer Magnesiumkügelchen verhindert, so muß durch Reduktion dasselbe zunächst entfernt werden. In einen geräumigen Graphittiegel, welcher auf einem Gebläse erhitzt wird, trägt man portionsweise künstlichen Carnallit ein und hält die Temperatur zunächst unter Rotglut. Der Carnallit schmilzt erst in seinem Krystallwasser, dann entweicht dieses unter heftigem Kochen. Ist allmählich der Tiegel genügend gefüllt worden, so rührt man eine Kleinigkeit Sägespäne, Zucker, Mehl oder ein ähnliches Reduktionsmittel ein und steigert die Temperatur langsam, bis das Kochen aufgehört hat und die Salzmasse bei dunkler Rotglut in feurigen Fluß kommt. Unter Hervorbrechen von Kohlenoxydflammen beginnt jetzt die Reduktion des im Carnallit vorhandenen Magnesiumsulfates nach der Gleichung:

$$MgSO_4 + C = MgO + CO + SO_2.$$

Die Reduktion wird unter Umrühren mit einem Stück Bogenlichtkohle so lange fortgesetzt, bis eine kleine Probe der Schmelze in Wasser gelöst keine oder eine minimale Schwefelsäurereaktion

[1] Öttel, Ztschr. f. Elektrochemie II, 394.

mehr giebt. Sodann wird das Rühren unterbrochen und nach dem Klären die Schmelze unter Zurücklassung des Bodensatzes aus Magnesia auf eine flache Form ausgegossen, von welcher der erstarrende Kuchen abspringt. Diese Masse dient zur Elektrolyse.

B. Elektrolyse. Zur Ausführung der Elektrolyse benutzt man einen geräumigen Porzellantiegel, welcher durch eine Scheidewand aus dünner Asbestpappe in zwei Kammern geteilt ist. Diese Scheidewand wird, mit Ausnahme des über das Schmelzniveau herausragenden Teiles, mit zahlreichen siebartigen Löchern versehen. Das in der Anodenkammer entwickelte Chlor breitet sich auf der Oberfläche der Schmelze als dünner Schaum aus und würde in die Kathodenkammer dringen können, wenn die Scheidewand auch oberhalb des Schmelzniveaus durchbohrt wäre.

Um die Einwirkung der Flammengase auf die Schmelze zu verhüten, wird der Porzellantiegel durch einen Cylinder aus Asbestpappe, von ca. 6 cm Höhe, welcher mittels Draht festgebunden wird, erhöht.

Als Kathode dient ein Streifen Schwarzblech von 15—20 mm Breite, welches im eintauchenden Teil blank gefeilt ist. Die Anode wird gebildet von einem Stück Bogenlichtkohle mit Graphitkern, welch' letzterer an einer Seite auf einige Centimeter Länge herausgebohrt und durch einen entsprechend dicken Kupferdraht zur Stromzuleitung ersetzt ist. Nebenstehende Fig. 55 zeigt schematisch die Anordnung.

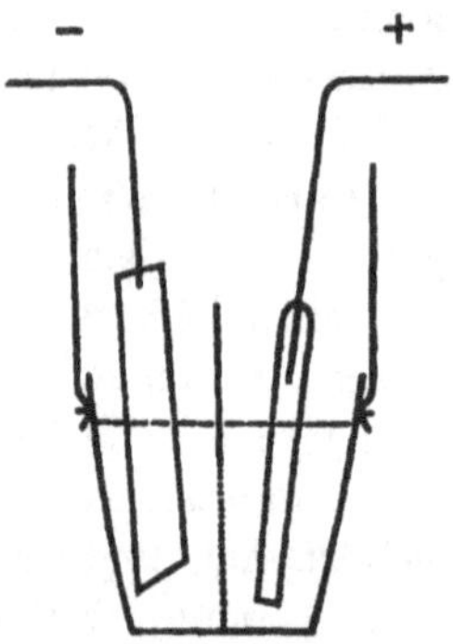

Fig. 55. Darstellung von Magnesium.

Man arbeitet mit 3—4 Akkumulatoren bei schwacher Rotglut, so daß der Schmelzpunkt des Magnesiums erreicht, aber nicht zu weit überschritten wird. Man kann die Bildung und das Wachstum der Metallkugeln durch die Schmelze hindurch ziemlich genau verfolgen.

Sollten die Kugeln Neigung haben zum Ablösen, so giebt man in die Kathodenkammer eine Messerspitze Flußspat. Nach Beendigung des Versuches zieht man die Anode sowie die Scheidewand heraus, giebt noch etwas Flußspat zu und rührt mit der Kathode um zur Vereinigung der Metallmasse. Läßt man nun die Temperatur etwas sinken, so erstarrt das Magnesium und kann leicht aus der Schmelze herausgeholt werden.

Versuch 23. Darstellung von Lithium. Man bringt in einem starken Porzellantiegel Chlorlithium zum Schmelzen und senkt als Anode einen Kohlenstab in das flüssige Metallsalz. Als Kathode verwendet man eine Stricknadel, welche nach BUNSEN's Vorschlag nur gerade mit der Spitze in die geschmolzene Masse eintaucht (Berührungskathode). Um eine Einwirkung des Chlors auf das ausgeschiedene Lithium zu verhindern, entfernt man Anode und Kathode möglichst weit von einander.

Bei Durchgang eines Stromes von 2—3 Akkumulatoren bildet sich schnell an der Eisenspitze ein silberweißer Regulus von Lithium, welchen man alle drei Minuten mittelst eines Eisenlöffels samt Stricknadel und Poldraht aus der Schmelze heraushebt und in eine bereitstehende Flasche mit Petroleum wirft. Es läßt sich so in kurzer Zeit ein kleiner Vorrat an metallischem Lithium gewinnen.

Versuch 24. Elektrolyse von Chlorzink.[1] Die Elektrolyse von geschmolzenem Chlorzink gelingt außerordentlich leicht und glatt in einem **U**-förmig gebogenen Rohre aus schwer schmelzbarem Glase. Man wählt ein solches mit einer Schenkellänge von ca. 15—20 cm und einem lichten Durchmesser von $1\,^1/_2$—2 cm. Um eine möglichst glatte Elektrolyse zu erreichen, ist es nötig, das Zinkchlorid vor dem Schmelzen in Salzsäure zu lösen und dann durch Eindampfen und Schmelzen so weit wie möglich Feuchtigkeit und Salzsäure auszutreiben. Völlig gelingt das nicht, so daß bei Beginn der Elektrolyse zunächst Wasserstoff und Chlor entweichen. Hat man die Operation mit Salzsäure nicht vorgenommen, so führt die Gegenwart von Wasser zur Bildung von Zinkoxyd, welches zu Beginn der Elektrolyse zur Abscheidung dunkelgefärbter Zinkniederschläge führt.[2]

Von dem so vorbereiteten Zink schmilzt man in dem **U**-Rohr ca. 40—50 g über der Bunsenflamme ein und erhitzt so lange bis es nicht mehr schäumt. Sodann senkt man in die beiden Schenkel des Rohres je einen Kohlenstift als Elektrode. Die als Kathode dienende Elektrode wird tiefer eingesenkt, so daß sie bis an den tiefsten Punkt des Rohres herabragt, die andere Elektrode befindet sich etwas höher in dem anderen

[1] LORENZ, Ztschr. f. Elektrochemie II, S. 321.

[2] Die nähere Aufklärung über die Erscheinungen bei der Elektrolyse des geschmolzenen Chlorzinks s. SCHULTZE, Ztschr. f. anorganische Chemie XX, S. 323.

Schenkel. Leitet man einen Strom von ca. 6 Volt (2—3 Amp.) ein, so tritt zunächst an beiden Elektroden eine heftige Gasentwickelung auf, ein Zeichen, daß das Chlorzink noch Salzsäure enthält. Verwendet man käufliches Chlorzink, so entweicht an der negativen Elektrode meistens Ammoniak. Allmählich wird die Gasentwicklung an der negativen und positiven Elektrode verringert, während die Leitfähigkeit (die Ampèrezahl) steigt. Nun beginnt die Abscheidung des Metalles, welches in kleinen Kügelchen an die tiefste Stelle des Rohres rollt. Sobald die Gasentwickelung an der Kathode völlig aufhört, ist der Elektrolyt völlig entwässert. Das zuerst ausgeschiedene Metall enthält außer dem Zink noch verunreinigende Metalle, besonders Blei, welche, da sie weniger elektropositiv sind als das Zink, zuerst ausfallen. Man läßt die Metallabscheidung einige Minuten fortgehen, zieht dann die Elektroden aus den Schenkeln des Rohres und gießt den leicht flüssigen Elektrolyten in ein bereit gehaltenes, trockenes und stark vorgewärmtes, dem ersten gleiches Rohr ein, wobei man die Operation vorsichtig so ausführt, daß der Regulus im ersten Rohre zurückbleibt. Im zweiten Rohre wird nun die Elektrolyse fortgesetzt und liefert absolut reines Zink, welches nach dem Abkühlen von dem erstarrten Chlorzink getrennt wird. Während der Zinkabscheidung entweicht am positiven Pole reines Chlor, welches aus der leicht flüssigen Masse anscheinend ohne große Reibung an die Oberfläche tritt.

Man überzeugt sich von den besonders stark hygroskopischen Eigenschaften des elektrolytisch entwässerten Chlorzinkes, welches die wasseranziehende Kraft des Phosphorpentoxydes noch weit übertrifft.

Vorgang. Der wesentliche Vorgang ist derselbe wie bei Versuch 21:

$$ZnCl_2 = Zn + Cl_2.$$

Das Auftreten von Ammoniak und Salzsäure rührt von dem im käuflichen Chlorzink enthaltenen Salmiak, die Wasserstoff- und Sauerstoffentwickelung von dem äußerst hartnäckig festgehaltenen Wasser her. Erst bei absoluter Trockenheit und Reinheit des geschmolzenen Chlorzinkes tritt die Zersetzung genau der gegebenen Gleichung entsprechend auf.

§ 3. Der elektrische Ofen.

Während bei den bisher besprochenen Versuchen elektrische Energie unmittelbar in chemische, oder chemische unmittelbar in elektrische Energie umgewandelt wurde, beruhen die wichtigen im elektrischen Ofen ausführbaren Reaktionen nur auf der durch den Strom erzeugten Wärme, welche unabhängig von der elektrolytischen Einwirkung thermochemische Prozesse veranlaßt. Die durch den elektrischen Strom zu Tage tretende thermische Energie ist proportional dem Quadrate der Stromintensität und dem Widerstande (JOULE'sche Wärme).

Um eine möglichst quantitative Überführung der elektrischen Energie in thermische zu bewerkstelligen, ist außer der Berücksichtigung der genannten maßgebenden Größen von Bedeutung, daß jeder elektrolytische Prozeß möglichst ausgeschlossen bleibt. Ferner muß thunlichst die Wärmeleitung nach außen herabgesetzt werden. Alle diese Gesichtspunkte haben zu einer Reihe von Konstruktionen von elektrischen Öfen geführt, mittels welcher die höchsten bisher erreichbaren Temperaturen, bis 3500°, ohne Schwierigkeit geschaffen werden können. Voraussetzung der im elektrischen Ofen anzustellenden Versuche ist eine elektrische Anlage, sei es Akkumulatoren oder Dynamomaschinen, welche, wie aus den speziellen Angaben ersichtlich, die zu den bisherigen Versuchen notwendigen Verhältnisse erheblich übertreffen. Man unterscheidet zwei Prinzipien der Konstruktion der elektrischen Öfen, indem man einerseits den zwischen unangreifbaren Kohlenelektroden entstehenden Lichtbogen oder einen festen, unzersetzbaren Körper als Widerstand benutzt. Man unterscheidet hiernach zwischen Widerstands- oder Kurzschlußöfen und Lichtbogenöfen. Diese Öfen sind streng zu trennen von den in der Metallurgie verwendeten, bei welchen der eigentliche chemische Prozeß elektrolytischer und nicht thermischer Natur ist. Das wissenschaftliche Studium der bei den höchsten Temperaturen vor sich gehenden Reaktionen im elektrischen Ofen hat der Pariser Forscher MOISSAN begründet und in jahrelang durchgeführten, bewunderungswürdigen Versuchen ausgebaut.

Konstruktion des elektrischen Ofens. A. Elektrischer Ofen aus Kalk.[1] Das einfachste Modell eines elektrischen Ofens geht aus der beifolgenden Skizze (Fig. 56) hervor. Es besteht aus zwei gut behauenen und aufeinander gepaßten Blöcken von ungelöschtem Kalk. Der untere Block besitzt eine Längsrinne zur Aufnahme der beiden Elektroden aus dichtem Kohlenstoff und in der Mitte eine kleine

[1] MOISSAN, Der elektrische Ofen, deutsch von TH. ZETTEL, 1897.

Vertiefung zur Aufnahme der Substanz. Dieselbe faßt eine wenige Centimeter hohe Schicht der Substanz, auf welche die Hitze des Bogens einwirken soll. Man kann auch die zu erhitzende Masse in einem kleinen Kohlentiegel in diese Vertiefung bringen. Die Elektroden sind durch verstellbare Träger oder durch auf Unterlagen verschiebbare Schlitten leicht zu bewegen.

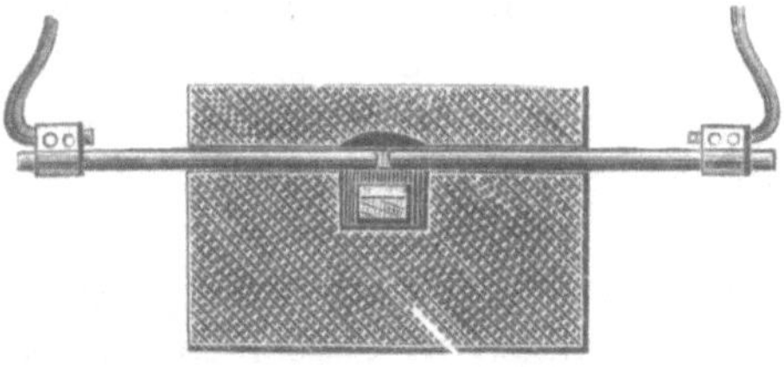

Fig. 56.
Durchschnitt des elektrischen Ofens.

Die Dimensionen eines Apparates für einen Strom von 100—125 Amp. bei 50—60 Volt sind die folgenden. Der untere Kalkblock ist 16—18 cm lang, 15 cm breit und 8 cm stark. Der obere Kalkblock, welcher den Deckel bildet, hat dieselbe Oberfläche, ist aber nur 5—6 cm stark. Für höher gespannte Ströme vergrößert man alle Dimensionen um einige, etwa 3 cm; diese Form genügt für Ströme bis 450 Amp. und 75 Volt.

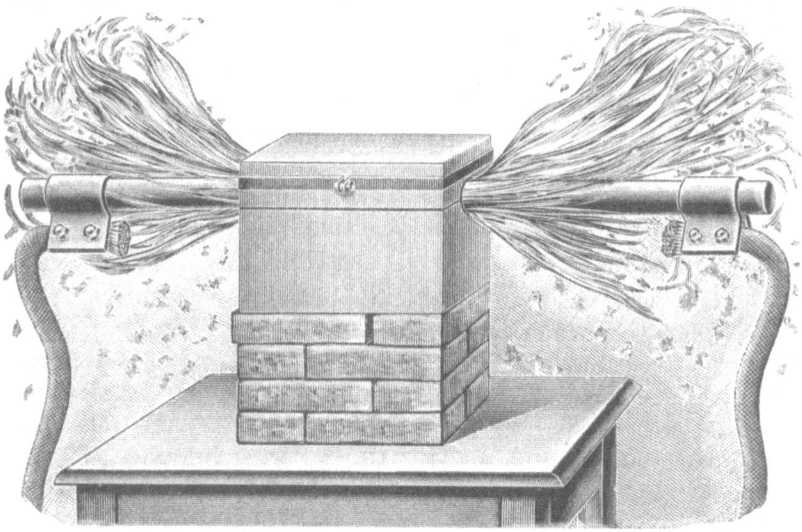

Fig. 57. Moissan's elektrischer Ofen im Betrieb.

Die Elektroden sind unter starkem und regelmäßigem Druck hergestellte Cylinder aus Retortenkohle von 30—40 cm Länge und 12—40 mm Durchmesser, je nach der Stärke des angewandten Stromes.

Die Enden der Elektroden, zwischen denen der Bogen überspringen soll, werden kegelförmig zugespitzt.

Die etwa zu verwendenden Tiegel sind aus einem Stück Graphit geformt und dürfen die Vertiefung im Ofen nicht ganz ausfüllen. Man bringt zwischen Tiegel und Ofen zweckmäßig eine Schicht Magnesia, um die Bildung von Calciumkarbid zu verhindern.

Da der ungelöschte Kalk oft schwierig in den erforderlichen Blöcken zu erhalten ist, so konstruiert Moissan seinen Ofen auch aus feinkörnigen Kalkkarbonat, welches vor dem Kalk noch den Vorzug größerer Festigkeit besitzt. Man giebt dem Steinblock die Gestalt eines rechtwinkligen Parallelopeds, dessen Dimensionen von der Stärke des Stromes abhängen. Die zur Verwendung kommenden Blöcke müssen gut getrocknet sein, um ein Zerspringen zu vermeiden; ein gut gebauter Ofen kann zu sieben bis acht aufeinander folgenden Versuchen dienen. Um das ganze System zu befestigen, umgiebt man zweckmäßig Ofen und Deckel mit Metallstreifen unter Anwendung der Vorsicht, denselben genügend entfernt von den Elektroden anzubringen, um Kurzschluß zu vermeiden. Ein Schmelzen des Metalles ist bei der äußerst schlechten Wärmeleitung des Kalkes und Kalkkarbonates ausgeschlossen.

B. Der elektrische Ofen für Rohre.[1] Die bisher beschriebenen Ofeneinrichtungen mit und ohne Tiegel haben den

Fig. 58. Ofen für Rohre.

Nachteil, daß die Einwirkung der den Apparat erfüllenden Gase nicht vermieden werden. Um diesem Übelstande abzuhelfen, konstruierte Moissan den folgenden Apparat. (Fig. 58.)

[1] Moissan, Der elektrische Ofen. Berlin 1897.

Ein Block aus feinkörnigen Kalkstein wird zu einem Prisma von 15 cm Höhe, 30 cm Länge und 25 cm Breite geformt. Die Wandungen der innen befindlichen Höhlung werden, um ein Schmelzen des Kalksteins zu verhindern, abwechselnd mit Magnesia und Kohleplatten von 0·01 m Dicke belegt. Vier dieser Platten werden so angeordnet, daß die Magnesia immer in Berührung mit dem Kalk sich befindet, während eine Kohleplatte die innere Wand des Ofens bildet. Diese Platten werden unter starkem Drucke hergestellt.

Fig. 59. Deckel des Ofens.

Als Deckel des Ofens dient ein Block aus gleichem Kalkstein (Fig. 59). Durch den Ofen und die seitlichen Platten, senkrecht zu den Elektroden, wird ein Rohr aus Kohle von 5—40 mm Durchmesser derart gelegt, daß es sich 1 cm unter dem Lichtbogen und 1 cm über dem Boden der Vertiefung befindet.

Ein derartig eingerichteter Apparat kann mehrere Stunden hindurch erhitzt werden mit Strömen, deren Intensität zwischen 300 Ampère und 70 Volt und 1000 Ampère und 60 Volt gelegen ist.

Das Kohlenrohr ist in den Wandungen des Ofens durch Magnesia vor der direkten Berührung mit dem Kalk (Bildung von Calciumkarbid) gesichert.

Will man die etwaige Einwirkung der Kohle des Rohres auf die Substanz verhindern, kann man das Rohr innen oder außen mit Magnesia überziehen, wodurch das erreichbare Temperaturmaximum mit der Verdampfung der Magnesia erreicht ist.

Die Kohlenrohre werden an ihren Enden durch Stopfen aus gepreßter Magnesia verschlossen, welche zur Aufnahme von Glasröhren eine cylindrische Bohrung besitzen. Letztere dienen zum Entweichen oder auch eventuell zum Einleiten von Gasen oder Dämpfen.

C. Modifikationen des elektrischen Ofens. Eine für kleinere Versuche sehr brauchbare Form des elektrischen Ofens ist von Küster und Dolezalek[1] angegeben worden, bei welchem im Gegensatz zu den bisher beschriebenen Modellen die

[1] Ztschr. f. Elektrochemie, III, S. 329.

Elektroden vertikale Richtung einnehmen. Zur Ausführung dieses Vorschlages schneidet man aus zwei großen, möglichst sprungfreien Stücken gebrannten Kalkes zwei rechteckige Blöcke, deren Grundfläche ein Quadrat von 15—20 cm Seitenlänge ist; die Höhe des einen betrage etwa 12, die des andern bis 14 cm. Die Figur 60 erläutert die Einrichtung ohne weiteres.

Durch die Mitte der Grundfläche des niedrigeren Blockes (*CDEF*) bohrt man senkrecht mit dem Centrumbohrer ein Loch von etwa 4 cm Durchmesser, dessen genaue Dimension durch die zur Verfügung stehende Rundkohle *K*, die als Elektrode dient, gegeben ist. Die Kohle wird von unten her bis etwa in die Mitte des Blockes eingedreht, so daß die obere Hälfte des Loches mit einem Fassungsvermögen von ca. 75 ccm den eigentlichen Reaktionsraum bildet.

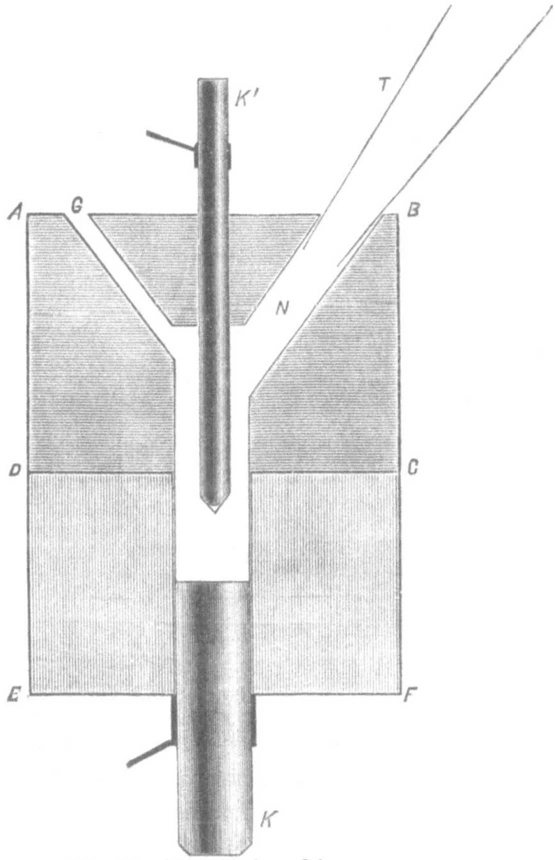

Fig. 60. Elektrischer Ofen nach Küster und Dolezalek.

Der zweite höhere Block *ABCD* dient als Deckel. Man bohrt denselben von unten her 4 cm weit und 8 cm tief central aus, so daß dieses Bohrloch die Fortsetzung des Reaktionsraumes bildet. Von oben her wird dann ebenfalls central die Durchführung für die etwa 15 mm starke Zuleitungskohle *K'* gebohrt, und zwar so weit, daß sich diese Kohle mit einiger Reibung verschieben läßt. Dann bringt man noch schräg in der aus der Figur ersichtlichen Lage, in den oberen Teil des weiten Bohrloches mündend, ein 2·5—3 cm weites Nachfüllloch *N* und ein etwa 1 cm weites Gasabzugsloch *G* an. In das Nachfüllloch schiebt man einen nach oben sich erweiternden Trichter *T*, den man aus einem Stück Schwarzblech zusammenrollt.

Um während der Benutzung Risse zu vermeiden, werden die senkrechten Kanten der beiden Teile durch rechtwinklig gebogene Eisenbleche geschützt und dann um jeden Teil zwei straff angezogene Eisendrähte gespannt.

Außer Gebrauch muß der Ofen durch eine Glasglocke vor dem Wasserdampf und der Kohlensäure der Atmosphäre geschützt werden.

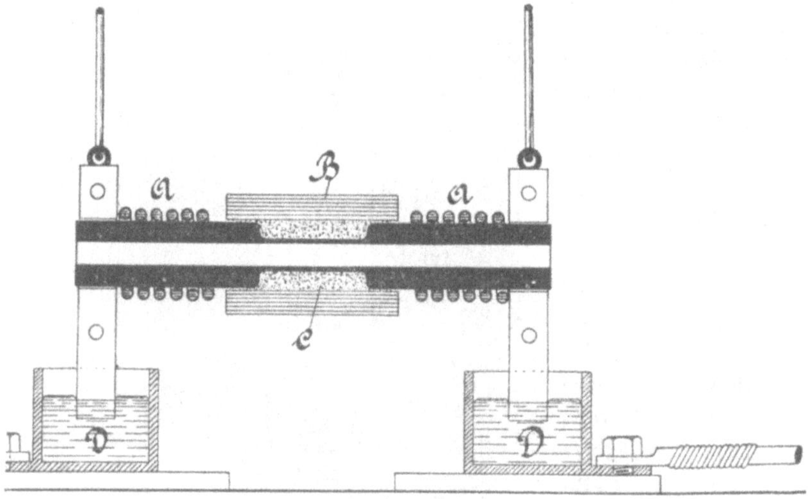

Fig. 61. Widerstandsofen.

Zur Benutzung des Ofens verbindet man die Kohlen mittels Metallklammern an verschiebbaren Stativen, während die Leitung durch einen Unterbrecher offen gehalten wird. Sodann bringt man die Reaktionsmischung in den Heizraum, stellt durch Regulierung der oberen Kohlenelektrode den entsprechenden Lichtbogen her, wobei sich das ausströmende Kohlenoxyd sogleich entzündet. Sobald diese Flamme kleiner wird, bringt man durch den Trichter neues Reaktionsmaterial, wobei man mittels eines Thon- oder Porzellanstabes die am unteren Ende des Trichters zusammengesickerten Teile abstößt, um ein leichtes Hineingleiten der neuen Mischung zu bewerkstelligen.

Konstruktion eines Widerstandsofen. Die typische Konstruktion desselben rührt von BORCHERS[1] her. In seinem Ofen wird die zu erhitzende Substanz in direkte Berührung mit dem glühenden Widerstand gebracht, als welcher ein dünner Kohlenstab benutzt wird, der die beiden starken Kohlenelektroden verbindet. Material und Anordnung sind mit dem zuerst beschriebenen MOISSAN'schen Ofen identisch. HABER[2] hat den BORCHERS'schen Ofen modifiziert, um eine Einwirkung der Substanz des erhitzten Stabes auf die Schmelze zu beseitigen. Es entspricht diese Änderung dem Rohrofen MOISSANS; sie ist in der Fig. 61 im Querschnitt dargestellt.

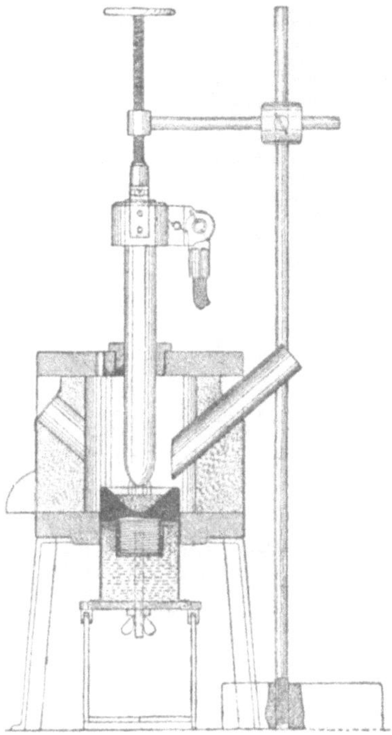

Fig. 62. Widerstandsofen.

Ein Kohlenrohr ist auf die Länge von 5 cm zu einer Wandstärke von 4 mm abgedreht, während die Enden $12^1/_2$ mm Wandstärke besitzen. Die durchgehende Bohrung hat eine Weite von 14 mm. Der verjüngte Mittelteil wird in Magnesia *C*, welche durch Kohle chemisch nicht verändert wird, eingebettet und durch Asbestpapier *B* umhüllt. Dadurch wird die Ausstrahlung verkleinert und das Verbrennen des Rohres durch den Luftsauerstoff sehr verlangsamt. *A* ist ein von Wasser durchströmtes Bleirohr zur Kühlung, *D* die Stromzuführung (Quecksilber). Die Substanzen werden in einem Magnesiaschiffchen in das Rohr geschoben.

Andere Formen eines brauchbaren Ofens zeigen Figg. 62, 63 und 64, deren Konstruktionen von BORCHERS[3] herrühren. Die Beschreibung derselben ist bereits früher (S. 79 u. f.) gegeben.

[1] Elektrische Öfen. Halle 1897.
[2] Technische Elektrochemie, S. 381.
[3] Ztschr. f. Elektrochemie IV, S. 524.

Während dort jedoch zur Elektrolyse eine Stahlkathode verwandt wird, erzeugt man hier den Lichtbogen zwischen zwei Kohlenelektroden, wobei die Stahlkathode durch einen Kohlenblock ersetzt wird (Fig. 62).

Man erhält so eine direkte Erhitzung mittels des Bogens, welches die der Einwirkung unterworfene Masse durchsetzt, während

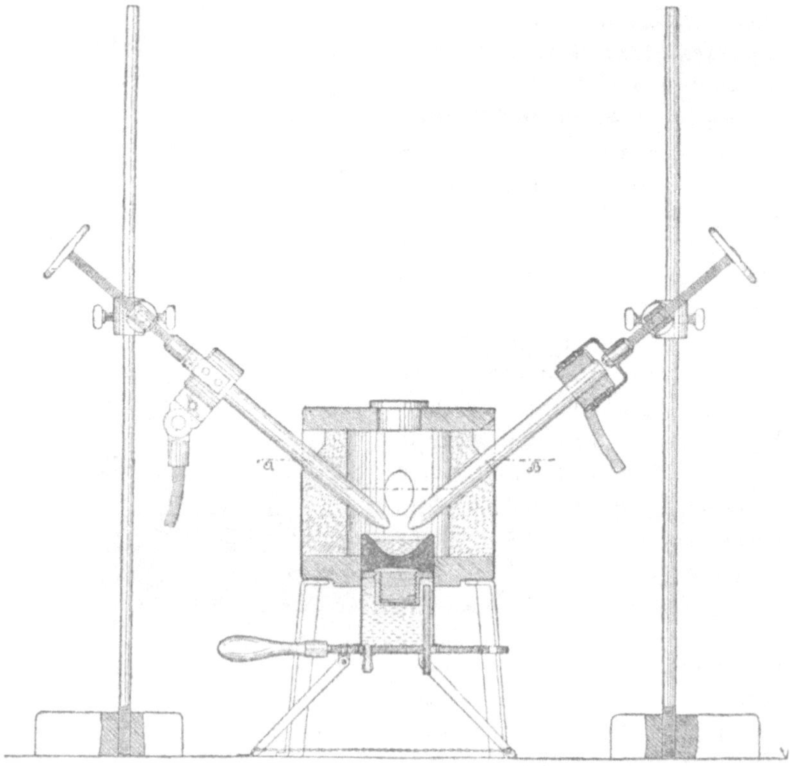

Fig. 63. Widerstandsofen.

bei der indirekten Erhitzung, bei welcher sich die Substanz in einem Graphittiegel befindet, die seitliche Zuführung der Elektroden geboten ist (Fig. 63). Die erstere Form eignet sich besonders zur Herstellung von Calciumkarbid. Der in Fig. 64 wiedergegebene Ofen, welcher sich von dem letzterwähnten nur dadurch unterscheidet, daß die Elektroden vom Ofen selbst getragen werden, ist gleichfalls für viele Versuche zweckmäßig und ohne weiteres aus der Abbildung verständlich.

Bei allen Versuchen wird die Länge des Lichtbogens nach der gewünschten Zeigerstellung des Ampère- und Voltmeters regu-

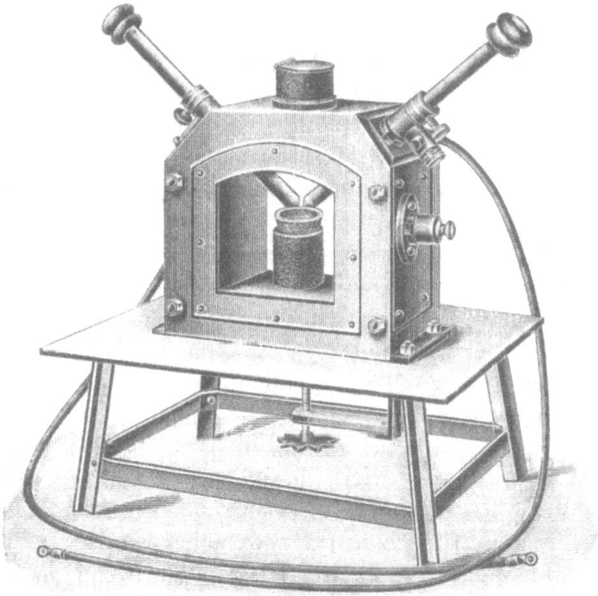

Fig. 64. Widerstandsofen.

liert, wobei ein Widerstand von einigen Zehntel Ohm im Stromkreise von Nutzen ist.

Versuch 25. Krystallisation des Calciumoxydes. Reiner, wasserfreier, gepulverter Kalk wird in die Vertiefung des zuerst beschriebenen MOISSAN'schen Ofens gebracht und der Einwirkung des Lichtbogens eines Stromes von 50 Volt und 25 Ampère unterworfen. Nach einer wenige Minuten währenden Einwirkung hat sich die Masse mit weißen, glänzenden Krystallen aus reinem Kalk bedeckt, welche durch die bei der erreichten Temperatur erlangte Dampftension des Calciumoxydes erzeugt worden sind. Dieselben haben die Dichte 3·29 und sind leicht in Wasser löslich.[1] Bei 50 Volt und 100 Ampère ist die Krystallisation reichlicher. Sie beruht auf dem Festwerden des geschmolzenen Kalkes, von welchem ein Teil milchig durchscheinend, aber nicht krystallinisch erstarrt.

[1] MOISSAN, Der elektrische Ofen, S. 28.

Dieser geschmolzene Kalk wird von Wasser nur sehr schwierig angegriffen.

Ebenso lassen sich Strontiumoxyd und Bariumoxyd krystallisieren, während Magnesia einer höheren Temperatur bedarf, welche durch 50 Volt und 120 Ampère erreicht wird.

Versuch 26. Darstellung von metallischem Chrom. Man kann im elektrischen Ofen alle Metalloxyde reduzieren, dadurch, daß man sie in einer Mischung mit Kohle der Einwirkung der großen Hitze aussetzt. Man bringt zu dem Zweck in die mit Magnesia ausgefütterte Vertiefung des Kalkofens einen Kohlentiegel, welcher eine Mischung von Kohlenstoff und dem zu reduzierenden Metalloxyd enthält. Oder man bringt die Mischung in einem Magnesiaschiffchen in den Rohrofen, dessen Rohr zum Abfluß des flüssigen Metalles leicht geneigt oder, bei flüchtigen Metallen, mit einer Vorlage verbunden ist, in welcher unter gleichzeitigem Durchleiten von Wasserstoff Kondensation eintritt. Dies alles ist jedoch bei dem Chrom nicht nötig, da dasselbe im unteren Teil des Tiegels sich flüssig ansammelt, um sofort nach Unterbrechung des Versuches zu erstarren. Ein Strom von 70 Volt liefert die nötige Hitze bei 100 und mehr Ampère.

Nimmt man einen großen Überschuß von Kohle zur Mischung, so entsteht vorzugsweise Carbid, welches stets bei diesem Versuche als Begleitsubstanz auftritt. Um aus dem ersten Reaktionsgemisch reines Chrom darzustellen, wird die Mischung von Carbid und Chrom in grobe Stücke zerschlagen und in einen Kohlentiegel gebracht, welcher sorgfältig mit Chromoxyd ausgekleidet ist, und das Ganze mit demselben Oxyd bedeckt. Dieses Gemenge wird von neuem der Temperatur des elektrischen Ofens ausgesetzt; das Oxyd an der Oberfläche schmilzt, hierauf beginnt auch das Metall zu schmelzen und verliert dann nach und nach den ganzen Kohlenstoff, welchen es enthält. Auf diese Weise erhält man zwar kohlenstofffreies Chrom, welches jedoch noch Oxyd enthält.

Zur Entfernung des Kohlenstoffs kann man auch das erste Reaktionsprodukt mit gepulvertem Kalk in gleicher Anordnung wie bei Benutzung von Chromoxyd den Prozeß im Ofen wiederholen lassen; man erhält so krystallysiertes Chrom mit 1·5—1·9 % Kohlenstoff.

Um ganz reines, kohlenstofffreies Chrom darzustellen, erhitzt man am besten Chromoxyd und Kalk im elektrischen Ofen, wodurch leicht eine gute, krystallisierende Doppelverbindung aus beiden entsteht.

Benutzt man dieselbe zur inneren Ausfütterung des Ofens, in welchen man die erste Chromschmelze bringt, so erhält man bei nochmaligem Schmelzen ganz reines Chrom.[1]

Die Dichte desselben ist bei 20° 6·92; es verbrennt teilweise im Sauerstoffgebläse und schmilzt nur im elektrischen Ofen. Es wird von der Luft nicht, von Säuren sehr schwer angegriffen. Geschmolzenes Ätzkali greift Chrom bei Dunkelrotglut nicht merklich an.

Versuch 27. Darstellung von Mangan. Die Darstellung von 100—120 g dieses Metalles gelingt in 10—15 Minuten bei einem Strome von 100 Ampère und 50 Volt. Bei 300 Ampère und 60 Volt ist nur die Hälfte der Zeit nötig.

Man stellt wieder zunächst im Kohlentiegel durch Erhitzen von Manganoxydul (reines) mit einem Überschuß von Kohlenstoff das Mangancarbid dar, welches durch erneute Behandlung mit Manganoxydul in reines Metall verwandelt werden kann. Auch die Benutzung von reinem Braunstein zur ersten Schmelze liefert gute Resultate.

Je reiner das Metall ist, desto schwerer wird es durch Feuchtigkeit zersetzt; bei stärkerem Kohlenstoffgehalt tritt Oxydation unter Bildung von Wasserstoff und Kohlenwasserstoff auf.

Versuch 28. Darstellung von Molybdän. Zur Darstellung des Molybdäns geht man von reinem molybdänsaurem Ammon aus, welches gepulvert und durch Glühen in das Oxyd MoO_2 verwandelt wird.

300 Teile dieses Oxydes werden mit 30 Teilen fein gepulverter Zuckerkohle im Kohlentiegel 6 Minuten lang der Wirkung eines Bogens von 800 Ampère und 60 Volt ausgesetzt. Eine längere Erhitzung ist nicht empfehlenswert, weil das Metall dann völlig schmelzen und den Tiegel unter Bildung eines Carbides angreifen würde.

Das so erhältliche Molybdän ist geschmolzen eine leicht gießbare Flüssigkeit, die beim Umgießen lebhafte Dämpfe von Molybdänsäure ausstößt. Es enthält noch ca. 6—7 % Kohlenstoff, von dem es durch erneute Behandlung mit Molybdänoxyd befreit werden kann.

[1] Dasselbe läßt sich weit bequemer nach der Methode von GOLDSCHMIDT durch Erhitzen des Oxydes mit Aluminium darstellen. Ztschr. f. Elektrochemie IV, S. 494.

Das reine geschmolzene Molybdän besitzt eine Dichte von 9·01, ist so leicht dehnbar wie Eisen und läßt sich feilen, polieren und in der Wärme schmieden. Es ist äußerst beständig und oxydiert sich an der Luft erst bei hohen Temperaturen. Mit einem Überschuß von Kohle bildet Molybdän im elektrischen Ofen ein krystallisiertes Carbid Mo_2C.

Versuch 29. Darstellung von Silicium. Erhitzt man im Moissan'schen Rohrofen ein Gemenge von reiner Kieselsäure (Bergkrystall) und Kohle, indem man als Rohr einen an einem Ende geschlossenen Kohlencylinder benutzt, so tritt bei 1000 Ampère und 50 Volt bereits eine teilweise Verdampfung von Kieselsäure ein.

Unterhalb der Mündung des Rohres findet man sehr deutliche, fast farblose Krystalle von Siliciumcarbid (Carborundum) und weiter unten einen ganzen Ring von schwarzen glänzenden Krystallen, welche aus einem Gemisch von Siliciumcarbid und Silicium bestehen. Eine Reindarstellung des Siliciums im elektrischen Ofen ist von Moissan nicht beschrieben.

Versuch 30. Darstellung von Lithiumcarbid. Erhitzt man im elektrischen Ofen ein Gemenge von Lithiumcarbonat und Kohle, so vollzieht sich folgende Reaktion:

$$Li_2Co_3 + 4C = Li_2C_2 + 3CO.$$

Zur Ausführung des Versuches füllt man das Kohlenrohr des Rohrofens mit dem Reaktionsgemisch und läßt 10 bis 12 Minuten einen Strom von 50 Volt und 350 Ampère einwirken.

Nach dieser Zeit muß der Versuch unterbrochen werden, da eine reichliche Entwickelung von Metalldämpfen eintritt und auch das Lithiumcarbid flüchtig ist und bei zu hoher Temperatur in seine Elemente zerlegt wird. Nach dem Erkalten findet man den Boden des Rohres mit einer weißen Masse von krystallinischem Bruche bedeckt, welche aus Lithiumcarbid besteht.

Die Dichte des Lithiumcarbid ist bei 18° 1·65; mit Wasser entwickelt es unter Bildung von Lithiumhydrat stürmisch Acetylen. In Fluor- und Chlordampf verbrennt es unter Feuererscheinung.

Versuch 31. Darstellung von Calciumcarbid. In analoger Weise vollzieht sich die Reaktion zwischen Calciumoxyd oder Calciumcarbonat und Kohle:

$$\text{I. } CaO + 3C = CaC_2 + CO$$
$$\text{II. } CaCO_3 + 4C = CaC_2 + 3CO.$$

Zur Ausführung des Versuches stellt man sich ein inniges Gemenge von 120 g Marmorkalk und 70 g Zuckerkohle her, bringt einen Teil davon in den Kohlentiegel des elektrischen Ofens und erhitzt 15 Minuten lang mit einem Strom von 350 Ampère und 70 Volt. Man wählt einen kleinen Überschuß von Kalk aus dem Grunde, weil die Oberfläche des Graphittiegels stets bei dem Versuche in Mitleidenschaft gezogen wird. Dieselben Stromverhältnisse genügen bei der Wahl von kohlensaurem Kalk nach dem in Gleichung II zum Ausdruck gebrachten Mengenverhältnis.

Nach dem Erkalten findet man eine schwarze homogene, geschmolzen gewesene Masse von der Gestalt des Tiegels. Das Produkt wird in kleine Stücke zerschlagen und in einem trockenen, gut verschlossenen Gefäße aufbewahrt. Die bemerkenswerteste Reaktion des Calciumcarbides ist seine leichte Umsetzung mit Wasser zu Kalk und Acetylen:

$$CaC_2 + 2H_2O = C_2H_2 + Ca(OH)_2.$$

Versuch 32. Darstellung von Aluminiumcarbid. Die Bedeutung des Aluminiumcarbides besteht in seiner Fähigkeit, mit Wasser reines Methan zu bilden:

$$C_3Al_4 + 12H_2O = 3CH_4 + 2Al_2(OH)_6.$$

Die Zersetzung geht bei gewöhnlicher Temperatur nur langsam vor sich und ermöglicht die notwendige Reinigung des rohen Produktes.

Zu seiner Darstellung bringt man ziemlich starke, mit Aluminium gefüllte Kohlenschiffchen in das Kohlenrohr des weiter oben beschriebenen Rohrofens und zwar enthält jedes Schiffchen ungefähr 15 bis 20 g Aluminium. Man erhitzt 5 bis 6 Minuten mit 300 Ampère und 65 Volt, läßt in einem Wasserstoffstrom erkalten und zerschlägt sodann die in den Schiffchen befindliche graue Masse, wobei Aluminium in glänzenden, schön gelb gefärbten Krystallen erscheint Um das Carbid vom überschüssigen Metall zu trennen, teilt man die Schmelze in Stücke von 1 bis 2 g und behandelt höchstens 2 bis 3 auf einmal mit konzentrierter Salzsäure, welche in einem Reagensglas auf 0° abgekühlt ist.

Wegen der Zersetzbarkeit des Aluminiumcarbides mit Wasser muß die Temperatur so niedrig gehalten werden. Wenn die Einwirkung infolge des in Salzsäure schwer löslichen Aluminiumchlorides, welches die Oberfläche der Masse bedeckt, aufhört, so wäscht man mit Eiswasser und behandelt das Produkt mit einer neuen Menge Säure. Sobald kein Wasserstoff mehr entweicht, wäscht man den Rückstand mit kaltem Wasser, dann mit absolutem Alkohol, endlich mit Äther und trocknet im Heizschrank.

Das Aluminiumcarbid bildet schöne, gelbe, durchsichtige Krystalle von manchmal regelmäßiger hexagonaler Form, deren Dichte 2·36 beträgt.

Seine interessanteste Reaktion, die Umsetzung mit Wasser, kann zur Herstellung von reinem Methan benutzt werden.

Versuch 33. Darstellung von Siliciumcarbid. Das Siliciumcarbid von der Zusammensetzung SiC wird leicht im elektrischen Ofen erhalten, wenn man ein Gemenge von 12 Teilen Kohlenstoff mit 28 Teilen Silicium oder mit Kieselsäure erhitzt. Man stellt den Versuch am besten im Kohlentiegel an und verwendet mäßige Ströme, da die Vereinigung, bereits zwischen 1200° und 1400° sich vollzieht. Man gewinnt so eine Krystallmasse, die leicht durch Kochen mit Salpetersäuremonohydrat und Fluorwasserstoff und hierauf durch Oxydation mit Salpetersäure und Kaliumchlorat gereinigt werden kann. Die Krystalle sind meist gelb gefärbt, können aber auch durchsichtig sein. Die Dichte des Siliciumcarbides beträgt 3·12; seine technische Bedeutung besteht in der großen Härte, welche es zu einem, unter dem Namen Carborundum eingeführten, Schleifmittel äußerst geeignet macht.

Das Siliciumcarbid ist sehr beständig und widersteht den energischsten Reagentien.

§ 4. Herstellung von Präparaten auf elektrischem Wege.

Bei den im folgenden beschriebenen Versuchen ist die zweckmäßigste Anordnung bei den einzelnen Beispielen selbst angegeben. Als allgemeine Regel zur Erzielung günstiger Resultate möge vorangeschickt werden, daß der Reaktionsraum bei allen Versuchen durch kleine Rührer in Bewegung zu halten ist. Es empfehlen sich hierzu die gewöhnlichen, durch Wasser oder kleine Motoren angetriebenen Rührwerke. Die Form der Rührer selbst ist abhängig von dem zur Verfügung stehenden Reaktionsraum. Häufig genügen schmale rechteckige Glasplatten, welche mittels geeigneter Klemmschraube an das Rührwerk befestigt werden. Bei den Versuchen, welche während der Elektrolyse unlösliche oder schwer lösliche Produkte erzeugen, ist das Rühren ganz unvermeidlich, weil sonst die ausgeschiedene Substanz die Elektrode, an welcher sie entsteht, bedeckt und den Durchgang des Stromes verhindert oder doch sehr erschwert.

Man kann, häufig recht zweckmäßig, die Elektroden selbst als Rührer konstruieren und die Stromzuleitung in einfacher Weise durch federnde und gleitende Metallbürsten oder Bleche vermitteln.

Um übelriechende oder giftige Gase zu entfernen, genügt es, die Zelle mit einem Asbestpapier lose zu bedecken, deren Durchbohrungen einerseits zur Durchführung der Elektroden und Rührer dienen, andererseits mit einer kräftigen Wasserstrahl-Luftpumpe in Verbindung stehen.

Da für das Gelingen der Versuche, besonders bei Anwendung höherer Stromintensitäten, nicht nur die Temperatur der Flüssigkeiten, sondern vor allem die der Elektroden selbst von Bedeutung ist, so empfiehlt es sich, die Elektroden hohl zu wählen, daß sie, wie Kühlschlangen vom Kühlwasser selbst durchflossen werden, oder mit der Kältemischung gefüllt werden können, etwa in der Art, wie bei dem Seite 32 (Fig. 35) beschriebenem Elektrolysator.

Bei allen elektrolytischen Versuchen spielt die Stromdichte eine große Rolle, wenn es sich um Oxydationen und Reduktionen, oder die Vermeidung derselben handelt. Da die Lösungsmittel für die Elektrolyse Wasserstoff- und Sauerstoffionen zur Verfügung stellen, so sind deren Wirkungen von der Art ihrer Bethätigung an den Elektroden im Zusammenhang mit den Ionen des Elektrolyten abhängig. Konzentrierte Lösung des Elektrolyten bei großer Stromdichte setzt die oxydierende, sekundäre Wirkung des Sauerstoffes häufig sehr herab, wenn die Anionen des Elektrolyten mit einander reagieren können, während geringe Stromdichte die Konzentrationen der Anionen des Elektrolyten naturgemäß geringer macht und dadurch den Sauerstoffionen die Möglichkeit giebt, unter den Anionen des Elektrolyten sich zu entladen und letztere zu oxydieren. Will man also Oxydation an der Anode vermeiden, etwa um einen Zusammenschluß der Anionen, wie bei der Bildung der Überschwefelsäure aus Schwefelsäure oder des Äthans aus Essigsäure, herbeizuführen, so ist große Stromdichte (kleine Elektrodenfläche) bei starker Konzentration des Elektrolyten erforderlich, wobei gleichzeitig niedrige

Temperaturen des Elektrolyten günstig wirken. Will man hingegen Oxydationsvorgänge hervorrufen, so ist geringere Stromdichte bei konzentrierter Lösung am Platze.

Bei den Vorgängen an der Kathode haben dieselben Überlegungen Geltung. Um starke und gut ausgenutzte Reduktionswirkungen zu erzielen, sind hohe Konzentrationen des Elektrolyten bei geringer Stromdichte vorteilhaft. Zur Vermeidung der Reduktionen muß, um ein Entweichen des Wasserstoffes oder Abscheidung eines Metalles möglichst in den Vordergrund zu drängen, die Konzentration der Wasserstoff- oder Metallionen vorwiegend, die des vor Redukton zu bewahrenden Elektrolyten gering, und die Stromdichte eine hohe sein. Eine äußerst lehrreiche Untersuchung über die Bedeutung der Stromdichte bilden die Arbeiten von ELBS und SCHÖNHERR[1] über die elektrolytische Darstellung der Überschwefelsäure.

Es ist zweckmäßig, bei allen Versuchen die Stromdichte an den beiden Elektroden zu bestimmen und für beide getrennt anzugeben.

Neben der Bedeutung der erwähnten Stromgrößen für den Verlauf einer Elektrolyse treten noch andere Momente von maßgebendem Einfluß auf, unter denen vornehmlich den Zersetzungswerten der einzelnen Ionen, den Haftintensitäten eine bedeutsame Rolle zukommt. Näheres hierüber s. S. 203 u. f.

Einfluß der Stromdichte.

Versuch 34. Oxydation von Oxalsäure.[2] In den gleichen Stromkreis werden hintereinander geschaltet: ein Regulierwiderstand, ein Ampèremeter, ein Kupfer-Voltameter, sowie drei Zellen, aus Bechergläsern bestehend. Becherglas I enthält 120 ccm einer Lösung von 60 g Oxalsäure und 50 g Schwefelsäure in 1 l Wasser, als Anode einen Platincylinder (ca. 5 cm hoch, 4 cm Durchmesser) als Kathode einen central darin stehenden schraubenförmig gewundenen Platindraht.

Becherglas II enthält die gleiche Lösung und gleiche Elektroden, aber mit umgekehrter Polarität.

Becherglas III enthält die Elektroden in gleicher Form und

[1] Ztschr. f. Elektrochemie I, S. 417 und 468.

[2] ÖTTEL, Ztschr. f. Elektrochemie I, S. 90. — Elektrochem. Übungsaufgaben, S. 21.

Anordnung wie II, aber als Elektrolyt 120 ccm einer nur $^1/_{10}$ so konzentrierten Lösung wie I und II. Es herrscht also in I geringe Anodenstromdichte, in II und III hohe Anodenstromdichte; in I und II konzentrierte Lösung, in III verdünnte Lösung. Man läßt einen Strom von ca. 0·3 Ampère eine Stunde lang durch die Kombination gehen, unterbricht dann, wägt das ausgeschiedene Kupfer und bestimmt, wie viel Oxalsäure in den drei Zellen oxydiert worden ist, indem man je einen aliquoten Teil herausnimmt und mit $KMnO_4$ den unzersetzten Rest bestimmt. Man wird finden, daß am meisten in I am wenigsten in III oxydiert worden ist. Aus der Angabe des Kupfer-Voltmeters berechnet man, welcher Anteil des Stromes in jedem Falle ausgenutzt worden ist (S. 52 u. f.).

Anorganische Präparate.

Versuch 35. Elektrolyse von Zinnchlorür.[1] Besteht die Anode aus dem im Salz enthaltenen Metall selbst, so wird letzteres durch die Anionen allmählich gelöst, während die Metallionen an der Kathode frei werden. Diese Metallausscheidung gewährt einen prächtigen Anblick, wenn man eine wässrige Lösung von Zinnchlorür unter folgenden Bedingungen elektrolysiert. Als Zersetzungsgefäß dient der 1·5—2 l fassende auf einen Dreifuß gestellte Cylinder *C* (Fig. 65), von der Form, wie er als Kühlgefäß bei der Mitscherlich'schen Phosphorprobe verwendet wird. Im Bodenloch desselben befindet sich ein Kork, durch welchen der kupferne Zuleitungsdraht der gegossenen 7 cm breiten Zinnanode befestigt ist. Mittels eines die obere Öffnung des Cylinders schließenden Deckels ist etwa 20 cm von der Anode entfernt die Kathode *k* angebracht, nämlich eine Kupferschale mit flachem Boden und angelötetem Zuleitungsdraht.

Zur Herstellung des Elektrolyten werden 65 g Stanniol unter Erwärmen in Salzsäure gelöst. Nachdem der Säureüberschuß möglichst vollständig abgedampft ist, wird die Lösung auf 1·5 l mit Wasser verdünnt. Die Stärke des zuzuführenden Stromes ist so zu regulieren, daß an *k* kein Wasserstoff auftritt. Nach Schluß des Stromes scheidet sich das Zinn in Form metallisch glänzender Streifen aus, welche vom Boden der Schale *k* zusehends in die Flüssigkeit hinabwachsen.

[1] Lüpke, Grundlagen der Elektrochemie, S. 8.

Die Figur 65 zeigt, wie sich nach etwa 20 Minuten ein solcher Streifen gestaltet.

Vorgang: Das Zinnchlorür zerfällt gemäß der Gleichung $SnCl_2 = Sn + Cl_2$; während das Zinn an der Kathode zur Abscheidung gelangt, wirkt das Chlor im Augenblick seiner Entladung an der Anode lösend auf die Zinnelektrode; auf je ein Atom ausgeschiedenes Zinn kommt demnach die Neubildung eines Moleküles Zinnchlorür, so daß die Gesamtkonzentration der Lösung unverändert bleibt. Ist die Anode aus unangreifbaren Platinmetall gebildet, so tritt zunächst kein Chlor in freiem Zustande auf; dasselbe verbindet sich vielmehr mit dem vorhandenen Zinnchlorür der Lösung zu Zinnchlorid:

$$SnCl_2 + Cl_2 = SnCl_4.$$

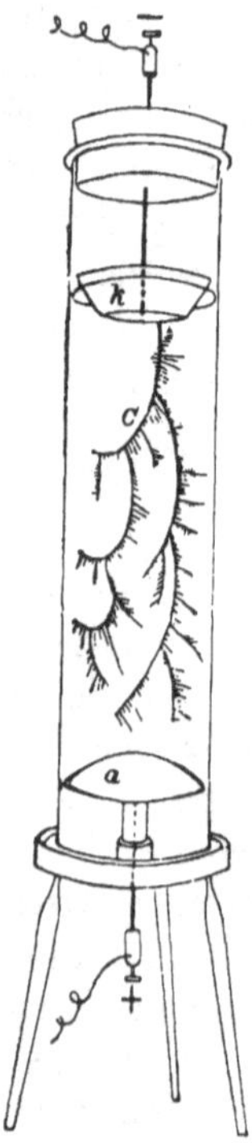

Fig. 65. Darstellung von Zinn.

Versuch 36. Darstellung von Kaliumpermanganat aus metallischem Mangan.[1] Zur Ausführung des Versuches löst man in einem Becherglase einige Stangen Ätzkali in Wasser und taucht als Kathode eine Platte von porösem Kupferoxyd (Stück einer positiven Platte der Cupronelemente) in die Lösung. Sodann bringt man als Anode entweder käufliches metallisches Mangan oder eine geeignete Legierung, oder schließlich Ferromangan in die Flüssigkeit, indem man zur Stromzuleitung die Anode, wenn deren Form eine direkte Verwendung als Elektrode nicht gestattet, mit Platindraht fest umwickelt.

Die Einwirkung des Stromes beginnt bei 1·5 Volt, bei zwei oder mehr Volt Spannung wird die Reaktion sehr kräftig. Das entstehende Kaliumpermanganat läuft von der Anode in dicken farbigen Schlieren und Strähnen ab, welche bald das ganze Bad mit der bekannten Farbe dieses Salzes erfüllen.

Die Verunreinigungen im Metall stören nicht, vor allem nicht das Eisen des Ferromangans, indem dasselbe als unlösliches braunes Hydroxyd zu Boden fällt. Der so resultierende Schlamm enthält noch kleinere gelbe Krystalle, deren Natur noch nicht festgestellt ist. Die Lösung selbst ist eisenfrei.

[1] LORENZ, Ztschr. f. anorganische Chemie XII, S. 394.

Vorgang: Derselbe besteht in der Auflösung des Mangans durch die zur Anode gelangenden Sauerstoffionen als Übermangansäureionen MnO_4, während die Kaliumionen durch das aufgelöste Kaliumhydroxyd geliefert werden.

Das Eisen geht in Ferrihydroxyd über nach der Formel:

$$\overset{3+}{Fe} + 3\,\overset{-}{OH} = Fe(OH)_3.$$

Versuch 37. Darstellung von Kaliumpyrochromat aus Ferrochrom.[1] Zur Ausführung des Versuches löst man einige Stangen Kali in einem geräumigen Becherglase in Wasser und taucht in die Lösung einerseits eine poröse Kupferoxydplatte, während als Anode ein Stück Ferrochrom, das mit einem Platindraht umwickelt ist, dient.

Schon bei Anwendung von 2 Volt Klemmenspannung rinnen dicke rote Schlieren von der Anode herab, während, auch wenn die Badspannung beträchtlich erhöht wird, nicht die leiseste Sauerstoffentwickelung bemerkbar wird.

Bald ist die ganze Flüssigkeit mit rotem Chromat erfüllt. Das Eisen sammelt sich hier, ebenso wie bei dem vorhergehenden Versuch als unlösliches Hydroxyd am Boden des Becherglases an.

Vorgang: An der Anode geht das Chrom im Verein mit den zur Anode gelangenden Sauerstoffionen als Chromsäureanion CrO_4 in Lösung.

Versuch 38. Darstellung von Metallhydroxyden und Metallsulfiden.[2] Da die spezielle Ausführung des Versuches aus den allgemeinen Angaben ohne weiteres ersichtlich ist, so genügt die Beschreibung der Methode.

A. Man wählt zur Darstellung der Hydroxyde ein Bad von Kalium- oder Natrium-Chlorid, -Sulfat oder -Nitrat, und taucht in dasselbe eine Kathode von Platin und eine Anode desjenigen Metalles, dessen Hydroxyd dargestellt werden soll. Das Anion wandert an die Anode und löst Metall auf. Wendet man z. B. eine Anode von Cadmium in Kaliumchlorid an, so bilden sich Cadmiumionen um die Anode. Um die Kathode bilden sich aber durch den Sekundärvorgang der Wasserzersetzung Hydroxylionen. Rührt man nun die Flüssigkeit um, so fällt Cadmiumhydroxyd als unlöslicher Niederschlag aus. Auch wenn man nicht umrühren

[1] LORENZ, Ztschr. f. anorg. Chemie XII, S. 396.

[2] A. a. O. S. 436 und 442.

würde, würde sich allmählich Cadmiumhydroxyd durch die entgegengesetzt gerichtete Wanderung der Cadmiumionen einerseits, der Hydroxylionen andererseits bilden.

Bei der Ausführung des Versuches bedient man sich zweckmäßig mechanisch getriebener Rührer.

Der Vorteil der Methode besteht unter anderem darin, daß die Salzlösung stets neutral bleibt und Strom- und Füllungsverhältnisse während der ganzen Dauer des Versuches sich nicht ändern. Die Neutralität der Flüssigkeit ermöglicht die glatte Abscheidung der zahlreichen Hydroxyde, welche in einem Überschuß von Lauge löslich sind.

Die Erscheinungen seien an einzelnen Beispielen beschrieben:

Kupfer als Anode in Chlorkaliumlösung, bildet beim Umrühren gelbrotes Kupferhydroxydul, in Kaliumnitratlösung entsteht das blaue Kupferhydroxyd.

Silber in Kaliumnitratlösung giebt sofort einen schwarzen Niederschlag von Silberoxyd.

Magnesium, Zink, Cadmium und Aluminium verhalten sich normal und dem Silber analog. Quecksilber giebt in Kaliumchloridlösung als Anode keinen Niederschlag, während in Kaliumnitratlösung schwarzes Quecksilberoxydul entsteht. Zinn giebt sowohl in Alkalichlorid wie in Alkalisulfat stets Zinnsäure und zwar die Orthozinnsäure.

Blei giebt als Anode in Kaliumnitrat Bleihydroxyd, während Antimon und Wismuth nach diesem Verfahren nicht in Hydroxyde überführbar sind.

Mangan bildet als Anode in Kaliumchlorid einen an der Luft sich bald bräunenden Niederschlag von Manganhydroxyd.

Eisen giebt in Alkalichlorid und Alkalisulfat glatt den grünlich weißen Niederschlag des Oxyduls, in Kaliumnitrat hingegen entsteht der braunrote Niederschlag des Ferrihydroxyds.

Nickel geht leicht in Hydroxyd über, wenn man das Metall als Anode in einer Kaliumchloridlösung verwendet.

Vorgang: Der Vorgang dieser Methode besteht darin, daß an der Kathode sich durch die vom Alkalimetall hervorgerufene sekundäre Wasserzersetzung Lauge bildet. Da die Auflösung des Anodenmetalls durch die Säureionen des Alkalisalzes der Laugenbildung chemisch und elektrisch äquivalent ist, so findet beim Umrühren eine Neutralisierung der Flüssigkeit statt unter Abscheidung des unlöslichen Hydroxydes

$$\begin{aligned} \text{I.}\quad & KCl && = \overset{+}{K} + \overset{-}{Cl} \\ & K + H_2O && = KOH + H \\ \text{II.}\quad & Cl + M && = MCl \\ & MCl + KOH && = M(OH) + KCl \end{aligned}$$

In diesen Formeln bedeutet M ein einwertiges Metall. Für mehrwertige Metalle modifizieren sich natürlich die Formeln entsprechend den höheren chemischen und elektrochemischen Äquivalenten.

B. Die Darstellung der Metallsulfide beruht auf dem nämlichen Prinzip.

Zur Ausführung des Versuches wählt man eine Kathode von stangenförmigem Schwefelkupfer und eine Anode desjenigen Metalles, dessen Schwefelmetall dargestellt werden soll. Das Schwefelkupfer wird mit einem Seidenlappen umwickelt, da eine Zerstäubung während der Elektrolyse eintritt. Als Elektrolyt dient Alkalichlorid, -Nitrat oder -Sulfat.

So geben Kupfer, Silber, Kadmium und Blei die bekannten Niederschläge ihrer Schwefelverbindungen, Zinn liefert Sulfür, Eisen das schwarze Ferrosulfid, Nickel erzeugt das Nickelsulfür.

Auch der Vorgang entspricht hier genau der Darstellung der Metallhydroxyde.

Das Alkalimetall bringt an der Kathode den Schwefel als Schwefelalkali in Lösung, während das Anion des Salzes die entsprechende Menge des Anodenmetalles auflöst. Beim Zusammentreffen der so entstehenden Produkte fallen die unlöslichen Schwefelmetalle aus, während sich neutrales Alkalisalz zurück bildet.

$$\begin{aligned} & K_2Cl_2 && = \overset{++}{K_2} + \overset{--}{Cl_2} \\ & CuS + K_2 && = Cu + K_2S \\ & M^{II} + Cl_2 && = MCl_2 \\ & MCl_2 + K_2S && = MS + 2KCl \end{aligned}$$

M bedeutet hier ein zweiwertiges Metall.

Versuch 39. Ermittelung der Vorgänge an den Elektroden bei Hypochlorit und Chloratbildung mittels der Gasanalyse.[1] Die qualitative und quantitative Zusammensetzung der bei elektro-

[1] Öttel, Ztschr. f. Elektrochemie I, S. 354.

lytischen Pozessen auftretenden Gase kann man ohne weiteres ermitteln, wenn man gleichzeitig in den Hauptstrom ein Knallgasvoltmeter einschaltet und die Gase vergleicht, welche sich zu gleicher Zeit aus diesem Voltmeter und aus der Versuchszelle entwickeln. Man kann hierdurch, ohne auch nur einen Tropfen der Flüssigkeit vergeuden zu müssen, die Vorgänge erkennen und in ihrem ganzen Verlauf verfolgen, welche sich an jedem der beiden Pole abspielen, während man durch die chemische Untersuchung der Flüssigkeit nur die Summe der Stromwirkungen ermitteln kann und hierbei gewöhnlich das Experiment abbrechen muß, — wenn man nicht in so großem Maßstabe arbeitet, das man ohne Störung aus der bearbeiteten Lösung Proben entnehmen kann.

Nach dem FARADAY'schen Gesetz müssen die in zwei vom gleichen Strom durchflossenen Zersetzungszellen in der gleichen Zeit abgeschiedenen Zersetzungsprodukte äquivalente Gewichtsmengen repräsentieren. Bei der Abscheidung von Gasen treten dafür äquivalente Volumina. Wenn sich z. B. während der Versuchsdauer 60 ccm Knallgas = 40 ccm H + 20 ccm O abgeschieden hatten, so müssen bei der Elektrolyse von Chlorkaliumlösung in der gleichen Zeit 40 ccm H + 40 ccm Cl auftreten. Fehlt Wasserstoff, so ist an der Kathode ein Reduktionsprozeß vor sich gegangen, dessen Betrag sich direkt aus dem Wasserstoffdefizit berechnet. Andererseits sollte von dem gebildeten Chlor eigentlich gar nichts entweichen, sondern alles verschluckt werden zur Bildung von unterchlorigsauren bez. chlorsauren Salzen. In Wirklichkeit bemerkt man, daß ganz zu Anfang des Versuchs etwas Chlor entweicht; dieser Anteil repräsentiert einen Stromverlust, welcher mit „unbenutzt“ bezeichnet werden soll. Später entweicht an der Anode Sauerstoff, welcher der elektrolytischen Zersetzung von gebildetem Hypochlorit bez. Chlorat entstammt. Da bei dieser sekundären Elektrolyse Knallgas auftritt, so mag dieser — ebenfalls verlorene — Stromanteil mit „Wasserzersetzung“ bezeichnet werden. Man hat demnach, um die verschiedenen Stromwirkungen kennen zu lernen, das aus der Versuchszelle entwickelte Gas in einer zur Untersuchung genügenden Menge aufzufangen, zu analysieren und das gleichzeitig im Voltmeter gebildete Knallgas zu messen. Die Zeitdauer braucht man nur zu notieren, wenn man mittels des Voltmeters die herrschende Stromstärke ermitteln will.

Z. B. Im Voltmeter erhalten: 60 ccm Knallgas = 40 ccm H + 20 ccm O. Gleichzeitig in der Versuchszelle: 32 ccm Gas = 30 ccm H + 1·6 ccm O + 0·4 ccm Cl. Von den 30 H sind zunächst die zu dem O und dem unbenutzt entwichenen Cl gehörigen Mengen abzuziehen:

$$30 - (3 \cdot 2 + 0 \cdot 4) = 26 \cdot 4 \text{ ccm.}$$

Diese Menge Wasserstoff entspricht der eigentlichen Stromausbeute; letztere beträgt demnach $\frac{26 \cdot 4}{40}$ . . . = 66·0 %.

Das Wasserstoffdefizit beträgt 40 – 30 = 10 ccm; der zur unerwünschten Reduktion von unterchlorigsauren Salzen verbrauchte Stromanteil beträgt mithin $\frac{10}{40}$ . . . . = 25·0 „

Wasserzersetzung wurde bewirkt von $\frac{3 \cdot 2}{40}$ . . . . . . = 8·0 „

In Form von Chlorknallgas wurde verloren $\frac{0 \cdot 4}{40}$ . . . = 1·0 „

Sa. 100·0 %.

Trägt man die im Verlauf des Versuches zu verschiedenen Zeiten beobachteten Stromausbeuten als Ordinaten, die Zeiten als Abscissen auf, und verbindet man die erhaltenen Punkte zu einer Kurve (Fig. 66), so repräsentiert das Verhältnis der Fläche *ABEC* zur Fläche *ABDC* die mittlere Stromausbeute während der ganzen Versuchsdauer.

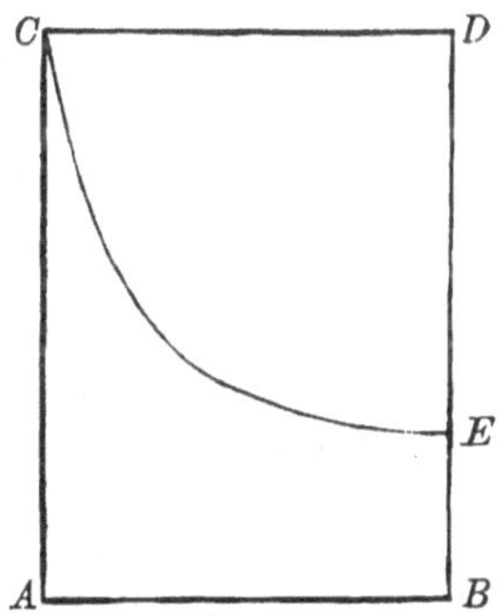

Fig. 66.

Dieses Verhältnis kann man in sehr einfacher Weise ermitteln, wenn man die genannten Flächen aus Papier ausschneidet und ihre Gewichte auf der chemischen Wage bestimmt. Hat man ferner in den Stromkreis ein Kupfervoltmeter eingefügt zur Ermittelung des gesamten Stromverbrauches während des Versuches, so kann man aus dem Kupfergewicht und der durch Titration ermittelten Gesamtmenge des wirksamen Chlors abermals die mittlere Stromausbeute berechnen. Beide Werte stimmen genügend überein. (Wäre dies nicht der Fall, so würde dies darauf hindeuten, daß sich noch andere Reaktionen abspielen, als die Bildung von unterchlorigsauren und chlorsauren Salzen.)

Die durch die Gasanalyse ermittelte Stromausbeute erstreckt sich auf die gemeinsame Bildung von Hypochloriten und Chloraten. Wie viel von dem einen und von dem andern gebildet wurde, kann natürlich nur durch Titration ermittelt werden. Bei den von Öttel über Bildung von Hypochloriten und Chloraten angestellten Versuchen wurde diese Titration immer am Schluss ausgeführt. Die unterchlorige Säure wurde jodometrisch bestimmt, das gesamte wirksame Chlor durch Eisenvitriol und Bichromat; die Chlorsäure ergab sich aus der Differenz dieser beiden Werte.

Die Versuchsanordnung war bei Öttel folgende: In einen Stromkreis waren hintereinander geschaltet: ein Kupfervoltmeter zur Messung des Stromverbrauches, ein Knallgasvoltmeter, die Versuchszelle, ein technisches Ampèremeter und ein Regulierwiderstand. Als Stromquelle dienten vier auf Spannung geschaltete Akkumulatoren. Das Knallgasvoltmeter war mit Natronlauge (1 : 7) gefüllt (s. S. 60) und besaß als Elektroden zwei konzentrische Cylinder aus blankem Nickelblech. Dieses Voltmeter hat sich ausgezeichnet bewährt, nach mehrmonatlichem fleißigem Gebrauch sind die Nickelbleche noch völlig blank, während Eisenbleche in viel kürzerer Zeit sich mit Rost bedeckt hatten. Das entwickelte Knallgas besitzt nach vielfachen Analysen 33·3 % O, ein Beweis, daß sich keine Nebenreaktionen abspielen und die Angaben zuverlässig sind. Dabei kann das Instrument ohne größere Ausgaben in Dimensionen ausgeführt werden, für welche sich die Verwendung von Platin der Kosten halber verbieten würde.

Zur Ausführung eines Versuches giebt Öttel[1] folgende detaillierte Vorschriften.

Man benutzt ein cylindrisches Gefäß von ca. 150 ccm Inhalt, welches man sich aus einer Medizinflasche durch Absprengen des Halses herstellt. Es ist durch einen Gummipfropfen verschlossen, durch welchen außer den beiden Elektroden zwei enge Glasrohre geführt sind. Das eine endigt dicht unter dem Stopfen und dient zur Ableitung der Gase, das andere geht bis auf den Boden des Gefäßes, ist für gewöhnlich durch ein Gummihütchen geschlossen und dient dazu, den Apparat füllen und entleeren zu können, ohne ihn auseinander nehmen zu müssen. Als Elektrode dienen entweder zwei Platindrähte von 1 mm Stärke und 20—25 cm

[1] Öttel, Elektrochem. Übungsaufgaben. S. 26.

Länge, welche soweit schraubenförmig aufgewickelt sind, daß sie in das Gefäß hineinpassen, oder zwei kleine Platinbleche mit angeschweißtem Draht, wenn man mit größeren Stromstärken arbeiten will. Auf das Gasableitungsrohr ist mit einem kurzen Stück Gummischlauch ein enges Glasrohr aufgesetzt, welches die entwickelten Gase unter eine kleine Gasometerglocke führt, von wo aus dieselben in eine HEMPEL'sche Bürette übergeführt werden. In den Stromkreis ist noch ein alkalisches Knallgasvoltameter (s. S. 60) eingeschaltet, dessen Gase gleichfalls zum Messen aufgefangen werden müssen. Man sammelt 20—50 ccm Gas aus der Versuchszelle an und rückt dann die Gasableitungsrohre von Zelle und Voltameter seitwärts, ohne den Versuch zu unterbrechen. Hierauf führt man zunächst das Knallgas mit einem Kapillarrohre in die Meßbürette über, liest nach zwei Minuten langem Warten das Volumen ab und entläßt das Gas ins Freie. Sodann mißt man das Versuchsgas, absorbiert erst mit Kalilauge etwa vorhandenes Chlor, dann mit pyrogallussaurem Kali oder in einer Phosphorpipette (wenn keine knallgasartigen Gasgemenge zur Untersuchung kommen) den Sauerstoff und erhält als Rest Wasserstoff. Man verfolgt viertel- oder halbstündlich die Thätigkeit des Stromes und kann nach Beendigung des Versuches durch Titration das gebildete Hypochlorit und Chlorat ermitteln.

Man stellt den Versuch an:

a) mit neutraler 20 proz. Chlorkaliumlösung bei Stromdichten von 200 bezw. 1000 Amp. pro Quadratmeter.

b) mit einer Lösung von 20% $KCl + 2\% KOH$ und denselben Stromverhältnissen.

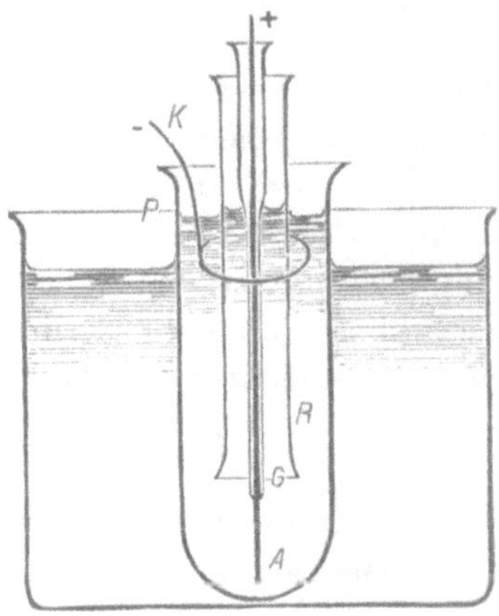

Fig. 67. Darstellung der Überschwefelsäure.

Versuch 40. Darstellung von überschwefelsaurem Kalium.[1] Elektrolysiert man konzentrierte Schwefelsäure oder konzentrierte Lösungen schwefelsaurer Salze unter Kühlung mit hohen Anoden-Stromdichten, so resultiert die Überschwefelsäure bezw. deren Salze. Eine einfache Anordnung (Fig. 67) genügt zur Darstellung.

[1] ELBS, Journ. prakt. Chem. **48** (1893) S. 185. — ELBS und SCHÖNHERR, Ztschr. f. Elektrochemie I, 417, 468, 473; II, 162, 247, 471.

Ein weites Probierglas *P* enthält den Elektrolyten; die Anode *A*, ein Platindraht, größtenteils umschlossen von einem ausgezogenen Glasrohr *G*, befindet sich unten, die Kathode *K*, eine Platindrahtschlinge, oben nahe der Flüssigkeitsoberfläche. Damit die an der Anode sich entwickelnden Sauerstoffblasen die Flüssigkeit aus der Umgebung der Anode nicht fortführen können zur Kathode, werden sie von dem trichterförmig erweiterten Glasrohre *R* aufgefangen und nach oben geleitet. Zur Kühlung wird der ganze Apparat in ein Becherglas mit kaltem Wasser eingetaucht. Als Stromdichte an der Anode eignen sich 100 Amp. auf 1 qcm.

Beschickt man den Apparat mit verdünnter Schwefelsäure vom spez. Gew. 1·4, so giebt die Anodenflüssigkeit bei einer Stromstärke von 2 Amp. schon nach 5 Minuten sehr schön die Reaktionen der Überschwefelsäure. Füllt man hingegen den Apparat mit einer kalt gesättigten Lösung von Kaliumsulfat in verdünnter Schwefelsäure vom spez. Gew. 1·3 und elektrolysiert mit einem Strom von 2 Amp., so trübt sich die Anodenflüssigkeit bald durch Ausscheidung von Kaliumpersulfat und nach 10 Minuten enthält der untere Teil des Gefäßes ein dichtes Haufwerk von Krystallen des Salzes. Die Abscheidung des Ammoniumpersulfates erfordert bei seiner größeren Löslichkeit weit längere Zeit.

Die Überschwefelsäure und ihre Salze, von denen nur das Kaliumsalz schwer löslich ist, sind durch eine Reihe von Reaktionen ausgezeichnet. Sie dienen als starke Oxydationsmittel. Die Fähigkeit zu oxydieren verdankt diese Körperklasse ihrer relativen Unbeständigkeit, ihrer Neigung, unter Rückbildung von Schwefelsäure bezw. deren Salze Sauerstoff zu übertragen. So zerfällt die freie Säure in wässeriger Lösung in Schwefelsäure und Wasserstoffsuperoxyd

$$H_2S_2O_8 + 2H_2O = 2H_2SO_4 + H_2O_2.$$

Oxydulsalze werden in Oxydsalze übergeführt.

Eine Lösung von Ammoniumpersulfat giebt mit Bleinitrat einen weißen, durch Bleisuperoxydbildung rasch sich bräunenden Niederschlag; in saurer Lösung bildet sich hingegen Bleisuperoxyd nicht.

Elektrolytischer Vorgang: Wie alle zweibasischen Säuren, bezw. ihre Salze, erleiden auch die Schwefelsäure und die schwefelsauren Salze in wässeriger Lösung eine zweifache Dissociation, einmal im Sinne der Formel I, dann auch im Sinne der Formel II

(M bedeutet hierbei ein einwertiges Metall, bei der freien Säure natürlich Wasserstoff):

1. $$M_2SO_4 = \overset{++}{M_2} + \overset{--}{SO_4}$$

2. $$M_2SO_4 = \overset{+}{M} + M\overset{-}{SO_4}.$$

Die zuletzt angedeutete Dissociation ist die vorwiegende und die der Bildung der Überschwefelsäure und ihrer Salze zu Grunde liegende.

Der Vorgang ist der, daß bei der Elektrolyse zwei der einwertigen Anionen an der Anode zusammentreten und das neue Produkt bilden:

$$M\overset{-}{S}O_4 + M\overset{-}{S}O_4 = M_2S_2O_8,$$

indem gleichzeitig ihre negative Ladung durch die positive der Anode neutralisiert wird.

Die Konstitution der Überschwefelsäure geht aus ihrer Bildungsweise ohne weiteres hervor:

1. $$O_2S\langle{}^{OH}_{OH} = \overset{-}{O_2}S\langle{}^{OH}_{O-} + \overset{+}{H}$$

2. $$O_2S\langle{}^{OH}_{O-} + {}^{OH}_{-O}\rangle SO_2 = O_2S\langle{}^{OH}_{O} \; {}^{OH}_{O}\rangle SO_2 = H_2S_2O_8.$$

Versuch 41. Darstellung der Überschwefelsäure.[1] Ein etwa 14 cm hoher, 7 cm weiter Standcylinder wird mit einem gut eingeschliffenen dreifach durchbohrten Glasstopfen versehen, durch dessen Bohrungen zwei in Glasröhren eingeschmolzene Platinelektroden, sowie ein Gasableitungsrohr luftdicht eingesetzt werden. In den Cylinder paßt eine Thonzelle so hinein, daß zwischen Thonzelle und Cylinder und ebenso zwischen Glasstopfen und Zelle nur ein schmaler Raum übrig bleibt. Die Kathode ragt in die Thonzelle und besteht aus einem größeren, cylindrisch gebogenen Platinblech, während die Anode, ein Platindraht von ca. 2·5 cm² Oberfläche, die Zelle in mittlerer Höhe ringförmig umschließt. Die Thonzelle wird nahezu bis zum Rande mit 110 ccm Schwefelsäure von 400 g H_2SO_4 pro Liter, der äußere Raum mit 70 ccm Schwefelsäure von 500 g H_2SO_4 pro Liter gefüllt und die Anode vor Beginn der Elektrolyse frisch ausgeglüht. Der ganze Apparat wird in einem größeren Gefäß bis über den Deckel hinaus vollständig in zerkleinertes Eis eingebettet und eine Nacht

[1] Elbs und Schönherr, Ztschr. f. Elektrochemie II, S. 245.

lang ein Strom von 3—2 Ampère hindurch geschickt. Gleichzeitig durchfließt der Strom ein größeres Kupfervoltmeter. Die Ausbeute beträgt bei Beginn des Versuches (aus dem Sauerstoffdefizit berechnet) 70 %, nach 13stündiger Elektrolyse nur noch 3 %.

Bei dem von ELBS und SCHÖNHERR ausgeführten Versuche waren innerhalb dieser Versuchszeit 32·5 g Cu transportiert, entsprechend 27·5 Ampère-Stunden. Die Anodenflüssigkeit betrug noch 58 ccm, sie war frei von Wasserstoffsuperoxyd und enthielt neben 129 g H_2SO_4 510 g $H_2S_2O_8$ pro Liter. Die Ausbeute ergiebt sich hiernach zu 29·6 %.

Der elektrolytische Vorgang ist derselbe, wie bei dem vorhergehenden Versuche, nur daß statt der Metallionen die Wasserstoffionen der freien Säure in Anschlag zu bringen sind.

Bestimmung der Überschwefelsäure. Dieselbe wird so ausgeführt, daß man jeweils 5 oder 10 ccm der elektrolysierten Säure in 200—300 ccm kalten destillierten Wassers fließen läßt. Hierauf wird im Überschuß eine Lösung von schwefelsaurem Eisenoxydulammon von bekanntem Wirkungsgrad (24 g im Liter) zugesetzt und der durch Überschwefelsäure bezw. Wasserstoffsuperoxyd nicht oxydierte Anteil durch Titration mit Kaliumpermanganat (5 g im Liter) zurückgemessen. Die Gleichungen, nach welchen die der Analysenmethode zu Grunde liegenden Reaktionen verlaufen, sind folgende:

1. $H_2S_2O_8 + 2FeSO_4 = Fe_2(SO_4)_3 + H_2SO_4$.
2. $H_2O_2 + 2FeSO_4 + H_2SO_4 = Fe_2(SO_4)_3 + 2H_2O$.
3. $10FeSO_4 + 2KMnO_4 + 8H_2SO_4 = 5Fe_2(SO_4)_3 + K_2SO_4 + 2MnSO_4 + 8H_2O$.
4. $5H_2O_2 + 2KMnO_4 + 3H_2SO_4 = K_2SO_4 + MnSO_4 + 8H_2O + 10O$.

Hat man also durch direkte Titration mit $KMnO_4$ den Gehalt an H_2O_2 bestimmt, so ergiebt sich aus der Rücktitration des unverbrauchten $FeSO_4$, welche nach Gleichung 1 und 2 die Summe von $H_2S_2O_8$ und H_2O_2 liefert, und durch Subtraktion des für H_2O_2 direkt ermittelten Wertes (Gleichung 4), ohne weiteres die thatsächlich vorhandene Menge an Überschwefelsäure.

Versuch 42. Darstellung von überkohlensaurem Kalium.[1] Man bringt in ein hohes Becherglas, welches sich in einer guten

[1] CONSTAM und v. HANSEN, Ztschr. f. Elektrochemie III, S. 137. v. HANSEN. Ztschr. f. Elektrochemie III, S. 445.

Kältemischung von Schnee und Kochsalz befindet, eine bei -5^0 gesättigte Lösung von Kaliumcarbonat, die bei gewöhnlicher Temperatur ein spezifisches Gewicht von 1·560 zeigt. Als Anode benutzt man einen Platindraht, von ca. 0·035 cm Dicke, welcher um die Thonzelle für die Kathodenlösung in Form einer das Diaphragma nicht berührenden Schlinge in die Kaliumcarbonatlösung fast bis auf den Boden des Becherglases gesenkt wird. Die Länge des Drahtes ist so zu wählen, daß seine wirksame Oberfläche nicht mehr als 5 qcm beträgt. In den Thoncylinder füllt man eine weniger konzentrierte Lösung von Kaliumcarbonat und verwendet als Kathode ein Nickeldrahtnetz oder ein größeres Platinblech. Die Elektrolyse wird begonnen, wenn die Anodenlösung eine Temperatur von -5^0 besitzt; dieselbe darf während des ganzen Versuches nicht über 0^0 steigen und wird zweckmäßig stets einige Grade unter dem Gefrierpunkt gehalten. Während der Elektrolyse soll an der Anode nur wenig Sauerstoff entweichen. Man elektrolysiert bei einer Elektrodenspannung von 8—8·1 Volt, welche eine Stromintensität von ca. 3 Ampère liefert.

Es tritt bald eine milchige Trübung der Anodenlösung auf und nach kurzer Zeit beginnt die Bildung eines bläulichen, amorphen Pulvers, des überkohlensauren Kaliums.

Nach einer Dauer von 2—3 Stunden wird das ausgeschiedene himmelblaue Salz rasch auf einem Filter abgesaugt, auf eine Thonplatte, ohne es auszuwaschen, aufgestrichen und in einem trockenen Luftstrom getrocknet. Dabei verliert das Salz fast ganz seine blaue Farbe und wird ein weißes, nur schwach blaustichiges Pulver. Dasselbe hat die Zusammensetzung $K_2C_2O_6$.

Das trockene Percarbonat hält sich längere Zeit; im feuchten Zustand zersetzt es sich leicht unter Sauerstoffentwicklung. Das erhaltene Salz ist natürlich nicht rein, sondern enthält noch gewöhnliches Kaliumcarbonat.

Zur Bestimmung des Gehaltes an Percarbonat wird sein Verhalten benutzt, mit verdünnter Schwefelsäure quantitativ in Kaliumsulfat, Kohlensäure und Wasserstoffsuperoxyd zu zerfallen, welch' letzteres dann in bekannter Weise mit Kaliumpermanganat titriert wird.

Eigenschaften: Kaliumpercarbonat zerfällt bei gelindem Erwärmen nach der Gleichung:

$$K_2C_2O_6 = K_2CO_3 + CO_2 + O,$$

ebenso entwickelt es mit Wasser schon bei Zimmerwärme Sauerstoff:

$$K_2C_2O_6 + H_2O = 2HKCO_3 + O.$$

Mit Kalilauge sowohl wie mit Schwefelsäure entsteht Wasserstoffsuperoxyd:

$$K_2C_2O_6 + 2KOH = 2K_2CO_3 + H_2O_2$$
$$K_2C_2O_6 + H_2SO_4 = K_2SO_4 + 2CO_2 + H_2O_2.$$

Gegen Mangansuperoxyd und Bleisuperoxyd verhält sich das überkohlensaure Kalium unter Sauerstoffentwicklung als Reduktionsmittel:

$$1.\quad MnO_2 + K_2C_2O_6 = MnCO_3 + K_2CO_3 + O_2,$$
$$2.\quad PbO_2 + K_2C_2O_6 = PbCO_3 + K_2CO_3 + O_2,$$

während Bleisulfid glatt zu Bleisulfat oxydiert wird:

$$PbS + 4K_2C_2O_6 = PbSO_4 + 4K_2CO_3 + 4CO_2.$$

Elektrolytischer Vorgang: Die Bildung des überkohlensauren Kaliums aus kohlensaurem Kalium ist ganz analog der Bildung des überschwefelsauren Kaliums aus dem schwefelsauren Kalium.

Das kohlensaure Kalium K_2CO_3 zerfällt größtenteils in die Kationen $\overset{+}{K}$ und die Anionen $K\overset{-}{CO_3}$. Die letzteren vereinigen sich nur bei großer Stromdichte in konzentrierter Lösung bei niedriger Temperatur an der Anode bei ihrer Entladung in der Art, daß zwei Anionen $K\overset{-}{CO_3}$ zu dem überkohlensauren Kalium $K_2C_2O_6$ zusammentreten. Der Vorgang wird durch folgende Formel veranschaulicht, welche gleichzeitig die Konstitution der überkohlensauren Salze klarlegt:

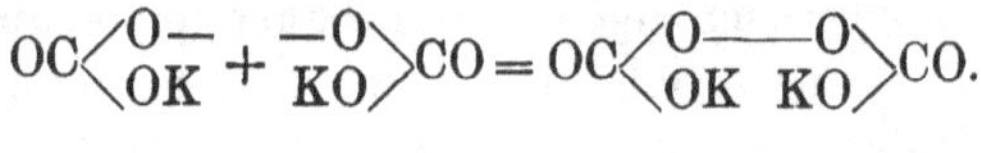

Organische Präparate.

Versuch 43. Darstellung von Äthan.[1] Bei der elektrolytischen Zersetzung einer konzentrierten Lösung essigsaurer Salze in Wasser entsteht bei hohen Stromdichten vorwiegend Äthan. Zur Ausführung des Versuches verschließt man einen porösen Thoncylinder, welcher zur Aufnahme der Anodenlösung dienen soll, dicht mit einem

[1] Kolbe, Lieb. Ann. **69**, S. 257.

doppelt durchbohrten Pfropfen, am besten mit einem Gummipfropfen. Durch die eine Durchbohrung wird die in ein Gasrohr eingeschmolzene Platinanode geschoben, welche in Form einer kleinen Platinspirale in die Flüssigkeit taucht. Die zweite Durchbohrung erhält ein Gasableitungsrohr. Das entweichende Gas wird zunächst durch einen GEISSLER'schen Kaliapparat zur Absorption und Wägung der Kohlensäure geleitet und dann über Wasser aufgefangen. Als Kathode verwendet man einen die Thonzelle umschließenden Cylinder aus Nickeldrahtnetz.

Man benutzt sowohl als Anoden- wie als Kathodenflüssigkeit eine in der Kälte gesättigte Lösung von essigsaurem Natrium und sorgt, nötigenfalls mittels Abkühlung durch Eiswasser, daß die Temperatur nicht über 20^0 steigt. Die Stromdichte soll pro Quadratdezimeter 100—120 Ampère betragen. Um sie zu erreichen, genügt bei einer kleinen Platinspirale (Durchmesser des Drahtes 0·03 mm, Länge 5 cm) 1—1·4 Ampère.

Elektrolytischer Vorgang: Die essigsauren Salze vom Typus $CH_3 \cdot COOM$ zerfallen zunächst in die Kationen $\overset{+}{M}$ und in die Anionen $CH_3 \, COO$. Bei der hohen Stromdichte des Versuches ist die Umgebung in Bezug auf die Anionen so stark konzentriert, daß dieselben bei ihrer Entladung nicht mit dem Lösungswasser reagieren, sondern untereinander, indem unter Kohlensäureabspaltung Äthan entsteht:

$$1. \quad CH_3 \cdot COONa = CH_3 \cdot \overset{-}{C}OO + \overset{+}{Na}$$

$$2. \quad 2CH_3 \cdot COO = CH_3 \cdot CH_3 + 2CO_2.$$

Ist die Konzentration oder die Stromdichte zu gering, so setzt sich ein Teil der Anionen mit dem Wasser zur Essigsäure um und die Folge hiervon ist die Verunreinigung des Äthans durch Sauerstoff:

$$2CH_3 \cdot COO + H_2O = 2CH_3 \cdot COOH + O.$$

Hält man aber die richtigen Bedingungen ein, so ist die Ausbeute an Äthan nahezu quantitativ; nur Spuren von Sauerstoff und nebenbei Äthylen sind im Gase enthalten.

Das letztere verdankt einer weitergehenden Oxydation seine Entstehung.

Wie die essigsauren Salze, verhalten sich auch die der homologen einbasischen Fettsäuren.

Versuch 44. Darstellung der Bernsteinsäure.[1] Das Ausgangsprodukt dieser Elektrosynthese ist das Äthylkaliummalonat

$$COOC_2H_5 \cdot CH_2 \cdot COOK,$$

welches aus dem Diäthylester der Malonsäure durch die berechnete Menge alkoholischer Kalilauge dargestellt wird. (Näheres bez. der Darstellung s. FEUND, Ber. d. deutsch. chem. Gesellsch., Bd. XVII S. 780).

$$\begin{matrix} COOC_2H_5 \\ CH_2 \\ COOC_2H_5 \end{matrix} + KOH = \begin{matrix} COO \cdot K \\ CH_2 \\ COOC_2H_5 \end{matrix} + C_2H_5 \cdot OH.$$

Zur Ausführung des Versuches bereitet man sich zunächst eine so konzentrierte Lösung des Äthylkaliumsalzes, daß auf 1.5 bis 2 Teile desselben ein Teil Wasser kommt. Diese Lösung läßt sich in der Kälte leicht darstellen.

Als Zersetzungszelle benutzt man einen gewöhnlichen Platintiegel von ca. 4·8 cm Höhe und ca. 4·3 cm Durchmesser, welcher zugleich als Kathode dient.

Die Anode besteht aus einem schneckenförmig gewundenen Platindraht, dessen Windungen 1 cm von der Tiegelwand abstehen, wenn sie in die Lösung hinein gesenkt sind. Zum Gelingen des Versuches ist eine hohe Stromdichte erforderlich, welche bei den gegebenen Verhältnissen durch eine Stromquelle von 12 Volt geliefert wird, welche 3 bis 5 Ampère durch die Versuchszelle sendet. Die durch die Elektrolyse erzeugte Wärme wird durch einen Strom kalten Wassers, welcher den Tiegel umfließt, abgeführt. Die an der Kathode entweichenden Gase dienen zur zweckmäßigen Durchmischung der Flüssigkeit.

Während der Elektrolyse bildet sich ein leichter Schaum, welcher nicht bis zum Überschäumen führen darf; in diesem Falle muß die Stromintensität herabgesetzt werden. Gleichzeitig bemerkt man die Abscheidung von Öltröpfchen. Wenn man nach beendeter Elektrolyse den Tiegelinhalt in ein Becherglas gießt, so scheidet sich bald die Flüssigkeit in zwei Schichten, die obere ölige Schicht enthält den gebildeten Ester; in der unteren wässrigen Schicht befinden sich körnige Massen von ausgeschiedenem Kaliumcarbonat resp. Bicarbonat. Man trennt die beiden Schichten von einander, zieht die wässrige mit Äther aus, giebt der öligen

[1] BROWN und WALKER. Lieb. Ann. **261**, S. 115.

Schicht die ätherische Lösung zu, trocknet mit Chlocralcium und destilliert den Äther im Wasserbade ab. Das im Destillierkölbchen zurückbleibende, nahezu farblose Öl ist reiner Bernsteinsäurediäthylester, welcher durch Verseifung in freie Bernsteinsäure übergeführt wird.

Der Versuch nimmt bei den angegebenen Stromverhältnissen für 30 g Estersalz ungefähr $^5/_4$ Stunden in Anspruch und liefert ca. 9 g (60 %) der Theorie) an Bernsteinsäureester.

Der Bernsteinsäureester siedet unter gewöhnlichem Druck bei 215—216°. Die Säure selbst schmilzt bei 180°.

Elektrolytischer Vorgang. Die Zersetzung verläuft im gleichen Sinne, wie die des essigsauren Natrons unter Berücksichtigung des Umstandes, daß die Estergruppe sich elektrolytisch indifferent verhält. Dadurch tritt zunächst der folgende Zerfall ein:

$$\begin{array}{l} COOC_2H_5 \\ \mid \\ CH_2 \\ \mid \\ COOK \end{array} = \begin{array}{l} COOC_2H_5 \\ \mid \\ CH_2 \\ \mid \\ COO \end{array} + K$$

Die Anionen treffen bei der hohen Stromdichte und der großen Konzentration an der Anode zusammen und vereinigen sich unter Kohlensäureabspaltung:

$$2\begin{array}{l} COOC_2H_5 \\ \mid \\ CH_2 \\ \mid \\ COO \end{array} = \begin{array}{l} COOC_2H_5 \\ \mid \\ CH_2 \\ \mid \\ CH_2 \\ \mid \\ COOC_2H_5 \end{array} + 2CO_2.$$

Der Bernsteinsäurediäthylester liefert sodann bei der Verseifung mit alkoholischem Kali das Kaliumsalz der Bernsteinsäure.

$$(CH_2)_2(COOC_2H_5)_2 + 2KOH = (CH_2)_2(COOK)_2 + 2C_2H_5OH.$$

Wie das Äthylkaliummalonat verhält sich eine große Reihe anderer Estersalze der Fettsäuren, so daß eine größere Anzahl analoger Synthesen ausführbar sind.

Versuch 45. Darstellung von Jodoform.[1] Leitet man durch eine mit Alkohol versetzte wässrige Lösung von Jodkalium und Soda den elektrischen Strom, so entsteht Jodoform.

---

[1] Elbs und Herz, Ztschr. f. Elektrochemie, IV, 113. Förster und Mewes, Ztschr. f. Elektrochemie, IV, 269.

Man bereitet sich eine Lösung von 5 g Soda, 10 g Jodkalium, 20 ccm Alkohol und 100 ccm Wasser.

Man bringt diese Anodenflüssigkeit in einen Thoncylinder, in welchen eine Platinanode von etwa 1 qdm Oberfläche eintaucht. Als Kathodenflüssigkeit dient eine mäßig konzentrierte Sodalösung, als Kathode Blei oder Nickeldrahtnetz. Das ganze System wird am besten auf dem Wasserbade auf 60—70° erwärmt und bei dieser Temperatur mit einem Strome von 1 Ampère, entsprechend einer Stromdichte von 1 Ampère pro Quadratdezimeter, 2—4 Stunden elektrolysiert.

Nach dieser Zeit wird der Versuch unterbrochen, die Anodenflüssigkeit in ein Becherglas gegossen und nach mehrstündigem Stehen von dem ausgeschiedenen, schön krystallisierten Jodoform abfiltriert. Im Filtrat befindet sich das hauptsächlichste Nebenprodukt, jodsaures Natrium.

Elektrolytischer Vorgang: Das Jodkalium zerfällt in die Kationen $\overset{+}{K}$ und die Anionen $\overset{-}{J}$. Letztere entladen sich an der Anode und wirken substituierend auf den Alkohol, ebenso wie freies Jod auf Alkohol in alkalischer Lösung wirkt.

Unter Vernachlässigung der Nebenreaktionen kann der Verlauf der Reaktion durch das folgende Formelschema wiedergegeben werden:

$$CH_3 \cdot CH_2 \cdot OH + 10J + H_2O = CH \cdot J_3 + CO_2 + 7HJ.$$

Durch Umsetzung der kohlensauren Alkalien mit dem Jodwasserstoff werden von neuem Alkalijodide gebildet, welche natürlich weiter an der elektrolytischen Jodoformbildung teilnehmen.

Versuch 46. Darstellung von Trichloressigsäuretrichlormethylester.[1] Das Ausgangsprodukt dieser Elektrosynthese ist ein Gemisch von trichloressigsaurem Zink und trichloressigsaurem Natrium. Man stellt sich am besten die Mischung dar durch Sättigen einer wässrigen Lösung von Trichloressigsäure mit einem Gemisch aus gleichen Teilen wasserfreier Soda und kohlensaurem Zink. Man bringt diese Lösung als Anodenflüssigkeit in einen Thoncylinder und wählt eine Platinspirale als Anode; als Kathodenlösung wählt man eine solche von essigsaurem Natrium in einem die Thonzelle umschließenden Becherglase, als Kathode Blei oder Nickel.

[1] Elbs und Kratz, Journ. f. prakt. Chemie **55**, S. 502.

Man kühlt während der Elektrolyse das ganze System mit Eiswasser. Die Stromdichte muß sehr groß sein, etwa 40—50 Ampère auf 1 qdm, welche bei einer Platinspirale von ca. 4 cm^2 Oberfläche durch 2—4 Ampère geliefert wird.

Da das Endprodukt der Elektrolyse, der Trichloressigsäuretrichlormethylester, während des Versuches sich abscheidet, so ist es zweckmäßig, jeweils nach einer Viertelstunde die Elektrolyse zu unterbrechen und den abgeschiedenen Ester abzufiltrieren.

Das abfiltrierte Produkt wird, um ihn von dem ihn zersetzenden Wasser zu befreien, sofort in Benzol oder Petroläther gelöst und die Lösung durch Filtration durch ein trockenes Faltenfilter von dem anhaftenden Wasser befreit. Bei der großen Zersetzlichkeit des Esters durch Feuchtigkeit ist es aber am besten, ihn gleich weiter zu verarbeiten. Um ihn in aufbewahrbarem Zustande zu gewinnen, ist mehrmaliges Umkrystallisieren aus trockenen Benzol erforderlich. Man erhält die Substanz dann in klaren Krystallen vom Sm. 34°; jedoch treten auch bei dieser Krystallisation infolge der Zersetzung durch die unvermeidlichen Spuren von Feuchtigkeit beträchtliche Verluste auf.

Elektrolytischer Vorgang: Würde die Zersetzung analog den essigsauren Salzen verlaufen, so wäre die Bildung des Hexachloräthans zu erwarten.

$$1.\quad CCl_3COONa = CCl_3\overset{-}{C}OO + \overset{+}{Na}$$

$$2.\quad 2CCl_3\cdot COO = 2CO_2 + C_2Cl_6.$$

Diese Spaltung tritt jedoch nicht ein, sondern der Zusammenschluß der Anionen findet unter Abspaltung von Kohlensäure statt:

$$2Cl_3\cdot COO = CCl_3\cdot COO\cdot Cl_3 + CO_2.$$

Versuch 47. Darstellung von Azobenzol und Hydrazobenzol.[1]

1. Man löst 20 g Nitrobenzol in 200 ccm 70prozent. Alkohol und fügt 5 g Natriumacetat hinzu. Als Apparat benutzt man schlanke Bechergläser, in welche man eine Thonzelle gewöhnlicher Form einsetzt; sie dient als Anodenkammer und enthält eine Platinanode, eingetaucht in eine kalt gesättigte wässerige Sodalösung; in dem engen Raume zwischen Thoncylinder und Becherglas steht ein Cylinder aus Nickeldrahtnetz, eingetaucht in die Kathodenflüssigkeit. Wenn man die Lösung heiß ein-

[1] Elbs und Kopp, Ztschr. f. Elektrochemie V, S. 109.

füllt, so gerät sie durch die Stromwärme bei einer Stromdichte von 8—10 Amp. auf 1 qdm Kathodenoberfläche bald ins Sieden; hierbei wirkt das obere leere Drittel des Becherglases als Kühler, so daß nur wenig Alkohol verdampft, der nötigenfalls leicht ersetzt werden kann.

Bei einer Stromdichte von 10 Amp. pro 1 qdm ist die Reduktion zum Azobenzol durch 17·4 Ampèrestunden beendet. Man erhält aus der Kathodenflüssigkeit nach vorherigem Durchleiten von Luft (um etwa gebildetes Hydrazobenzol zu oxydieren) das Azobenzol durch Fällung mit Wasser in bekannter Form. Die Ausbeute beträgt 95% der Theorie.

2. Nach der Reduktion zum Azobenzol wird mit einer Stromdichte von 2 bis 3 Amp. pro 1 qdm weiter reduziert, bis etwa 10% mehr als die theoretisch erforderliche Elektrizitätsmenge zugeführt ist. Die Ausscheidung von krystallisiertem Hydrazobenzol beginnt schon gegen Ende der Reduktion und wird nach Beendigung derselben durch Abkühlung des Apparates unterstützt. Die abgesaugten Krystalle sind völlig rein. Den Rest gewinnt man durch Eingießen des Filtrates in schwefelammoniumhaltiges Wasser. Die Gesamtausbeute beträgt über 90% der berechneten Menge.

o-, m- und p-Nitrotoluol, p-Nitro-o-Xylol, o- und p-Nitroanisol, o-Nitrophenetol, m-Nitranilin verhalten sich dem Nitrobenzol ganz anolog.

Versuch 48. Darstellung der m-Azobenzoësäure. 5 g m-Nitrobenzoësäure werden in 100 ccm Wasser, welches 5 g Natriumhydrat enthält, aufgelöst und die Flüssigkeit in einen porösen Thoncylinder gefüllt, welcher in ein etwas weiteres Becherglas gesetzt wird. Letzteres wird gleichfalls mit verdünnter Natronlauge gefüllt. Als negative Elektrode wird ein kleiner Platincylinder (10 cm Höhe, 3 cm Durchmesser) oder ein ebenso großer Cylinder aus Nickeldrahtnetz auf den Boden des Thoncylinders gesetzt, während eine kleine Platinscheibe den positiven Pol bildet. Die Elektrolyse wird bei Zimmertemperatur bis zum Eintritt der Wasserstoffentwickelung durchgeführt. Bei einem Strome von 6—6·5 Volt Elektrodenspannung und 1—1·3 Amp. ist die Elektrolyse in 8—10 Stunden beendet.

Man fällt die gebildete m-Azobenzoësäure mittels Salzsäure aus und erhält sie nach dem Auswaschen mit Wasser als ganz schwach gefärbtes Pulver in reinem Zustande.

Der Vorgang ist der folgende:

$$2COOH \cdot C_6H_4 \cdot NO_2 + 4Na_2 + 4H_2O = COOHC_6H_4N = \\ = N \cdot C_6H_4 \cdot COOH + 8NaOH.$$

Versuch 49. Darstellung der Sulfoazobenzoësäure.[1]

$$m\text{-}SO_3H \cdot C_6H_4 \cdot N = N \cdot C_6H_4 \cdot COOH - m.$$

7 g nitrobenzolsulfonsaures Kalium, 4·2 g m-Nitrobenzoësäure, 3 g Kalihydrat in 250 ccm Wasser werden in mäßiger Wärme 12 Stunden mit 1·2 Amp. Stromdichte pro Quadratdezimeter (6 Volt) kathodisch elektrolysiert (Elektroden wie bei Vers. 48). Die resultierende, klare, gelbrote Lösung giebt mit Salzsäure einen dicken, rein gelben Niederschlag, der abgesaugt und aus Alkohol umkrystallisiert wird. Das Filtrat des ersten Niederschlages wird zur Trockne verdampft und mit Alkohol extrahiert. Die vereinigten alkoholischen Mutterlaugen liefern beim Eindampfen neue Mengen des Körpers. Die Ausbeute ist nahezu quantitativ. Die Nebenprodukte, m-Azobenzoësäure oder m-Azobenzolsulfosäure, bilden sich in Abhängigkeit von der mehr oder weniger genauen Erreichung äquimolekularer Lösungen.

Die neue Säure bildet gelbe, undeutliche Blättchen, die ohne zu schmelzen auf dem Platinblech unter eigentümlicher Verkohlung sich zersetzen.

Die Eigenschaften der Säure liegen in der Mitte zwischen m-Azobenzoësäure und m-Azobenzolsulfonsäure. Ihre Zusammensetzung entspricht der obigen Formel.

Sie ist mit gelber Farbe sehr leicht löslich in Wasser und Alkohol (Unterschied von m-Azobenzoësäure), unlöslich hingegen in Äther (Unterschied von m-Azobenzolsulfonsäure). In konzentrierter Schwefelsäure löst sie sich mit gelber Farbe, die beim Kochen gelbrot wird. Die Salze sind fast alle gelb gefärbt und mit Ausnahme des Bleisalzes schon in kaltem Wasser leicht löslich.

Versuch 50. Darstellung von o-Amidophenol. 5 g o-Nitrophenol werden in 100 ccm Wasser, welches 5 g Natriumhydrat enthält, gelöst, und die Flüssigkeit in einen porösen Thoncylinder gefüllt, welcher in ein etwas weiteres Becherglas gesetzt wird. Letzteres wird gleichfalls mit verdünnter Natronlauge gefüllt und nimmt als Anode ein kleines Platinblech ein, während zur Kathode ein Cylinder aus Platin oder Nickeldrahtnetz (3 cm Durchmesser, 10 cm Höhe) dient. Die Elektrolyse wird bei 6·5 Volt Spannung

[1] Löb, Ztschr. f. Elektrochemie V, S. 461.

mit 0·8 Amp. bis zur Wasserstoffentwickelung bei Zimmertemperatur durchgeführt. Die dunkle, rotbraune, alkalische Lösung wird genau mit Essigsäure neutralisiert, nach kurzer Zeit scheidet sich das Reduktionsprodukt in flimmernden Blättchen aus, welche gewöhnlich aus einem Gemisch von freier Base und essigsaurem Salze bestehen. Von dem Niederschlag wird abfiltriert, das Filtrat ausgeäthert und der Ätherrückstand gemeinsam mit dem zuerst gewonnenen Produkte aus Wasser unter Zusatz von Tierkohle umkrystallisiert. Etwa vorhandenes essigsaures Salz wird durch Kochen mit Wasser zerstört. Beim Erkalten setzt sich das Amidophenol in schwach gelblich weiß gefärbten Krystallen ab, welche aus Benzol in blendend weißen Blättern vom Sm. 172° erhalten werden.

Der Vorgang ist der folgende:

$$OH\cdot C_6H_4\cdot NO_2 + 3Na_2 + 3H_2O = 6NaOH + OH\cdot C_6H_4\cdot NH_2.$$

Versuch 51. Darstellung von p-Amidophenol.[1] Man löst 20 g Nitrobenzel in 150 g reiner konzentrierter Schwefelsäure, setzt einige Tropfen Wasser hinzu und bringt die Lösung in einen gewöhnlichen Thoncylinder. Derselbe wird in ein etwas weiteres Becherglas gestellt und der Raum zwischen beiden mit 75—100 prozentiger Schwefelsäure angefüllt. In die Thonzelle taucht eine Kathode aus Platinblech (3 × 4·5 cm); ebenso besteht die Anode aus Platin. Man elektrolysiert mit einer kathodischen Stromdichte von höchstens 6 Amp. pro 1 qdm bei 60°—90° bis zum Auftreten einer regelmäßigen Wasserstoffentwickelung. Während der Elektrolyse färbt sich die Flüssigkeit tiefblau. Nach Beendigung des Versuches und Abkühlung ist der Zellinhalt zu einem dichten Krystallbrei von weißen Blättchen erstarrt, welche über Asbest abgesaugt und auf Thon getrocknet werden. Durch einmalige Krystallisation erhält man das Sulfat des p-Amidophenols ganz rein. Die Ausbeute schwankt zwischen 20%—50% der Theorie, da gleichzeitig Nebenprodukte entstehen, wie Anilin, Amidophenolsulfonsäure und Farbstoffe.

Elektrolytischer Vorgang: Die Bildung des Amidophenols erfolgt durch Umlagerung des zunächst entstehenden Phenylhydroxylamins unter dem Einfluß der konzentrierten Säure:

1. $C_6H_5NO_2 + 2H_2 = C_6H_5\cdot NH\cdot OH + H_2O$
2. $C_6H_5\cdot NHOH = OH\cdot C_6H_4\cdot NH_2.$

[1] Gattermann, Chem. Ber. XXVI, S. 1846.

Versuch 52. Darstellung von p-Amidophenolsulfonsäure.[1] Wendet man statt der konzentrierten Schwefelsäure schwach rauchende vom spez. Gew. 1·86—1·88 an, so gelangt man sogleich zur p-Amidophenol-o-sulfonsäure.

Zur Ausführung des Versuches löst man 40 g Nitrobenzol in 150 g der rauchenden Schwefelsäure und bringt die Flüssigkeit in ein Becherglas mit möglichst großer Platinkathode, während ein mit gewöhnlicher konzentrierter Schwefelsäure gefüllter Thoncylinder eine Platinanode aufnimmt. Bei einer Temperatur von 80° bis höchstens 120° elektrolysiert man mit einer kathodischen Stromdichte von höchstens 6 Amp. auf 1 qdm. Zu der Anodensäure setzt man von Zeit zu Zeit etwas Natriumsulfatlösung, da die Säure durch Einwanderung der HSO_4-Ionen rauchend wird und den Badwiderstand beträchtlich steigert.

Nach Beendigung der Reduktion, die durch regelmäßige Wasserstoffentwickelung angezeigt wird, läßt man die Kathodenflüssigkeit erkalten, gießt sie in die dreifache Menge Wasser und filtriert nach mehrstündigem Stehen die abgeschiedene Amidophenolsulfonsäure ab. Im Filtrate bleiben als Nebenprodukte die Sulfate des Anilins und des p-Amidophenols.

Die abfiltrierte p-Amidophenolsulfonsäure wird in heißer, verdünnter Sodalösung gelöst und aus der rasch filtrierten Lösung die freie Säure durch Salzsäure als blaßviolettes Krystallpulver ausgefällt, welches nach Absaugen und Waschen nahezu völlig rein ist. Man gewinnt etwa 40 % der Theorie an p-Amidophenolsulfonsäure auf Nitrobenzol berechnet.

Elektrolytischer Vorgang: Das zunächst gebildete Phenylhydroxylamin wird durch die rauchende Schwefelsäure zu p-Amidophenol umgelagert, welch' letzteres weiter in die Sulfonsäure verwandelt wird.

1. $C_6H_5NO_2 + 2H_2 = C_6H_5NHOH + H_2O$

2. $C_6H_5NH \cdot OH = OH \cdot C_6H_4 \cdot NH_2$

3.
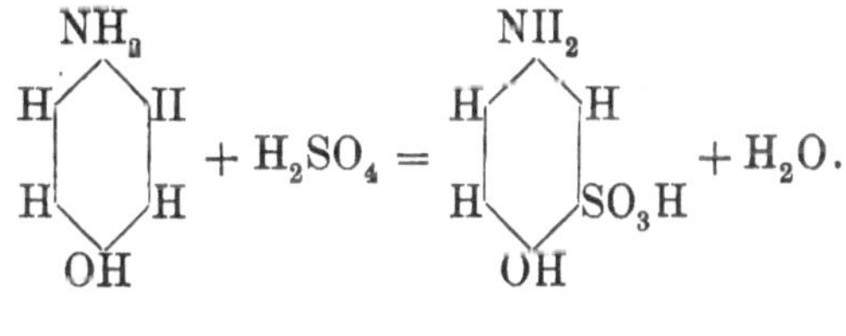

[1] Noyes u. Clement, Chem. Ber. XXVI, S. 990.

Die Überführung von aromatischen Nitrokörpern mit freier Parastellung in die p-Amidophenole durch elektrolytische Reduktion in konzentrierter Schwefelsäure ist eine ganz allgemein giltige Reaktion.

Versuch 53. Darstellung von Chloranilin aus Nitrobenzol.[1] Man suspendiert 30 g Nitrobenzol in 150 ccm rauchender Salzsäure, schüttelt gehörig um und bringt das Gemisch in einen Thoncylinder, in welchen man einen kleinen Platincylinder (10 cm hoch, 3 cm Durchmesser) bis auf den Boden eintaucht. Den Thoncylinder setzt man in ein weiteres Becherglas, welches verdünnte Schwefelsäure (1 : 10) und als Anode ein Platinblech enthält. Der Platincylinder wird mit dem negativen Pol der Stromquelle in Verbindung gebracht und bei Zimmertemperatur mit einer kathodischen Stromdichte von 1·5 Ampère pro Quadratdezimeter bei 5—5·5 Volt Elektrodenspannung 36 Stunden elektrolysiert. Die Anwendung eines kleinen Rührers ist für diese Reduktion sehr empfehlenswert.

Nach dieser Zeit ist das Nitrobenzol vollkommen geschwunden; die Kathodenflüssigkeit stellt eine grüne Lösung dar, in der sich geringe Mengen eines grünen Niederschlages befinden. Man verdünnt die Flüssigkeit mit der doppelten Menge Wasser, filtriert durch ein nasses Filter und engt die Lösung auf dem Wasserbade ein. Sodann wird die Flüssigkeit mit Natronlauge alkalisch gemacht, wobei zuerst ein fester Niederschlag entsteht, welcher schnell unter Violettfärbung in ein Öl übergeht. Durch Destillation mit Wasserdampf erhält man das Gemenge von o- und p-Chloranilin, frei von Anilin, als nahezu farbloses Öl.

Um die beiden Isomeren zu trennen, führt man die Chloraniline durch Kochen mit Essigsäureanhydrid in die Acetylderivate über und behandelt dieselben nach dem Trocknen mit größeren Mengen Benzol in der Wärme. Dabei bleibt das p-Chloracetanilid zum größten Teile ungelöst zurück; der in Lösung gegangene Anteil krystallisiert nach dem Einengen und Erkalten des Benzols wieder aus; bei dem Abdampfen der filtrierten Lösung hinterbleibt das o-Chloracetanilid als schnell erstarrendes Öl.

Die p-Verbindung schmilzt in reinem Zustand bei 172°—173°, die o-Verbindung bei 87°.

Aus den reinen Acetylverbindungen werden durch Einschließen mit rauchender Salzsäure bei 180° die entsprechenden salzsauren

[1] Löb, Chem. Ber. XXIX, S. 1894.

Chloraniline gewonnen, welche bei der Behandlung ihrer alkalischen Lösungen mit Wasserdampf reines o- (Sp. 206°) und p- (Sp. 232°) Chloranilin liefern.

Elektrolytischer Vorgang: Das Nitrobenzol wird durch den Strom zunächst in Phenylhydroxylamin übergeführt, welches unter dem Einfluß der rauchenden Salzsäure Phenylchloramin, dann durch Umlagerung o- und p-Chloramilin liefert:

$$1.\quad C_6H_5NO_2 \quad + 2H_2 = H_2O + C_6H_5NHOH$$

$$2.\quad C_6H_5NH\cdot OH + HCl = C_6H_5NHCl + H_2O$$

$$3.\quad C_6H_5NHCl \quad = {}^{o-}_{p-}Cl\cdot C_6H_4\cdot NH_2.$$

Diese Reaktionen bilden nur einen Teil des elektrolytischen Prozesses, indem etwa 20% von Nitrobenzol in anderer Weise verändert werden. Nach dem Abtreiben des Chloranilins mit Wasserdampf hinterbleibt eine dunkel violett gefärbte Base.

Versuch 54. Darstellung des p-Anhydrohydroxylaminbenzylalkoholes.[1] Unterwirft man eine Lösung von 10 g Nitrobenzol in 35 g rauchender Salzsäure, 25 ccm einer 40proz. Formaldehydlösung und 70 ccm gewöhnlichen Alkohol in der für die Elektrosynthese des Chloranilins (S. 128) gegebenen Anordnung der kathodischen Einwirkung eines Stromes von 5 Volt, wobei 2 Ampère die Zelle passieren, am besten bei einer Temperatur von 45°—60°, so beginnt ohne sichtbare Wasserstoffentwickelung alsbald die Abscheidung eines roten, flockigen Körpers, welche nach achtstündiger Einwirkung unter vollkommenen Verschwinden des Nitrobenzols beendet ist. Der abfiltrierte, mit Alkohol und Äther ausgewaschene Niederschlag stellt ein rotes, amorphes Pulver dar, das salzsaure Salz des p-Anhydrohydroxylaminbenzylalkoholes und zwar einer polymeren Form.

Elektrolytischer Vorgang: Es wird wieder zunächst das Nitrobenzol zu Phenylhydroxylamin reduziert, welches unter der Einwirkung des Formaldehydes den p-Anhydrohydroxylaminbenzylalkohol in folgender Reaktionsreihe liefert:

$$1.\quad C_6H_5NO_2 \quad + 2H_2 = H_2O + C_6H_5NH\cdot OH$$

$$2.\quad C_6H_5NH\cdot OH + CH_2O = C_6H_4\begin{matrix}\diagup NHOH \\ \diagdown CH_2OH\end{matrix}$$

[1] Löb, Ztschr. f. Elektrochemie IV, S. 430.

$$3.\quad \left(C_6H_4\!\left<\begin{matrix}NH\cdot OH\\ CH_2OH\end{matrix}\right. - H_2O\right)x = \left(C_6H_4\!\left<\begin{matrix}NH\\ CH_2\end{matrix}\right>O\right)x.$$

Versuch 55. Reduktion von Nitrobenzol in Gegenwart von Benzaldehyd.[1] Eine Mischung von 18 g Nitrobenzol mit 20 g Benzaldehyd wird in 40 g Eisessig gelöst und mit 40 g konzentrierter Schwefelsäure versetzt. Die Lösung wird in einen Thoncylinder gebracht, welcher eine kleine Platinkathode aufnimmt. Die Thonzelle befindet sich in einem etwas weiteren Becherglase, welches mit Schwefelsäure (3 Vol. konz. Schwefelsäure, 1 Vol. Wasser) gefüllt ist, und in welches die ebenfalls aus einem Platinbleche bestehende positive Elektrode eintaucht. Zur Vermeidung von Erwärmung wird der ganze Apparat in ein mit Wasser gefülltes Gefäß gestellt. Die Spannung des Stromes beträgt bei 1—2 Ampère Stromstärke 5—6 Volt. Nach ca. eintägiger Einwirkung des Stromes wird der Inhalt der Thonzelle auf Eis gegossen, wobei sich ein farbloser, krystallinischer Niederschlag abscheidet, der zur Entfernung geringer Mengen öliger Produkte auf einem Thonteller abgepreßt und sodann aus Alkohol umkrystallisiert wird. Das Reaktionsprodukt scheidet sich hieraus in derben, schwach gelblich gefärbten Krystallen aus, welche bei 108—109° schmelzen und aus einer durch Reaktion von Benzaldehyd auf Phenylhydroxylamin entstandenen Verbindung $C_6H_5N\overset{O}{\diagup\!\!-\!\!\diagdown}CH\cdot C_6H_5$ bestehen.

Elektrolytischer Vorgang: Dieser Versuch ist deshalb besonders wichtig, weil hierdurch der Beweis geliefert ist, daß thatsächlich das erste Reduktionsprodukt aus Nitrobenzol das Phenylhydroxylamin ist, welches die weiteren Umlagerungen zu Amidophenol oder Chloranilin unter dem Einflusse der Säuren erleidet.

Die Reaktion zwischen Benzaldehyd und Phenylhydroxylamin verläuft bevor die umlagernde Wirkung der Säure in Kraft tritt und führt zu einer direkten Verbindung zwischen beiden; ebenso wie es durch den Zusatz von Formaldehyd gelingt die Reduktionsphase des Hydroxylamins in der Form des p-Anhydrohydroxylaminbenzylalkoholes (S. 129) festzuhalten.

Die Reaktionen verlaufen in folgender Weise:

---

[1] GATTERMANN, Chem. Ber. XXIX, S. 3040.

1. $C_6H_5NO_2 + 2H_2 = C_6H_5NH\cdot OH + H_2O$

2. $C_6H_5N\left\langle\begin{matrix} OH \\ H \end{matrix}\right. + O\,CH\cdot C_6H_5 = C_6H_5N\overset{O}{\diagup\!\!-\!\!-\!\!\diagdown}CH\cdot C_6H_5 + H_2O.$

Diese Reaktion tritt in analoger Weise für o-, m- und p-Nitrotoluol sowie eine Zahl anderer aromatischer Nitroderivate ein.

Versuch 56. Reduktion von p-Nitrobenzaldehyd.[1] 10 g p-Nitrobenzaldehyd werden in 150 g reiner, konzentrierter Schwefelsäure gelöst und in der gewöhnlichen Weise reduziert. Die Spannung des Stromes beträgt ca. 5—6 Volt, die Stromstärke 2—3 Ampère. Nach vierstündiger Einwirkung des Stromes fällt aus der schwefelsauren Lösung auf Zusatz von Wasser ein reingelber Niederschlag aus, welcher wesentlich aus dem Hauptreaktionsprodukt

$$C_6H_4\left\langle\begin{matrix} CH\cdot O \\ N\overset{O}{\diagup\!\!-\!\!-\!\!\diagdown}CH\cdot C_6H_4\cdot NO_2 \end{matrix}\right.$$

besteht. Derselbe wird gut mit Wasser ausgewaschen, alsdann auf Thon abgepreßt und schließlich aus Pyridin umkrystallisiert. Es werden so gelbe Nadeln erhalten, welche bei 224° schmelzen.

Daß in diesem Körper ein Derivat des Phenylhydroxylamins vorliegt, folgt am sichersten aus seinem Verhalten bei der Oxydation, wobei in glatter Weise p-Nitrosobenzaldehyd erhalten wird. Zu diesem Zwecke wird die Substanz unter Einleiten von Wasserdampf mit Wasser erhitzt und allmählich Eisenchlorid zugesetzt. Mit den Wasserdämpfen geht ein hellgrün gefärbtes Öl über, welches in der Vorlage zu einer gelbgefärbten Krystallmasse erstarrt. Diese aus Eisessig umkrystallisiert liefert den p-Nitrosobenzaldehyd in Form gelber Nadeln von Sm. 137°—138°.

Elektrolytischer Vorgang: Während in den Fällen, bei welchen die umlagernde Wirkung der Säure sich sogleich geltend macht, die Bildung eines Hydroxylaminderivates nicht direkt nachgewiesen werden kann, gelingt diese wohl bei der Reduktion von Nitroaldehyden. Dieses Ergebnis erklärt sich in folgender Weise: Wie Bamberger gezeigt hat, kondensiert sich Phenylhydroxylamin mit Benzaldehyd (S. 130) unter Austritt von Wasser sehr leicht zu der Verbindung $C_6H_5N\overset{O}{\diagup\!\!-\!\!-\!\!\diagdown}CH\cdot C_6H_5$; reduziert man nun einen

[1] Gattermann, Chem. Ber. XXIX, S. 3038.

Nitroaldehyd, so bildet sich zunächst intermediär ein Aldehydophenylhydroxylamin $C_6H_4\left\langle{CHO \atop NH\cdot OH}\right.$, welches sich jedoch sofort mit einem Molekül des noch nicht reduzierten Nitroaldehydes zu der Verbindung

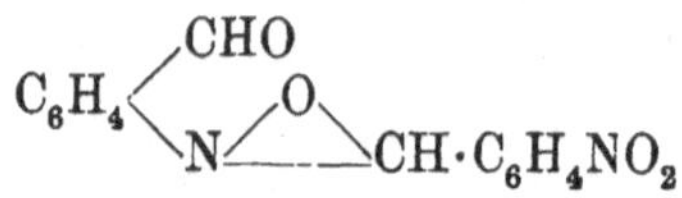

kondensiert. Da diese unter den obwaltenden Versuchsbedingungen nicht verändert wird, so gelingt es leicht, dieses Kondensationsprodukt in guter Ausbeute zu erhalten. In diesem Falle ist nur darauf Acht zu geben, daß die Reaktion nicht noch weiter geht. Das oben formulierte Kondensationsprodukt ist ja seinerseits auch wieder ein Nitroaldehyd; es steht also nichts im Wege, daß die Nitrogruppe desselben wiederum zu Hydroxylamin reduziert wird und daß sich dieses von neuem mit einem zweiten Molekül des primär erhaltenen Körpers, oder vielleicht mit einem Molekül noch nicht reduzierten Nitrobenzaldehydes unter Wasseraustritt kondensiert, ein Vorgang, der sich nun wiederum von neuem wiederholen kann. In der That bilden sich bei zu langer Einwirkung des Stromes derartige höher molekulare Körper.

Die Entstehung des Kondensationsproduktes findet in folgenden Gleichungen ihren Ausdruck:

1. $C_6H_4\left\langle{CHO \atop NO_2}\right. + 2H_2 = H_2O + C_6H_4\left\langle{CHO \atop NH\cdot OH}\right.$

2. 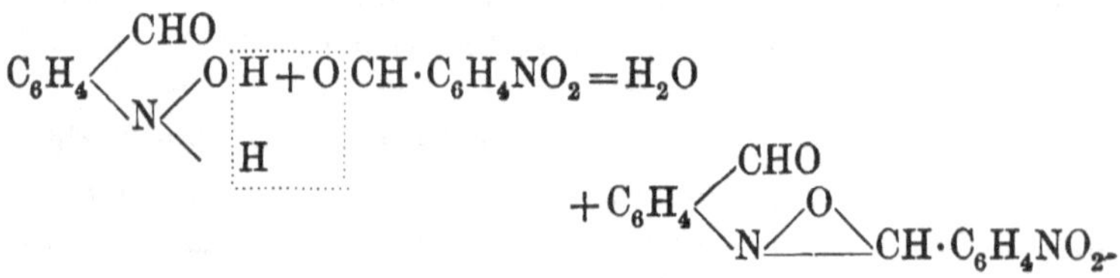

Versuch 57. Oxydation von p-Nitrotoluol.[1] In ein Becherglas kommt ein Cylinder aus Nickeldrahtnetz oder aus Bleiblech als Kathode zu stehen; eine hohe Thonzelle nimmt eine möglichst große Platinanode auf. Schwefelsäure von spezifischem Gewicht 1·6—1·7 dient als Kathodenflüssigkeit, eine Lösung von 15 g

[1] Elbs, Elektrochem. Übungsaufgaben von Öttel.

p-Nitrotoluol in einem Gemisch aus 80 g Eisessig, 15 g konzentrierter Schwefelsäure und 7 g Wasser als Anodenflüssigkeit; der ganze Apparat wird im Wasserbade auf 100° erwärmt. Die Stromdichte an der Anode darf höchstens 1·5 Ampère auf 1 qdm betragen. Doch ist auch unter diesen Umständen die Ausnutzung des Sauerstoffs nur unvollkommen, und man muß mindestens die dreifache Menge Strom zuführen, als der Theorie entspricht.

Die dunkelbraune Anodenflüssigkeit wird mit Dampf destilliert; es geht außer Essigsäure das noch unveränderte p-Nitrotoluol über, sowie etwas p-Nitrobenzylalkohol, dessen Gewinnung sich aber nicht lohnt. Der Kolbeninhalt wird heiß durch ein doppeltes nasses Filter filtriert, das zurückbleibende Harz noch zweimal mit Wasser ausgekocht und diese Lösungen dem ursprünglichen Filtrate beigefügt; beim Erkalten krystallisiert roher p-Nitrobenzylalkohol in langen, gelbbraunen Nadeln aus. Der Mutterlauge wird durch Ausschütteln mit Äther außer p-Nitrobenzylalkohol und etwas p-Nitrobenzylessigester eine geringe Menge einer schwerer löslichen Substanz entzogen, wohl der Äther des p-Nitrobenzylalkoholes. Beim Auskochen des durch Abdestillieren des Äthers erhaltenen Rückstandes mit wenig Alkohol löst sich nur der p-Nitrobenzylalkohol und sein Essigester. Im Mittel erhält man 40% der auf Nitrotoluol berechneten Ausbeute an p-Nitrobenzylalkohol. Die Reinigung des Rohproduktes erfolgt am besten durch Umkrystallisieren aus siedendem Wasser unter Zusatz von etwas Tierkohle.

Elektrolytischer Vorgang: Der elektrolytisch entwickelte Sauerstoff oxydiert p-Nitrotoluol zu p-Nitrobenzylalkohol nach der folgenden Gleichung:

$$NO_2 \cdot C_6H_4 \cdot CH_3 + O = NO_2 \cdot C_6H_4 \cdot CH_2 \cdot OH.$$

Zweites Kapitel.

Die Wanderung der Ionen.

§ 1. Theoretische Einleitung.

Wenn man eine Kupfersulfatlösung zwischen Kupferelektroden mit schwachen Strömen elektrolysiert, so tritt zwar keine Gasentwickelung, wohl aber eine elektromotorische Gegenkraft, eine

Polarisation auf, welche von Konzentrationsänderungen an Kathode und Anode herrühren. Die Ursache der letzteren sind die ungleichen Geschwindigkeiten, mit welchen Kationen und Anionen die Elektrizität durch die Flüssigkeit transportieren; die Wanderungsgeschwindigkeit der Cu-Ionen stimmt nicht mit derjenigen der SO_4-Ionen überein. Es hat sich ergeben, daß jedes Kation und jedes Anion eine ganz bestimmte, ihm eigentümliche Wanderungsgeschwindigkeit besitzt, deren Verhältnis in einer Lösung von den an den Elektroden herrschenden Potentialdifferenzen und innerhalb gewisser Grenzen auch von der Konzentration der Lösung, nicht aber von der Temperatur unabhängig ist.

Hittorf hat in den Jahren 1854—1859 die an den Elektroden auftretenden Konzentrationsänderungen untersucht und die Wanderungen der Ionen in folgender Weise festgestellt.

Die Untersuchung besteht in der analytischen Feststellung der Konzentrationsänderungen an Anode und Kathode. Denkt man sich zwischen den beiden Elektroden einen Querschnitt so durch die Flüssigkeit gelegt, daß in ihm Änderungen der Konzentration nicht eintreten, ein Fall, der experimentell darstellbar ist, so ist vor Durchgang des Stromes die Konzentration der Lösung zu beiden Seiten des Querschnittes die gleiche. Nach beendigtem Versuch findet man aber auf den beiden Seiten Zunahmen oder Abnahmen der entsprechenden Ionen. Diese Zuwüchse oder Abnahmen entsprechen denjenigen Mengen negativer oder positiver Ionen, welche durch den Querschnitt gegangen sind.

Bestimmt man das Verhältnis der durch den Querschnitt gegangenen Anionen zu der Gesamtzahl der aus den zersetzten Molekülen stammenden Ionen, so erhält man eine Größe n, welche Hittorf als Überführungszahl des Anions bezeichnet. Die Überführungszahl des Kations ist mithin $1-n$ und das Verhältnis der Überführungszahlen ist das der Geschwindigkeiten u und v, mit welchen Kationen und Anionen durch die Lösung wandern.

$$\frac{1-n}{n} = \frac{u}{v}.$$

Zur näheren Erläuterung des Ganges der Versuche und der Berechnung folge zunächst die Beschreibung eines Hittorf'schen Versuches.

Es handelt sich um die Elektrolyse von Kupfersulfat zwischen Kupferelektroden. Der Strom hatte im Voltameter 1·008 g Silber ausgeschieden, welche 0·2955 g Kupfer äquivalent sind. Die ursprüngliche Lösung enthielt soviel Kupfersulfat, als 2.8543 g Kupferoxyd entsprechen. Nach beendigtem Versuch fand HITTORF an der Kathode eine Lösung von 2·5897 g Kupferoxyd, auf das gleiche Volum bezogen; die Lösung hatte also an der Kathode 0·2646 g Kupferoxyd oder 0·2112 g Kupfer verloren. Aus dem Werte des Silbervoltameters folgt, daß 0·2955 g Kupfer der Gesamtmenge des zersetzten Kupfersulfates entspricht, daß mithin der Verlust an Kupfersulfat an der Kathode zu der Gesamtmenge des zersetzten Kupfersulfates in dem Verhältnis $\frac{0 \cdot 2112}{0 \cdot 2955} = 0 \cdot 715$ steht, und dieses Verhältnis ist gleich der relativen Geschwindigkeit des Anions SO_4, während die Überführungszahl des Kations $1 - 0 \cdot 715 = 0 \cdot 285$ darstellt.

Man kann die Berechnung auch in folgender Weise führen. Wären die beiden Ionen des Kupfersulfates mit gleicher Geschwindigkeit gewandert, so hätte der Kupferverlust an der Kathode genau 0·2955 g betragen müssen. Die Differenz $0 \cdot 2955 - 0 \cdot 2112$ (der analytisch festgestellte Kupferverlust an der Kathode) $= 0 \cdot 0843$ giebt die infolge der verschiedenen Wanderungsgeschwindigkeit an der Kathode zurückgebliebene Kupfermenge. Das Verhältnis

$$\frac{0 \cdot 0843}{0 \cdot 2955} = 0 \cdot 285$$

giebt mithin $1 - n$ die Überführungszahl des Kations.

Ebenso wie den Kupfergehalt hätte man den Schwefelsäuregehalt an einer der Elektroden bestimmen können.

§ 2. Versuche.

Versuch 58. Überführungszahlen einiger Silbersalze.[1] Der bei den Bestimmungen der folgenden Aufgaben in Verwendung kommende Apparat besitzt im wesentlichen die Form einer GAY-LUSSAC'schen Bürette und ist in umstehender Fig. 68 dargestellt. Um das lästige Herabfallen des an der Kathode sich niederschlagenden Silbers zu vermeiden, ist ein seitliches Ansatzrohr von derselben Weite wie das Hauptrohr angeschmolzen, welches in einer Kugel endigt, die zur Aufnahme der Kathode dient. Eingeführt wird dieselbe durch das engere Rohr *B*; sie besteht aus einem, an einem Silberdraht befestigten und cylindrisch gerollten Silberblech.

[1] M. LÖB und W. NERNST, Ztschr. f. physik. Chemie II, S. 950.

Die Anode, ein an seinem unteren Ende spiralförmig gewickelter Silberdraht, wird durch *A* eingeführt und reicht bis auf den Boden des Gefäßes. Um den Eintritt des Stromes in die Lösung nur am untern Ende zu ermöglichen, ist der gerade Teil des Drahtes mit einer dünnwandigen Glaskapillare überzogen, die unmittelbar über der Silberspirale mit dem Silberdraht zusammengeschmolzen ist. Die Öffnungen *A* und *B* tragen durchbohrte, von kurzen Glasröhrchen durchsetzte Korke. Das Röhrchen bei *A* läßt den Elektrodendraht einfach hindurchgehen, während dasjenige bei *B* einen seitlich eingeschmolzenen Platindraht besitzt, an welchem die Elektrode angehängt wird. Es kann so *A* durch ein über Draht und Röhrchen gezogenes Endchen Gummischlauch mittels Quetschhahn verschlossen, bei *B* mittels eines Gummischlauches gesaugt oder geblasen werden, ohne die Elektroden zu erschüttern.

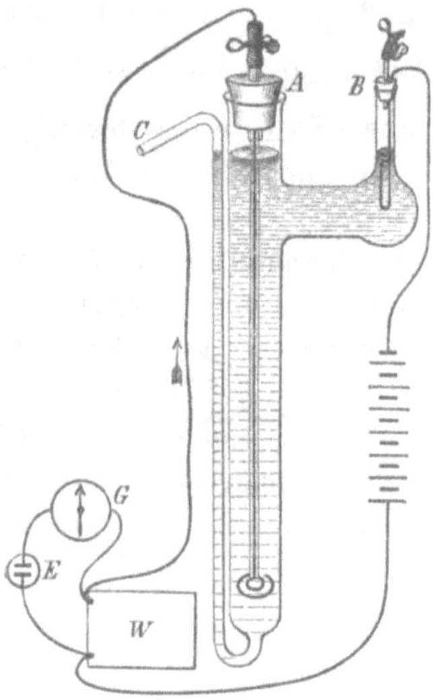

Fig. 68. Überführungs-Apparat.

Bei Ausführung eines Versuches wird nun ein solcher Apparat samt Elektroden und Korken, aber ohne die Gummiverbindungen, gewogen; *A* alsdann in der erwähnten Weise geschlossen und bei *B* gesogen, während die Mündung von *C* unter die Oberfläche der betreffenden Lösung taucht. Der Apparat füllt sich so bis zur Höhe der oberen Wand des Ansatzrohres und enthält, je nach der Größe, 40 oder 60 ccm Lösung. Nunmehr wird das Ausflußrohr ebenfalls durch ein Gummikäppchen verschlossen, der Apparat aufrecht in einen Ostwald'schen Wasserthermostaten gehängt und, nachdem die Temperatur sich ausgeglichen hat, die Stromleitung angelegt. Sofort nach Beendigung der Elektrolyse wird durch Anblasen bei *B* ungefähr die Hälfte der Lösung in ein tariertes Gefäß gefüllt, gewogen und analysiert. Die zurückbleibende Flüssigkeitsmenge wird durch Wägung des ganzen Apparates ermittelt, und gleichfalls analysiert. Man kann diese einfache Form der Teilung wählen, weil M. Löb und W. Nernst ermittelt haben, daß während des Versuches keine Mischung durch Diffusions- oder Konvektionsströme stattgefunden hat, so daß die konzentriertere Lösung an der Anode bleibt, die verdünntere an der Kathode, während die mittleren Schichten ihre Konzentration unverändert behalten. Wenn, wie häufig geschieht, ein Wachsen des niedergeschlagenen Silbers von der Kugel aus das Ansatzrohr entlang stattfindet, so wird der Versuch unterbrochen, ehe das Hauptrohr erreicht ist.

Die Analysen werden mittels Titration durch Rhodanammoniumlösung ausgeführt, deren Gehalt (etwa $^1/_{100}$ normal) durch Vergleich mit einer bekannten Silbernitratlösung ermittelt wird.

In die Überführungszelle geht außer der Menge des übergeführten noch die des gleichzeitig ausgeschiedenen Silbers ein, zu deren Bestimmung man sich eines eingeschalteten Silbervoltameters bedienen kann. Bei sehr geringen Quantitäten ist aber häufig die genügende Genauigkeit nicht zu erreichen, so daß man sich zweckmäßig galvanometrischer Messungen bedient. In den Stromkreis wird zu diesem Zweck ein Stöpselrheostat eingeschaltet, an dessen Enden sich ein Nebenkreis anschließt, welcher ein Galvanometer mit direkter Ablesung und ein Clarkelement enthält. Durch richtige Wahl des aus dem Rheostaten eingeschalteten Widerstandes W, sowie passende Schaltung des Elementes, kann bekanntlich das Galvanometer stets stromlos gehalten werden; dann ist die Intensität im Hauptkreis $i = \frac{E}{W}$, wo E die elektromotorische Kraft des Normalelementes bedeutet. Da während der Dauer der Elektrolyse, gewöhnlich 4—5 Stunden die Stromintensität sich wenig und außerordentlich stetig ändert, so genügt es, eine derartige Strommessung, welche sich in wenigen Sekunden ausführen läßt, alle 10 Minuten vorzunehmen, um das Stromintegral mit weitaus genügender Sicherheit zu berechnen.

Durch besondere Versuche ergab sich, daß, wenn Widerstandskasten und Element eine Temperatur von 18° besaßen, die ausgeschiedene Silbermenge f sich aus der Formel:

$$f = 06 \cdot 20 \frac{x}{w}$$

berechnen läßt; hier bedeutet z die Zeitdauer der Elektrolyse in Minuten und w den berechneten Widerstand, der, wenn während dieser Zeit die gleiche Elektricitätsmenge in konstantem Strome den Apparat durchflossen hätte, eingeschaltet werden müßte, um das Galvanometer stromlos zu machen. Beträgt die Temperatur von Element und Kasten t, so ist obige Zahl mit $1 - \tau\,(t - 18)$ zu multiplizieren, wobei τ sich aus dem Temperaturkoëffizienten des Elementes und des Kastens zusammensetzt. Bei den Versuchen von Löb und Nernst betrug der Temperaturkoëffizient des Elementes $-0{\cdot}0008$, der des Kastens $+0{\cdot}0004$, so daß $\tau = 0{\cdot}0012$, die Formel demnach

$$f = 96{\cdot}29 \cdot \frac{z}{w} \cdot (1 - 0{\cdot}0012(t - 18))$$

wird.

Die Lösungen der Silbersalze werden am besten durch Neutralisation der freien Säuren mit einem Überschuß von reinem, feuchten Silberoxyd bereitet; die neutralen Lösungen durch Asbest filtriert und auf die gewünschte Verdünnung gebracht.

Ausführliche Mitteilung eines Versuches als Beispiel. Derselbe wurde bei einer Temperatur von 26° mit etwa $^1/_{100}$ normaler Silbernitratlösung ausgeführt, welche nach Beendigung in beschriebener Weise geteilt und analysiert wurde. In der folgenden Tabelle findet sich unter I die Gewichtsmenge, unter II die darin gefundene Menge Silber, unter III die Silbermenge, welche darin ohne Elektrolyse enthalten wäre, und sich aus der Angabe berechnet, daß 1 g Lösung 1·139 mg Ag enthielt. Der Versuch ist mit einer Teilung in 4 Schichten angestellt.

	I	II	III	Diff.
Anodenschicht . .	20·09 g	39·66 mg	22·88 mg	+ 16·78
Mittlere Schicht I .	5·27 „	5·96 „	6·00 „	− 0·04
Mittlere Schicht II .	5·33 „	6·04 „	6·07 „	− 0·03
Kathodenschicht .	27·12 „	14·14 „	30·89 „	− 16·75
	57·81 g	65·80 mg		− 16·82

Wie man sieht, ist der Gehalt der beiden mittleren Schichten innerhalb der Analysenfehler unverändert geblieben. Die Gesamtsilbermenge hat sich natürlich nicht verändert und berechnet sich aus 65·80 mg Ag in 57·81 g Lösung zu 1·138 pro mg Ag pro 1 g Lösung, während der direkte Versuch, wie angegeben 1·139 ergab.

Aus der Strommessung in der angegebenen Weise berechnet sich die Silbermenge, welche der durch den Apparat geflossenen Elektricitätsmenge äquivalent ist, zu 32·10 mg.

Die Überführungszahl ist nun folgendermaßen zu berechnen.

In die Lösung um die Anode sind 32·1 mg Ag ein-, aus der um die Kathode ebensoviel ausgetreten. Vor der Elektrolyse führten $(1 - 0{\cdot}001139\,\nu)$ g Wasser laut der obigen Angabe 1·139 g Ag, wo ν das Verhältnis des Molekulargewichtes des Silbernitrates zu dem Atomgewicht des Silbers $\frac{170}{108} = 1{\cdot}57$ bedeutet.

Nach der Elektrolyse waren an der Anode $(20{\cdot}09 - 0{\cdot}03966\,\nu)$g Wasser mit 39·66 mg Ag, an der Kathode $(27{\cdot}12 - 0{\cdot}01414\,\nu)$ g Wasser mit 14·14 mg Ag verbunden. Die Lösung an der Anode ist somit um

$$39{\cdot}66 - \frac{(20{\cdot}09 - 0{\cdot}03966\,\nu)}{1 - 0{\cdot}001139\,\nu} \cdot 1{\cdot}139$$
$$= (39{\cdot}66 - 20{\cdot}09 \cdot 1{\cdot}139)(1 + 0{\cdot}001139\,\nu) \text{ mg}$$

Silber reicher, diejenige um die Kathode um

$$\frac{(27{\cdot}12 - 0{\cdot}01414\,\nu)}{1 - 0{\cdot}001139\,\nu} \cdot 1{\cdot}139 - 16{\cdot}82$$
$$= (27{\cdot}12 \cdot 1{\cdot}139 - 16{\cdot}82)(1 + 001139\,\nu)\text{mg}$$

Silber ärmer geworden; indem das kleine Defizit der mittleren Schichten zu dem Mindergehalte von Nr. 4 hinzugefügt ist. Nach Ausrechnung der obigen Werte erhält man die Überführungszahl bezogen auf das Anion NO_3

$$\frac{16{\cdot}78}{32{\cdot}10}\,1{\cdot}0017 \text{ resp. } \frac{16{\cdot}82}{32{\cdot}10} \cdot 1{\cdot}0017 \text{ im Mittel } 0{\cdot}524$$

und hieraus für das Kation Ag

$$1 - n = 1 - 0{\cdot}524 = 0{\cdot}476.$$

Als Versuchsaufgaben sind die Überführungszahlen des Silbernitrates in konzentrierteren und verdünnteren Lösungen festzustellen. Man beginne mit einer ca. 20prozent. Lösung und gehe bis zu der im Beispiel erwähnten Verdünnung in die Höhe.

Man wird finden, daß bereits bei mäßiger Konzentration (ein Grammmolekül $AgNO_3$ in 2·47 l) Konstanz der Überführungszahl eintritt.

Bei Wiederholung der Versuche unter Verwendung von Kupfersulfat[1] und Kupferelektroden tritt erst bei etwas höherer Verdünnung (ein Grammmolekül $CuSO_4$ in 0·35 l) Konstanz ein.

Ähnlich diesen Ergebnissen sind die an anderen Elektrolyten

[1] S. w. u. die Versuche von Hittorf.

erhaltenen: Die Überführungszahlen sind bei größeren Konzentrationen veränderlich, um bei geringeren konstant und unabhängig von der Verdünnung zu werden.

Der Einfluß der Temperatur auf das Verhältnis der Überführungszahlen läßt sich in der Regel aussprechen, daß mit steigender Temperatur alle Überführungsverhältnisse dem Werte 0·5 zustreben. Jedoch sind die Änderungen bei Temperaturwechsel so unerheblich, daß eine sorgfältige Berücksichtigung desselben nicht notwendig ist.[1]

Tabelle von Überführungszahlen.

In der Tabelle sind unter v die Verdünnungen in Litern auf ein Grammmolekül, unter n die Überführungszahlen des Kations verzeichnet.

	v	n
HCl	0·10	0·681
	1·42	0·832
	11·7	0·782
	77·6	0·790
HBr	0·7	0·822
HJ	0·61	0·799
	15	0·742
H_2SO_4	0·055	0·600
	0·53	0·826
	15·8	0·794
HNO_3	0·7	0·852
	1·3	0·858
KOH	1·75	0·255
	9·7	0·258
KCl	0·36	0·484
	18·9	0·485
	33·5	0·497
	73	0·491
	u. s. w.	u. s. w.

Versuch 59. Einfluss der Konzentration auf die Überführung.[2] Die im folgenden beschriebenen Versuche können in dem bereits beschriebenen Nernst-Löb'schen Apparat zur Ausführung gebracht

[1] Ostwald, Allgemeine Chemie. II, S. 606.

[2] Hittorf, Pogg. Ann. **89**, 1853, S. 193.

werden. Bei seinen grundlegenden Versuchen benutzte HITTORF die folgende Anordnung.

Ein Glascylinder, Fig.69, welcher die Lösung des Elektrolyten aufnimmt, besteht aus zwei Teilen, einem grösseren *a* und einem kleineren *b*. Ersterer ist in ein Gefäss *c* eingekittet, das am besten aus Porzellan gewählt wird, und enthält die Anode *d*. Diese hat die Form einer runden durchlöcherten Platte und ist aus demselben Metalle angefertigt, dessen Salz der Elektrolyse unterliegt. Der Stift, der in ihrer Mitte befestigt, geht durch einen kleinen Kork in die Glasplatte, welche den Boden des Cylinders bildet und durch einen Schraubendeckel gehalten wird, hindurch und gestattet die Verbindung mit der galvanischen Kette. Man lässt die Anode nicht auf dem Boden aufliegen, sondern stellt sie etwas höher, damit die konzentriertere Lösung, die sich auf ihrer Oberfläche während der Elektrolyse bildet, durch die Löcher nach unten abfliessen kann.

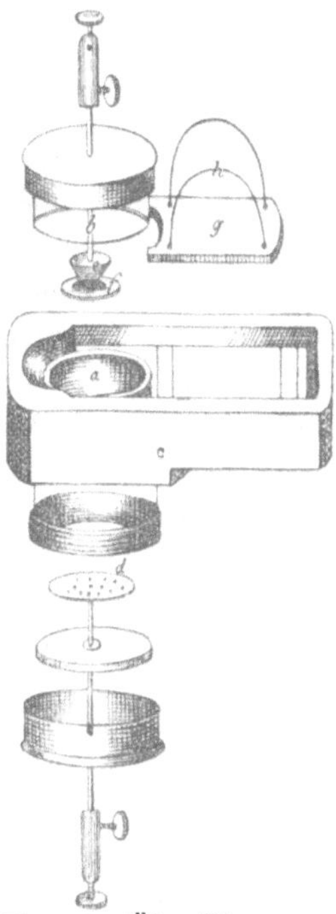

Fig. 69. Überführungsapparat.

Der kleinere Teil des Cylinders *b* ist oben durch eine ähnliche durchbohrte und verkorkte Glasplatte geschlossen und enthält die Kathode *e*, die ebenfalls an einem Stift befestigt ist, der nach außen hervorragt. Als Kathode dient ein Metallkegel, der mit seiner Spitze auf die Mitte einer horizontalen, runden Glasplatte *f* aufgekittet ist. Die Glasplatte *f* ist viel kleiner, als der Querschnitt des Cylinders und annähernd so gewählt, daß die Punkte ihres Randes gleich weit von der Basis, wie von der Spitze des Kegels abstehen. Dadurch kommen die Punkte der Kegeloberfläche ziemlich in dieselbe Entfernung von der Anode, und das ausgeschiedene Metall lagert sich auf alle annähernd gleich stark ab. Die Basis des Kegels stößt dicht gegen die Deckplatte. Die Höhe desselben ist so gewählt, daß die angekittete Glasplatte *f* ungefähr in die Mitte der Höhe des Cylinders fällt. Der Kegel nebst dem Stifte besteht am besten aus Platin oder Gold oder auch aus Silber.

Soll ein Versuch angestellt werden, so wird zuerst der untere eingekittete Teil des Cylinders samt dem Gefäße *c* mit der Lösung des Elektrolyten gefüllt. Dasselbe geschieht mit dem oberen Teile, in welchem die Kathode sich befindet, wobei dafür zu sorgen ist, daß keine Luftbläschen im Innern bleiben. Durch eine Glasplatte *g*, welche auf dem offenen Rande dieses Cylinders abgeschliffen ist, kann ein bestimmtes Volumen Flüssigkeit abgeschnitten werden. Ist dieses geschehen, so wird der Cylinder umgekehrt und mit der Glasplatte in das Gefäß *c* neben den Cylinder *a* gesetzt. Um es bequem zu bewerkstelligen, geht ein Silberdraht *h* durch vier Löcher der Platte, die an den Ecken angebracht sind und bildet dadurch zwei Handhaben. Das Gefäß *c* hat gerade eine Größe, welche dem Cylinder *a* und der Glasplatte *g* auf dem Boden nebeneinander Platz gestattet. Der Cylinder *a* ist ferner so eingekittet, daß der obere Rand desselben um die Dicke der Glasplatte über den Boden hervorragt, daß er also mit der oberen Seite derselben in die nämliche Ebene zu liegen kommt. Der kleinere gefüllte Cylinder läßt sich daher leicht von der Platte über den unteren Cylinder schieben und bildet alsdann damit ein Ganzes. Sein Inhalt wird in dieser Stellung vom Luftdruck getragen.

Die Lösung, welche der Cylinder einschließt, erfährt während der Elektrolyse nur an den Elektroden eine Veränderung. Die Flüssigkeit um die Anode wird konzentrierter und bleibt daher in dem unteren Teile, die Flüssigkeit um die Kathode wird verdünnter und sammelt sich an der Decke an. Hat der Strom eine hinreichende Menge zerlegt, so schiebt man den oberen Cylinder wieder auf die Glasplatte zurück und hebt ihn damit heraus. Er wird von außen von der anhängenden Flüssigkeit gereinigt, und der Inhalt sorgfältig in ein anderes Gefäß zur Analyse entleert. Wird nun der obere Cylinder mit der unveränderten Lösung gefüllt und diese Quantität ebenfalls analysiert, so erhält man neben der Menge des ausgeschiedenen Metalles die Data, aus denen sich die Überführung bestimmt.

Die Kathode ragt absichtlich nur bis zur Mitte des oberen Cylinders, damit die Flüssigkeit an der Öffnung unverändert bleibt, und die Mischung, welche beim Zurückschieben auf die Glasplatte an dieser Stelle mit der Flüssigkeit des Gefäßes *c* eintritt, keinen Nachteil bewirkt. Damit diese Flüssigkeit während der Elektrolyse sich nicht durch Verdunstung konzentriere, ist die Vorrichtung in eine große mattgeschliffene Glasplatte *i* eingelassen und wird während des Versuches durch eine Glasglocke bedeckt. Die Fig. 70 stellt einen Durchschnitt des vollständig zusammengestellten Apparates dar. Die Dimensionen des HITTORF'schen Apparates waren folgende: Der innere Durchmesser des Cylinders maß 54 mm, die innere Höhe des unteren Teiles 70 mm, die innere Höhe des oberen 25 mm. Die Wandstärke des Glases betrug 4·5 mm.

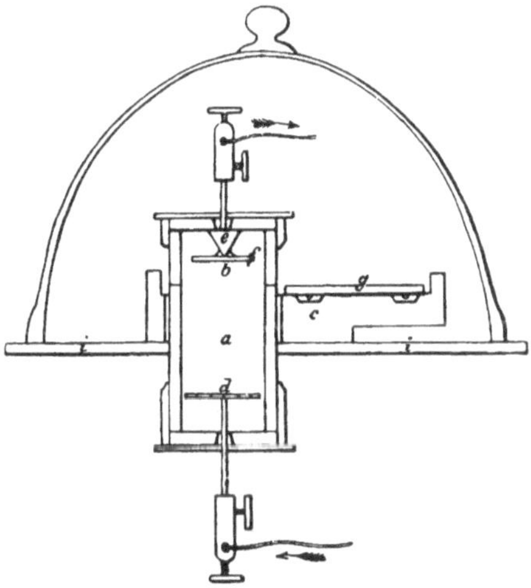

Fig. 70. Überführungsapparat.

Neben den Apparat wird ein Silbervoltameter in den Strom eingeschaltet, um die Gesamtmenge der verbrauchten Elektricität zu bestimmen.

Um den Einfluß der Konzentration auf die Überführung festzustellen, unterwarf HITTORF sechs Lösungen sehr verschiedener Konzentration in der beschriebenen Anordnung der Elektrolyse. Die von ihm verwandten GROVE'schen Elemente können natürlich durch jede andere geeignete Stromquelle ersetzt werden.

L ö s u n g I. Eine konzentrierte Lösung von Kupfersulfat wurde nur so weit verdünnt, daß eine Ausscheidung des Salzes an der Anode nicht zu befürchten war.

Sie hatte alsdann bei der Temperatur 4·5° C. das spez. Gew. 1·1521 und enthielt auf ein Teil $CuSO_4$ 6·35 Teile Wasser, oder auf ein Teil $CuSO_4 + 5H_2O$ 3·69 Teile Wasser.

Der Strom eines GROVE'schen Bechers reduzierte bei der Temperatur 5·5° C. in 4 Stunden 1·0783 g Ag. Dies entspricht 0·3161 g Cu.

Um den Silberkegel fanden sich 0·3168 g Cu. Der Überschuß von 0·0007 rührt ohne Zweifel von einer Oxydation des Kupfers her; wir legen bei der Berechnung stets die Zahl zu Grunde, welche aus den Angaben des Silbervoltameters abgeleitet ist.

Die Lösung um die Kathode enthielt:

vor der Elektrolyse: 4·2591 g CuO
nach der Elektrolyse: 3·9725 g CuO
Sie verlor: 0·2866 g CuO oder 0·2288 g Cu.

Das CuO war auf gewöhnliche Weise aus der kochenden Lösung durch Kali gefällt worden.

Es beträgt also die Menge des übergeführten Kupfers:

$$\begin{array}{r} 0{\cdot}3161 \\ -\ 0{\cdot}2288 \\ \hline 0{\cdot}0873 \end{array} \text{ oder } \frac{873}{3161} = 27{\cdot}6\,\% \text{ des Äquivalents.}$$

Lösung II. Die Lösung war durch Verdünnung einer konzentrierten auf ungefähr das doppelte Volumen hergestellt. Sie besaß bei der Temperatur 4·9° das spezifische Gewicht 1·1036 und enthielt auf einen Teil $CuSO_4$ 9·56 Teile Wasser, oder auf einen Teil $CuSO_4 + 5H_2O$ 5·75 Teile Wasser.

Die Elektrolyse wurde bei einer Temperatur 4·70° C vorgenommen und durch einen GROVE'schen Becher bewirkt.

Der Strom dauerte 4 Stunden und reduzierte im Voltameter 1·008 g Ag, daher in der Minute 0·0042 g Ag.

Diese Silbermenge ist äquivalent 0·2955 g Cu.
Um den Silberkegel fanden sich aber 0·2975 g Cu.

Die Lösung um die Kathode enthielt:

vor der Elektrolyse: 2·8543 g CuO
nach der Elektrolyse: 2·5897 g CuO
Sie verlor: 0·2646 g CuO oder 0·2112 g Cu.

Die Menge des übergeführten Kupfers beträgt demnach:

$$\begin{array}{r} 0{\cdot}2955 \\ -\ 0{\cdot}2112 \\ \hline 0{\cdot}0843 \text{ g} \end{array} \text{ oder } \frac{843}{2955} = 28{\cdot}5\,\% \text{ des Äquivalents.}$$

Lösung III. Spezifisches Gewicht bei der Temperatur 3·6° C = 1·0553.

Sie enthält auf einen Teil $CuSO_4$ 18·08 Teile Wasser, oder auf einen Teil $CuSO_4 + 5H_2O$ 11·19 Teile Wasser.

Der Strom eines GROVE'schen Bechers reduzierte bei der Temperatur 5·5° in 5 Stunden 45 Minuten 0·8601 g Ag. Dies entspricht 0·2521 g Cu.

Um den Silberkegel fanden sich 0·2520 g Cu.

Die Lösung um die Kathode enthielt:

vor der Elektrolyse: 1·5026 g CuO
nach der Elektrolyse: 1·2895 g CuO
Sie verlor: 0·2131 g CuO oder 0·1701 g Cu.

Es beträgt sonach die Menge des übergeführten Kupfers:

$$\begin{array}{r} 0{\cdot}2521 \\ -0{\cdot}1701 \\ \hline 0{\cdot}0820 \text{ g} \end{array} \text{ oder } \frac{820}{2521} = 32{\cdot}5\,\%.$$

Lösung IV. Spez. Gew. bei der Temperatur 3°C = 1·0254. Sie enthielt auf ein Teil $CuSO_4$ 39·67 Teile Wasser, oder auf ein Teil $CuSO_4 + 5H_2O$ 24·99 Teile Wasser.

Der Strom zweier GROVE'scher Becher reduzierte bei der Temperatur 4·5° C. in 5 Stunden 0·6969 g Ag. Dies ist äquivalent 0·2043 g Cu.

Das Kupfer, welches den Silberkegel bedeckte, konnte nicht mehr gewogen werden, da in dieser verdünnten Lösung der größere Teil schwammig niedergeschlagen war.

Die Lösung um die Kathode enthielt:

vor der Elektrolyse: 0·6765 g CuO
nach der Elektrolyse: 0·5118 g CuO
Sie verlor: 0·1647 g CuO oder 0·1315 g Cu.

Daher beträgt die Überführung des Kupfers:

$$\begin{array}{r} 0{\cdot}2043 \\ -0{\cdot}1315 \\ \hline 0{\cdot}0728 \text{ g} \end{array} \text{ oder } \frac{728}{2043} = 35{\cdot}6\,\%.$$

Lösung V. Spez. Gew. bei der Temperatur 4·8° C. = 1·0135. Sie enthielt auf ein Teil $CuSO_4$ 76·88 Teile Wasser oder auf einen Teil $CuSO_4 + 5H_2O$ 48·75 Teile Wasser.

Der Strom eines GROVE'schen Bechers reduzierte bei der Temperatur 4·3° C. = 0·3592 g Ag. Dies entspricht 0·1053 g Cu.

Das Cu um den Silberkegel war schwammig.

Die Lösung um die Kathode enthielt:

vor der Elektrolyse: 0·3617 g CuO
nach der Elektrolyse: 0·2758 g CuO
Sie verlor: 0·0859 g CuO oder 0·0686 g Cu.

Daher beträgt die Überführung des Kupfers:

$$\begin{array}{r} 0{\cdot}1053 \\ -0{\cdot}0686 \\ \hline 0{\cdot}0367 \text{ g} \end{array} \text{ oder } \frac{367}{1053} = 34{\cdot}9\,\%.$$

Lösung VI. Spezifisches Gewicht bei der Temperatur 4·4° C. = 1·0071.

Sie enthielt auf ein Teil $CuSO_4$ 148·3 Teile Wasser, oder auf einen Teil $CuSO_4 + 5H_2O$ 94·5 Teile Wasser.

Der Strom eines Grove'schen Bechers reduzierte bei der Temperatur 4·4° C in 16 Stunden 25 Minuten 0·3859 g Ag. Dies entspricht 0·1131 g Cu.

Das Kupfer um den Silberkegel war schwammig.

Die Lösung um die Kathode enthielt:

vor der Elektrolyse: 0·1867 g CuO
nach der Elektrolyse: 0·0964 g CuO
Sie verlor: 0·0903 g CuO oder 0·0721 g Cu.

Die Überführung des Kupfers beträgt:

$$\begin{array}{r} 0{\cdot}1131 \\ -\ 0{\cdot}0721 \\ \hline 0{\cdot}0410 \text{ g} \end{array} \text{ oder } \frac{410}{1131} = 36{\cdot}2\,\%.$$

Der Übersicht wegen stellen wir die einzelnen Resultate zusammen:

Nr.	Spez. Gew.	Gehalt der Lösung	Überführung des Kupfers	
I.	1·1521	1 Teil $CuSO_4$ auf 6·35 T·H_2O	27·6 %	
II.	1·1036	„ „ „ 9·56 „	28·5 %	
III.	1·0553	„ „ „ 18·08 „	32·5 %	
IV.	1·0254	„ „ „ 39·67 „	35·5 %	35·6 % als Mittel
V.	1·0135	„ „ „ 76·88 „	34·9 %	
VI.	1·0071	„ „ „ 148·3 „	36·2 %	

Der Einfluß der Wassermenge auf die Größe der Überführung tritt deutlich aus der Versuchsreihe hervor. In dem Maße, als die Verdünnung zunimmt, wächst die Überführung des Kations Cu und nimmt die des Anions SO_4 ab. Bei der Lösung IV scheint die Grenze des Einflusses erreicht zu sein. Von da wird die Zahl annähernd konstant.

Daß die Temperatur ohne wesentlichen Einfluß auf den Wert der Überführungszahlen ist, wurde bereits zu Beginn des Kapitels betont.

Drittes Kapitel.

Die Leitfähigkeit der Elektrolyte.

§ 1. Theoretisches.

Als Einheit wird das Leitvermögen eines Körpers angenommen, von dem eine Säule von 1 cm Länge und 1 cm^2 Querschnitt den Widerstand 1 Ohm besitzt.

Das Ohm wird praktisch als der Widerstand eines Quecksilberfadens von 106·3 cm Länge und 1 qmm Querschnitt bei 0^0 definiert.

Die definierte Einheit ist zuerst von KOHLRAUSCH und HOLBORN[1] als alleiniges Maß für das Leitvermögen der Elektrolyte einheitlich durchgeführt worden. Um mit den früheren auf Quecksilber als Einheit bezogenen Angaben nicht in Verwirrung zu kommen, mußten die genannten Forscher für die in den neuen Einheiten ausgedrückten Größenarten neue Bezeichnungen wählen und ihr Verhältnis zu den alten Bezeichnungen klarstellen. Es soll diesem Vorgange in diesem Kapitel in der Art gefolgt werden, daß nur die neuen Bezeichnungen zur Anwendung kommen, nachdem ihre Beziehung auf die früher üblichen auseinandergesetzt ist.

Bezeichnung und Bedeutung der Größenarten.

1. Da das Leitvermögen den reziproken Wert des Widerstandes darstellt, so gilt als Einheit der Leitfähigkeit die Größe $\frac{1}{\text{cm} \cdot \text{Ohm}}$. Es sei stets $\varkappa$ elektrisches Leitvermögen in 1/(cm·Ohm).

2. η, Äquivalent-Konzentration einer Lösung, d. h. die Konzentration, gemessen nach Gramm-Äquivalenten des gelösten Körpers im Kubikcentimeter der Lösung:

$$\varphi = \frac{1}{\eta}, \text{ Verdünnung in } \frac{\text{ccm}}{\text{Gr.-Äqu.}}.$$

3. $\Lambda = \frac{\varkappa}{\eta}$, Äquivalent-Leitvermögen.

[1] KOHLRAUSCH u. HOLBORN, Leitvermögen der Elektrolyte. Leipzig 1898.

4. l_K, l_A, elektrolytische Beweglichkeiten des Kations und Anions. Es ist $l_K + l_A = \Lambda$ und $\frac{l_A}{\Lambda}$ oder $\frac{l_A}{l_K + l_A} = \mathfrak{n}$ das Wanderungsverhältnis des Anions.

[u, v im vorigen Kapitel dieselben Größen, wenn man $u + v = \lambda$ setzt.]

5. C, Widerstandskapazität eines Gefäßes in cm^{-1}.

6. $\mathfrak{c}$, Temperaturkoëffizient des Leitvermögens.

7. s, spezifisches Gewicht der Flüssigkeit, auf Wasser von 4⁰ bezogen.

8. P, Gewichts-Prozentgehalt.

Es ist $\eta = \frac{1}{100} \cdot \frac{P \cdot s}{A}$, wenn A das Äquivalentgewicht des gelösten Körpers ist.

Beziehung der neuen Bezeichnungen zu den früher üblichen Einheiten.

1. Elektrisches Leitvermögen k bezogen auf Quecksilber von 0^0. Da 1 Ohm eine Quecksilbersäule von 106·3 cm Länge zur Definition benutzt, so ist

$$\varkappa = 10630\, k$$

2. Gramm-Äquivalent im Liter m oder c wird bei Reduktion auf 1 cm^2 (η)

$$m\,(c) = 1000\, \eta.$$

3. Äquivalent-Leitvermögen

$$\lambda = \frac{k}{m}, \quad 10^7 \lambda = \mu, \quad \Lambda = \frac{\varkappa}{\eta} = 10^7 \lambda \cdot 1{\cdot}063 = \mu \cdot 1{\cdot}063.$$

4. Elektrolytische Beweglichkeiten u und v

$$\lambda = u + v, \qquad \Lambda = l_K + l_A,$$

also

$$l_K = 10^7 \cdot u \cdot 1{\cdot}063, \quad l_A = 10^7 \cdot v \cdot 1{\cdot}063.$$

Der Beschreibung der Methoden und Versuche mögen zunächst einige theoretische Betrachtungen über das Leitvermögen vorangehen an der Hand beweisender Versuche, welche jedoch kaum geeignet sind, als Aufgaben zur Erlernung der Methode selbst angesehen zu werden.

Da die Erscheinungen der Leitfähigkeit bei Elektrolyten besonders durchsichtig bei den verdünnten wässerigen Lösungen sich gestalten, so möge zunächst eine Besprechung der hier ermittelten Gesetzmäßigkeiten folgen.[1]

In verdünnten Lösungen wird das elektrische Leitvermögen nur von den wandernden Bestandteilen, nicht aber von deren Verbindungen mit einander abhängen.

Je mehr nämlich die Anzahl der Wasserteilchen diejenige des Elektrolyts überwiegt, desto mehr wird wesentlich nun die molekulare Reibung der Ionen an den Wasserteilchen, nicht aber ihre Reibung aneinander in Betracht kommen. Dann aber wird es, um ein Beispiel zu wählen, für das Chloratom gleichgültig sein, ob dasselbe aus KCl, NaCl, HCl u. s. w. elektrolysiert wird. Es ist ja in allen Fällen dasselbe Chlor, nach FARADAY verbunden mit derselben mitgeführten Elektricitätsmenge, welches von der elektrischen Scheidungskraft durch das Wasser getrieben wird.

Hiernach muß also jedem elektrochemischen Elemente in verdünnter wässeriger Lösung ein ganz bestimmter Widerstand zukommen, gleichgültig aus welchem Elektrolyten dieser Bestandteil abgeschieden wird. Aus diesen Widerständen, welche für jedes Element ein für allemal bestimmbar sein müssen, wird sich das Leitvermögen jeder verdünnten Lösung berechnen lassen.

Stellen wir uns nun von einem Elektrolyt eine verdünnte Lösung von cylindrischer Gestalt vor, welche die Einheit des Querschnittes und der Länge besitzt. In dieser Volumeinheit sollen η elektrochemische Moleküle des Elektrolyten gelöst sein. Nach der Richtung der Cylinderaxe wirke die elektromotorische Kraft eins. Durch diese Kraft mögen die Ionen fortgeschoben werden: das Kation mit der Geschwindigkeit L_K, das Anion mit der Geschwindigkeit L_A in entgegengesetzter Richtung.

Es sei endlich ε die Menge positiver oder negativer Elektricität, deren absoluter Wert, nach dem FARADAY'schen Gesetze für alle Elektrolyte identisch, mit jedem Teilmoleküle sich fortschiebt.

Der Strom, welchen die elektromotorische Kraft 1 in dem Cylinder von der Länge und dem Querschnitt 1 erzeugt, heißt das Leitvermögen des betreffenden Stoffes und wird mit $\varkappa$ bezeichnet. Andererseits ist dieser Strom nach obigem gleich $\varepsilon(L_K + L_A)$ oder, wenn $\varepsilon L_K = l_K$, $\varepsilon L_A = l_K$ gesetzt wird:

$$\varkappa = (l_K + l_A).$$

[1] Wied. Ann. 6, S. 167. 1879.

Den Faktor, mit welchem die Molekülzahl zu multiplizieren ist, um das Leitvermögen einer verdünnten Lösung zu erhalten, bezeichneten wir als das Äquivalent-Leitvermögen des gelösten Körpers.

Bezeichnen wir dieselbe mit Λ, so ist also:

$$\Lambda = l_K + l_A = \frac{\varkappa}{\eta} = \varkappa \cdot \varphi.$$

Die Teile l_K und l_A, in welche Λ zerlegt ist, welche einzeln den beiden Ionen angehören, können wir kurz die „Beweglichkeit“ oder auch geradezu das äquivalente „Leitungsvermögen“ des Ions in wässeriger Lösung nennen.

Nach diesen Ausführungen von KOHLRAUSCH können wir das Gesetz folgendermaßen formulieren:

Die äquivalente Leitfähigkeit eines Elektrolyten in verdünnter, wässeriger Lösung ist die Summe zweier Konstanten, welche von der Beschaffenheit seiner beiden Ionen bestimmt werden. Es ist mit anderen Worten (OSTWALD) die äquivalente Leitfähigkeit eine additive Eigenschaft in Bezug auf die Ionen des Elektrolyten.

§ 2. Das KOHLRAUSCH'sche Gesetz.

Zur Prüfung des Gesetzes

$$\Lambda = l_K + l_A,$$

nach welchen die äquivalente Leitfähigkeit numerisch gleich der Summe der elektrolytischen Leitfähigkeiten seiner beiden Ionen für binäre Elektrolyten, die nur in Betracht kommen mögen, sich erweisen soll, dient die Leitfähigkeitsbestimmung äußerst verdünnter Lösungen, wie solche von KOHLRAUSCH[1] in größtem Umfange ausgeführt ist. Mit welcher Sorgfalt nach vorhergegangener Reinigung des Wassers diese Versuche ausgeführt werden müssen, geht aus den von KOHLRAUSCH gegebenen Vorschriften hervor, deren Innehaltung zur Erreichung brauchbarer Werte unerläßliche Bedingung ist.

Nachdem man sich von der vollkommenen Reinheit der zu untersuchenden Substanzen überzeugt hat, werden zunächst Normallösungen derselben hergestellt. Der Molekulargehalt $m = 1000\,\eta$ bedeute die in 1 l der Lösung enthaltene Menge in Grammen

[1] KOHLRAUSCH, Wied. Ann. **26**, 1885, S. 167.

geteilt durch das Äquivalentgewicht A des Körpers; $m = 1$ stellt demnach die sogenannte Normallösung dar.

Die Verdünnungen werden nun in folgender Weise erhalten: Mittels sorgfältig geaichter Glaskolben von 50 und 500, bezw. 100 und 1000 ccm werden aus den Normallösungen $m = 1$ solche von $m = 0 \cdot 1$ und $0 \cdot 01$ hergestellt. Unterhalb $0 \cdot 01$ benutzte dann KOHLRAUSCH folgendes einfache Verfahren.

Es waren zwei Pipetten von $^1/_2$ und 2 ccm (genauer 0·5022 und 2·009 ccm) Inhalt auf Ausfluß geaicht. Das Becherglas, in welchem dann gleich der Widerstand gemessen wurde, war zunächst mit 488·1 ccm Wasser versehen. Hierzu kamen nun folgeweise und mit jedesmaliger Widerstandsbestimmung zuerst $^1/_2$, $^1/_2$, 2, 2 ccm der Lösung $m = 0 \cdot 01$; dann $^1/_2$, 2, 2 ccm von $m = 0 \cdot 1$ und ebenso von $m = 1$. Hierdurch entstehen, wie man nachrechnen kann, die zehn Gehalte $m =$

0·0000 –, 1028, 2053, 6135; 0·000 –, 1018, 2035, 6079; 0·00 –, 1009, 2016, 6025 und 0·01000.

Zu jeder Potenz von 10 gehören, wie man sieht, ungefähr die Zahlen 1, 2 und 6, desto genauer, je näher dem Schluß, welcher genau 0·01 ergiebt, also eine Prüfung an der Originallösung $m = 0 \cdot 01$ zuläßt.

Das sehr gründliche Umrühren geschah mit einem Glasstabe, der in einem Bade aufbewahrt wurde, dessen Beschaffenheit nicht viel von der jeweilig untersuchten Flüssigkeit abwich.

Da KOHLRAUSCH außer den beschriebenen Lösungen noch solche von $m = 0 \cdot 03$, $0 \cdot 05$ und $0 \cdot 5$ untersuchte, so wurden von jedem Körper im ganzen 15 Lösungen beobachtet, die nahe bei $m =$

0·00001	0·0001	0·001	0·01	0·1
0·00002	0·0002	0·002	0·03	0·5
0·00006	0·0006	0·006	0·05	1

liegen. Durch Interpolation wurden die Werte der thatsächlichen Verdünnungen genau auf diese Gehalte reduziert.

Versuche zur Bestätigung des KOHLRAUSCH'schen Gesetzes von der unabhängigen Wanderung der Ionen.

Um die Gültigkeit des KOHLRAUSCH'schen Gesetzes

$$\Lambda = l_K + l_A$$

darzuthun, dienen Leitfähigkeitsbestimmungen im Verein mit Bestimmungen von Wanderungsgeschwindigkeiten.

Die HITTORF'sche Überführungszahl $\mathfrak{n}$ des Anions bedeutet die durch den Querschnitt gewanderte Anzahl der Äquivalente des Anions im Verhältnis zu der gleichzeitig zersetzten Anzahl der Moleküle der Elektrolyten. Mit anderen Worten bedeutet $\mathfrak{n}$ das Verhältnis der Geschwindigkeit des Anions zu der Summe der beiden Geschwindigkeiten des Anions und des Kations.

Bezeichnet man wieder mit l_K die Beweglichkeit des Kations, mit l_A diejenige des Anions, so ist also:

$$\mathfrak{n} = \frac{l_A}{l_K + l_A}, \quad 1 - \mathfrak{n} = \frac{l_K}{l_A + l_K}, \quad \frac{1 - \mathfrak{n}}{\mathfrak{n}} = \frac{l_K}{l_A}.$$

Aus der ersten dieser Gleichungen und der KOHLRAUSCH'schen Formel

$$\Lambda = l_K + l_A$$

folgt nun ohne weiteres, daß

$$l_K = (1 - \mathfrak{n}) \cdot \Lambda, \quad l_A = \mathfrak{n} \cdot \Lambda$$

ist.

Man hat also Überführungszahl und Leitfähigkeit zu bestimmen und zwar stets bei ein und derselben Lösung beide Werte zu ermitteln, weil auch die Überführungszahlen von der Konzentration stark beeinflußt werden. Die Lösungen müssen natürlich, um das Gesetz klar hervortreten zu lassen, genügend verdünnt sein. Die Resultate müssen dann derart sein, daß in sehr verdünnten, d. h. praktisch vollständig dissoziierten Lösungen die Wanderungsgeschwindigkeit des Kations unabhängig von der Natur des Anions, und die des Anions unabhängig von der Natur des Kations sich erweist. Dann sind l_K und l_A zwei völlig von einander unabhängige, einzeln stets einem der beiden Ionen angehörenden Größen, deren Summe das Leitungsvermögen bildet.

Beispiele: Es waren als Werte für das Äquivalentleitvermögen $\Lambda = \frac{K}{\eta}$ $(1000\,\eta = 1 \cdot 0)$ gefunden worden für

	Λ		Λ
KCl	98·2	NaCl	74·4
KNO_3	80·4	$NaNO_3$	66·0
KAcetat	63·4	NaAcetat	41·2

Diesen Äquivalentleitvermögen entsprechen die Überführungszahlen $\mathfrak{n}$ gleich konzentrischer Lösungen.

KCl	0·514	NaCl	0·637
KNO_3	0·498	$NaNO_3$	0·613
KAcetat	0·329	NaAcetat	0·430

Wenn man die Rechnung nach den gegebenen Formeln an diesen Kali- oder Natronsalzen anstellt, so findet man aus dem:

		Chloride	Nitrate	Acetate
für K	$l_K \cdot 10^7$	= 48	46	47
„ Na	$l_K \cdot 10^7$	= 31	29	31
ferner für		Cl	NO_3	$C_2H_3O_2$
aus dem Kalisalze	$l_A \cdot 10^7$	= 50	45	23
„ „ Natronsalze	$l_A \cdot 10^7$	= 51	46	23

Die Mittelwerte dieser Einzelbestimmungen geben für

K	Na	Cl	NO_3	$C_2H_3O_2$
48·0	31·2	50·5	45·5	23·0

Das Gesetz tritt demnach scharf in Erscheinung und läßt sich noch genauer einsehen, wenn man aus den Werten von l_K und l_A die Größen Λ und $\mathfrak{n}$ berechnet und die so erhaltenen Zahlen mit der Beobachtung vergleicht.[1] Die Werte von l_K und l_A gelten ja stets für ein Kation und ein Anion, gleichgültig in welcher Verbindung, so daß die bei einem Salze ermittelte Größe eines Ions für irgend ein anderes Salz mit demselben Ion die gleiche Bedeutung behält.

So läßt sich für genügend verdünnte Lösungen bei Kenntnis der einmal ermittelten Ionenbeweglichkeiten mittels des Kohlrausch'schen Gesetzes die Größe des Leitvermögens berechnen und mit der Beobachtung vergleichen. Ebenso ist durch die Beziehung $\mathfrak{n} = \frac{l_A}{l_K + l_A}$ ein direkter Vergleich der beobachteten Überführungszahl mit der theoretisch ermittelten ermöglicht.

So entsteht die folgende Vergleichstabelle:

	Äquiv. Leitungsvermögen $\Lambda = \frac{\varkappa}{\eta}(1000\eta = 1)$			Überführungszahl $\mathfrak{n}$ des Anions		
	beob.	ber.	ber. — beob.	beob.	ber.	ber. — beob.
KCl	98·2	98	− 0·2	0·51	0·50	− 0·01
NH_4Cl	97	97	± 0	0·51	0·51	± 0
NaCl	74·4	81	+ 6·6	0·63	0·61	− 0·02
KBr	102	101	− 1	0·51	0·52	+ 0·01
NH_4Br	103	100	− 3	—	0·53	—
NaBr	81	84	+ 3	—	0·63	—
KJ	103·4	101	− 2·4	0·51	0·52	+ 0·01
NH_4J	102	100	− 2	—	0·53	—
NaJ	81	84	+ 3	0·60	0·63	+ 0·03

[1] Kohlrausch, Wied. Ann. **6**, 1879, S. 172.

Die Übereinstimmung ist eine durchaus befriedigende. Die Beispiele zu Übungen können beliebig gewählt werden.

§ 3. Dissoziationsgrad und Dissoziationskonstante.

Da die Leitfähigkeit verdünnter Lösungen[1] lediglich durch die elektrolytischen Beweglichkeiten der Ionen besorgt wird, so kommt auch bei nicht völlig dissoziierten, verdünnten Lösungen der undissoziierte Anteil überhaupt nicht in Betracht. Bezeichnen wir in Gramm-Äquivalenten den dissoziierten Anteil des gelösten Salzes mit x, so ist

$$\Lambda = x\,(l_K + l_A).$$

Ist bei starker Verdünnung praktisch eine vollständige Dissoziation erreicht, so wird nach dem Kohlrausch'schen Gesetze:

$$\Lambda_\infty = l_K + l_A,$$

wobei wir den Index ∞ der Maximal-Äquivalentleitfähigkeit bei vollkommener Dissoziation geben wollen.

Die Größe x, welche den Anteil des dissoziierten Elektrolyten darstellt, nennt man den Dissoziationsgrad. Derselbe ergiebt sich aus dem Vergleich der beiden Gleichungen zu:

$$x = \frac{\Lambda}{\Lambda_\infty}, \qquad \Lambda = x \,.\, \Lambda_\infty .$$

Um mithin die Größe des Dissoziationsgrades für eine beliebige Lösung eines Elektrolyten festzustellen, ist es nur nötig, die Leitfähigkeit derselben zu bestimmen; sodann in einer zweiten Messung eine möglichst stark verdünnte Lösung desselben Elektrolyten mit praktisch vollständiger Dissoziation nach dem Kohlrausch'schen Verfahren auszuwerten. Die Division der beiden Werte giebt sogleich den Dissoziationsgrad der untersuchten Lösung.

Nehmen wir nun an, daß im Volumen V ein Gramm-Äquivalent eines binären Elektrolyten vorhanden sei, so ist, wenn x den Dissoziationsgrad bedeutet, $\frac{x}{V}$ die Konzentration des dissoziierten,

[1] Bei konzentrierten Lösungen treten durch Komplikation der Erscheinungen die Gesetzmäßigkeiten nicht klar hervor.

mithin $\frac{1-x}{V}$ die Konzentration des nicht dissoziierten Anteiles. Dann ist nach dem Massenwirkungsgesetz:

$$\frac{\frac{x}{V} \cdot \frac{x}{V}}{\frac{1-x}{V}} = \frac{x^2}{(1-x)V} = K,$$

wobei K eine Konstante, die Dissoziationskonstante bedeutet. Verwerten wir die Beziehung:

$$x = \frac{\Lambda}{\Lambda_\infty},$$

so folgt:

$$K = \frac{\Lambda^2}{\Lambda_\infty (\Lambda_\infty - \Lambda) V}.$$

Also auch zur Berechnung von K genügen die beiden zur Ermittelung von x notwendigen Leitfähigkeitsbestimmungen.

Diese eine Konstante drückt das ganze elektrische Verhalten bezüglich Leitvermögen verdünnter Lösungen für jeden Elektrolyten aus, so daß ihre Bestimmung von hervorragendem Interesse ist. Sie ist eine wesentlich konstitutive Größe, welche als Maß für chemische Affinität für weite Gebiete der Chemie von größter Wichtigkeit ist.

Ein Beispiel möge die Gültigkeit der Formel des sogenannten OSTWALD'schen Verdünnungsgesetzes illustrieren.[1]

Die Resultate sind derart mitgeteilt, daß zunächst das Volum (V) in Litern angegeben ist, worin sich ein Gramm-Äquivalent der betreffenden Substanz befindet. Dann folgt die äquivalente Leitfähigkeit (Λ). In der dritten Kolumne befindet sich der hieraus hervorgehende Wert des gespaltenen Bruchteiles (x), welcher durch Teilung von (Λ) in die äquivalente Leitfähigkeit bei unendlicher Verdünnung (Λ_∞) erhalten wird. In der letzten Kolumne schließlich findet sich der auf Grund der zu prüfenden Beziehung:

$$\frac{x^2}{(1-x)V} = K$$

gefundene x-Wert unter Angabe der dabei benutzten Konstante K,

---

[1] VAN'T HOFF und L. TH. REICHER, Ztschr. f. phys. Chem. II, 1888. S. 779.

welche natürlich für verschiedene Temperaturen einer Lösung verschiedene Werte annimmt.

Essigsäure bei 14°1.

$\Lambda_\infty = 335.9$, $\log K = 5.25 - 10$.

V	Λ	100 x (beobachtet)	100 x (berechnet)
0·994	1·35	0·402	0·42
2·02	2·06	0·614	0·6
15·9	5·59	1·66	1·67
18·1	5·98	1·78	1·78
1500	49·5	14·7	15·0
3010	68·9	20·5	20·2
7480	101·0	30·1	30·5
15000	137·1	40·8	40·1

Zur Ausführung solcher Bestimmungen empfiehlt es sich nicht allein, die beiden erforderlichen zu machen, sondern die Untersuchung auf eine ganze Reihe von Konzentrationen auszudehnen.

Für schlecht leitende Substanzen, wie etwa Säuren, bei denen selbst bei weitgehender Verdünnung eine vollkommene Dissoziation auch praktisch nicht angenommen werden darf, kann man aus der Formel:

$$\Lambda_\infty = l_K + l_A$$

den Wert Λ_∞ berechnen, indem man z. B. das in wässeriger Lösung häufig fast vollkommen dissoziierte Natriumsalz untersucht, und dann für den bekannten Wert l_K des Na den gleichfalls bekannten für l_K des H substituiert, wie denn überhaupt alle Natriumsalze von allen entsprechenden Wasserstoffverbindungen im Zustande völliger Dissoziation um einen bestimmten, bekannten Betrag differieren.

Da die elektrolytische Beweglichkeit des Natriums bei 18° den Wert 44·4, der Wasserstoff den Wert 318 hat, so ist von dem Λ_∞ des Natriumsalzes 44.4 abzuziehen und 318 hinzuzufügen, mithin zu dem Werte Λ_∞ des Natriumsalzes 273·6 zu addieren, um den entsprechenden Wert der Säure zu erhalten.

Bei der unbeschränkten Auswahl an Substanzen ist es zwecklos, bestimmte Stoffe zu Übungsaufgaben anzugeben, da jeder binäre Elektrolyt in wässeriger Lösung sich hierzu in gleicher Weise eignet.

§ 4. Die Bestimmung der elektrischen Leitfähigkeit von Elektrolyten.

A. Das Prinzip der Methode. Während man metallische Widerstände mittels Gleichstrom zu bestimmen vermag, läßt diese Methode bei Elektrolyten wegen der auftretenden Zersetzung und hierdurch verursachten Widerstandsänderung im Stich, wozu sich der störende Einfluß der Polarisation noch hinzugesellt. Man kann allenfalls ein solches Verfahren bei polarisationslosen Kombinationen, wie Zink in Zinkvitriol anwenden, jedoch verwendet man fast ausschließlich nunmehr die von KOHLRAUSCH ausgearbeitete Methode mittels Wechselstrom. Der schnelle Wechsel der Stromstöße läßt eine Zersetzung der Elektrolyten nicht auftreten, während man gleichzeitig durch Vergrößerung der Elektrodenoberfläche (platinierte Platinelektroden) die möglichen Polarisitionswirkungen auf ein Minimum herunterdrückt.

Man benutzt zur Bestimmung der Leitfähigkeit die Anordnung der WHEATSTONE'schen Brücke in der von KOHLRAUSCH gegebenen Form. Fig. 71 giebt eine schematische Zeichnung derselben. In der „Brücke" genannten Zweigleitung ist nach dem KIRCHHOFF'schen Gesetz von der Stromverzweigung die Stromstärke gleich 0, wenn die Widerstände sich verhalten

$$a : b = c : d.$$

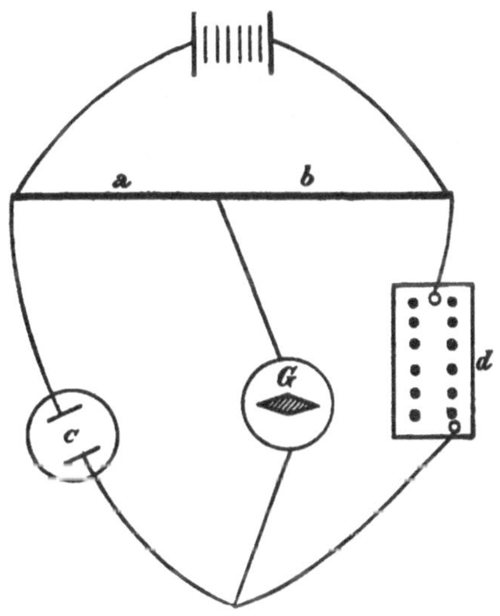

Fig. 71. WHEATSTONE'sche Brücke.

Sind also a und b zwei Leiter von gleichem Widerstande, c der gesuchte Widerstand, d ein Rheostat, in dem eine bekannte Anzahl Ohm aus- und eingeschaltet werden kann, G das Galvanometer und E das Element, so ist der eingestöpselte Widerstand gleich dem gesuchten c, wenn durch das Galvanometer kein Strom mehr geht. Ist die Größe von a nicht gleich der von b, sind aber beide Widerstände, oder das Verhältnis $\frac{a}{b}$ bekannt, so ist nach obiger Gleichung

$$c = \frac{a}{b} \cdot d.$$

Diese Angaben genügen zum Verständnis der KOHLRAUCSH'schen Methode.

Die zur Messung benutzte Anordnung ist genau die der WHEATSTONE'schen Brücke, nur benutzt man statt des gleichge-

Fig. 72. KOHLRAUSCH's Meßbrücke.

richteten Stromes den Wechselstrom. An Stelle des Galvanometers verwendet man ein Elektrodynamometer oder besser und einfacher ein Telephon. Man muß den Widerstand d nun so lange verändern, bis kein Strom mehr durch das Elektrodynamometer oder Telephon geht. Dieser Augenblick, dem das Verhältnis $\frac{a}{b} = \frac{c}{d}$ entspricht, ist in ersterem durch Stromlosigkeit, in letzterem durch ein scharf erkennbares Tonminimum ausgezeichnet.

B. Instrumente zur Ausführung der Methode[1]. Zur Erzeugung des Wechselstromes bedient man sich zweckmäßig eines

[1] OSTWALD, Hand- und Hilfsbuch zur Ausführung physico-chemischer Messungen. S. 266.

möglichst kleinen Induktoriums, welches nicht viele Windungen besitzt und das von 1 bis 2 Leclanché-Elementen lange Zeit betrieben werden kann.

Außerdem ist zur Ausführung des Versuches erforderlich: eine Meßbrücke, ein Vergleichswiderstand, ein Gefäß für den Elektrolyten, ein Telephon und ein Thermostat.

Nach der Vorschrift von KOHLRAUSCH werden fertig zusammengestellte Systeme von der in Fig. 72 abgebildeten Form in den Handel gebracht, welche jedoch den genauen Messungen einige technische Schwierigkeiten bieten. Besser setzt man den Apparat nach OSTWALD's[1] Angaben selbst zusammen.

I. Die Meßbrücke. Auf ein trockenes Brett von 110 bis 120 cm Länge und 6—8 cm Breite wird ein hölzerner, in Millimeter geteilter Maßstab von 1 m Länge, derart mittels versenkter Schrauben und untergelegter Ringe befestigt, daß er vom Brett nur einige Millimeter absteht. Aus starkem Messingblech biegt man alsdann einen Schlitten, welcher den Maßstab so umfaßt, daß er über seine ganze Länge frei gleiten kann. Der Schlitten liegt oben und an den Rändern an und wölbt sich dazwischen um einige Millimeter empor; seine Form ist in Fig. 73 gegeben, welche einen Querschnitt durch die Meßbrücke darstellt. Auf dem Schlitten wird eine Klemmschraube angebracht; außerdem trägt er den Kontakt, welcher aus einem starken Kupferdrahte hergestellt wird, den man dort, wo er auf dem Meßdrahte aufruht, flach klopft und messerartig zuschärft. Seine Form geht aus der Fig. 74 (Ansicht von oben) hervor; die mehrfache Biegung dient dazu, um ihm die genügende Elastizität zu geben, damit er beim Bewegen des Schlittens stets mit dem Meßdraht in Berührung bleibt, ohne denselben durch zu starken Druck zu verletzen.

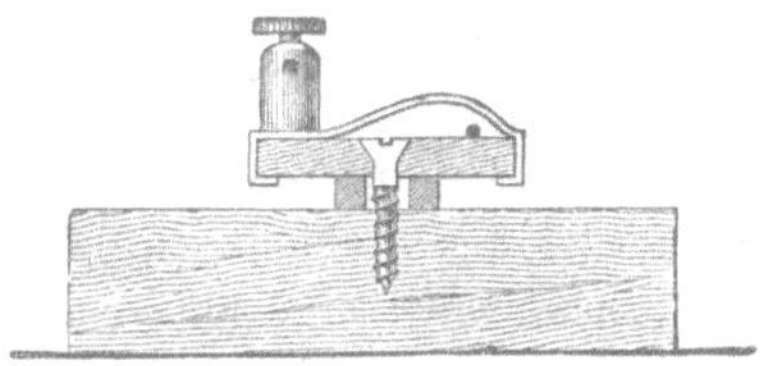

Fig. 73. Schlitten der Meßbrücke.

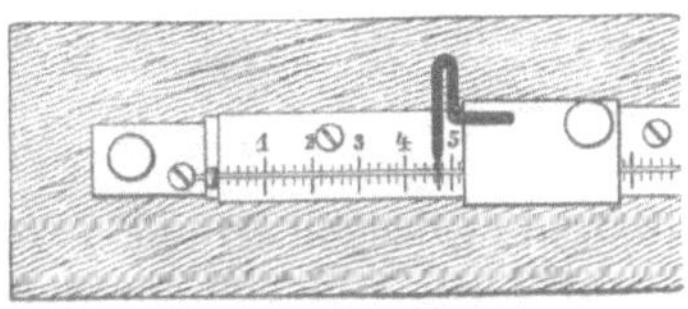

Fig. 74. Schlittenkontakt.

Als Meßdraht nimmt man zweckmäßig einen etwa 0·2 mm

[1] Ztschr. phys. Chem. II, S. 562.

starken iridiumhaltigen Platindraht. Neusilber, Nickelin oder besser Konstantan empfiehlt sich nur in Räumen, in denen chemische Einwirkungen auf den Draht ausgeschlossen sind.

Um den Draht anzubringen, befestigt man an den Enden des Maßstabes starke, im Winkel gebogene Messingstücke, welche dort genau anschließen, spannt den Draht darüber weg die Teilung entlang und befestigt ihn schließlich an den Messingstücken mit etwas Lot. (vergl. den Längsschnitt Fig. 75.)

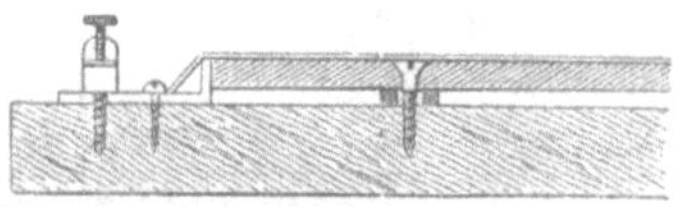

Fig. 75. Messingdrahtbefestigung.

Obwohl im allgemeinen die Platindrähte sehr gleichförmig zu sein pflegen, sollte man dort nie versäumen, den fertigen Rheochord (Meßbrücke) zu kalibrieren, was man zweckmäßig in folgender Weise erreicht.[1]

Man stellt zehn annähernd gleiche Widerstände aus Neusilberdraht her, deren Gesamtbetrag annähernd dem Widerstande des Platindrahtes gleich kommt, indem man gleichlange Stücke eines passenden Drahtes an den Enden mit angelöteten Stücken starken Kupferdrahtes versieht, welche man amalgamiert. Parallel der Meßbrücke wird eine hölzerne Latte hingelegt, welche in je 11 cm Entfernung neun Quecksilbernäfpe enthält, und die zehn Widerstände werden der Zeichnung (Fig. 76) entsprechend gleichlaufend mit dem Meßdrahte angeordnet.

Nun werden die Leitungsdrähte des Induktoriums mit den Enden *a* und *b* verbunden; man bringt die Leitungen des Telephons

Fig. 76. Aichung der Meßbrücke.

in den Quecksilbernapf *1* und an den Schlitten der Brücke und sucht mittels desselben den Ort auf, wo der Ton verschwindet. Nun wird der erste, mit irgend einem Abzeichen versehene Widerstand *r*, mit dem vertauscht, welcher bis dahin zwischen *1* und *2* war; man bestimmt die Stellung des Schlittens, indem die Telephonleitung einmal mit *1*, sodann mit *2* verbunden ist, und notiert den Unterschied der Ablesungen. Derselbe Widerstand *r*

[1] Ostwald, Hand- und Hilfsbuch. S. 267.

wird nun zwischen *2* und *3* gebracht und wie früher verfahren, bis man schließlich *r* zwischen 9 und *b* hat, wo statt der beiden Ablesungen wieder nur eine, mit der Telephonleitung in 9, nötig ist. Durch diese Messungen hat man auf dem Messdraht 10 gleichartige Stücke bestimmt, von denen jedes nahezu $^1/_{10}$ des Ganzen ist.

Man addiert alle 10 Werte, teilt die Differenz gegen 100 cm in 10 gleiche Teile, und korrigiert jeden Einzelwert um diesen Betrag, so daß nunmehr die Summe genau 100 cm ausmacht. Addiert man nun noch folgeweise die einzelnen korrigierten Strecken in der Weise *1*, *1* + *2*, *1* + *2* + *3*, . . . so hat man in den erhaltenen Zahlen die Punkte, welche den aufeinander folgenden Zehnteln des Meßdrahtes entsprechen, und die Unterschiede dieser Werte gegen 10, 20, 30 . . . cm sind die an den entsprechenden Stellen anzubringenden Korrekturen. Ergiebt sich z. B. als Summe der drei erstern Strecken 29·87 cm, so ist jeder Ablesung in der Nähe von 30 cm die Korrektionsgröße + 0·13 hinzuzufügen. Für die zwischenliegenden Stellen des Meßdrahtes kann man die Korrektionsgröße einfach interpolieren.

Die Korrektionsgrößen schreibt man zweckmäßig an den entsprechenden Stellen auf den Maßstab und bringt sie an den gemachten Ablesungen vor dem Niederschreiben des Resultates an.

Um das Verhältnis der Stücke *a* und *b* leicht finden zu können, dient die Tabelle[1] (s. Anhang), welche dasselbe für einen 1000 mm langen Draht angiebt, so daß bei Ablesung in Millimeter ist

$$\frac{a}{b} = \frac{a}{(1000-a)} \text{ von } a = 1 \text{ bis } 999$$

Da mit Vergrößerung der Drahtlänge die Genauigkeit wächst, die Handlichkeit aber geringer wird, so kann man nach Kohlrausch's[1] Vorschlage den Meßdraht in mehreren Windungen um ein drehbare Walze legen. (Siehe Fig. 77.)

Von den Metallplättchen, welche die Drahtenden klemmen, geht je eine Verbindung nach den beiden, von einander isolierten Drehungsaxen der Walze. Auf den Axen schleift je ein Bürstenkontakt aus einem Dutzend harter, federnder Drähte. Die Reibung wird durch einen Tropfen Petroleum, womit man auch von Zeit zu Zeit die Axen zu reinigen hat, vermindert.

Ein auf dem Draht in konstanter Höhe laufendes Röllchen bildet den beweglichen Kontakt. Seine Stellung auf dem Draht

[1] Ostwald, Hand- und Hilfsbuch.

[2] Kohlrausch und Holborn, Leitvermögen der Elektrolyte.

wird in den Hundertern an einer Teilung unter der Kontaktrolle, in den Zehnern und Einern an einem festen Index abgelesen, an welchem der in 100 Teile geteilte Rand der Walze sich vorbeibewegt.

In den Fuß der Walze sind, wie aus der Figur ersichtlich, die Vergleichswiderstände angebracht. Ebenso ist die Verbindung der Meßbrücke mit Widerstandsgefäß, Telephon und Induktionsapparat ohne weiteres verständlich.

II. Der Vergleichswiderstand. Als Vergleichswiderstand benutzt man einen gewöhnlichen Rheostaten, welcher drei Widerstände, 10, 100 und 1000 Ohm enthält; in manchen Fällen

Fig. 77. Meßdraht.

gewährt ein vollständiger Widerstandskasten von zusammen 2000 oder auch 10000 Ohm größere Bequemlichkeit.

III. Das Widerstandsgefäß. Für die Form des Widerstandsgefäßes ist vor allem der durch größere oder geringere Leitfähigkeit zu regelnde Abstand der Elektroden von einander und auch ihre Größe maßgebend; für schlecht leitende Flüssigkeiten muß ihre Entfernung gering, für besser leitende größer sein, um mit den zu beobachtenden Werten innerhalb angemessener Grenzen zu bleiben.

Für schlecht leitende Flüssigkeiten eignen sich Fläschchen von 10 bis 100 ccm Inhalt, deren Elektroden mittels in die Wandung eingeschmolzener Drähte die Stromzuleitung erhalten.

Ein zwischen den Elektroden einführbares Thermometer ist als luftdichter Stöpsel eingeschliffen. (Fig. 78.)

Ferner hat sich die von Arrhenius angegebene Form bewährt,

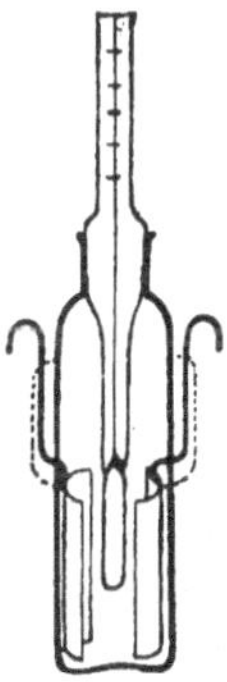

Fig. 78.

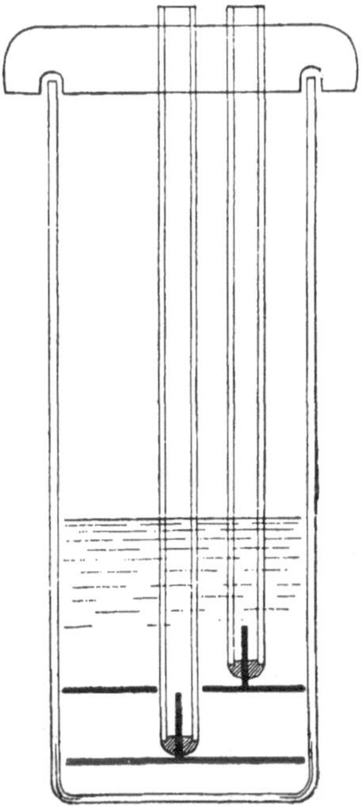

Fig. 79.

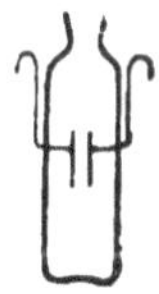

Fig. 81.

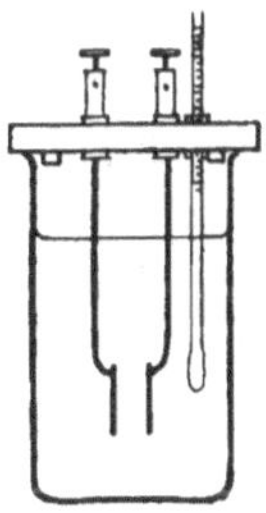

Fig. 82.

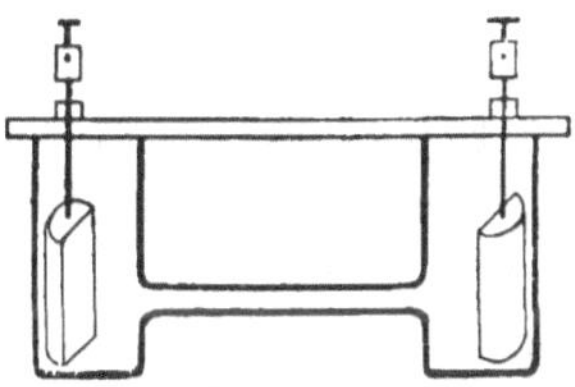

Fig. 80.

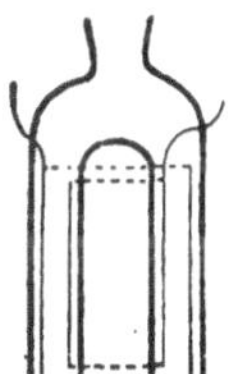

Fig. 83.

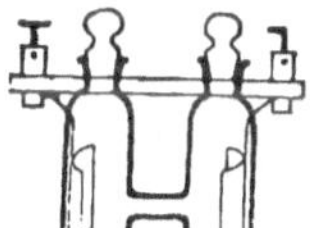

Fig. 84.

Fig. 85.

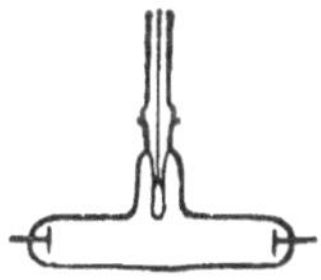

Fig. 86.

Fig. 78—86. Widerstandsgefäße.

welcher Ostwald die obenstehende Gestalt giebt (Fig. 79). Andere brauchbare Gefäße zeigen die Abbildungen 81—86.

Für besser leitende Flüssigkeiten verringert man den Querschnitt und vergrößert den Abstand zwischen den Elektroden, wie aus Fig. 80 ohne weiteres ersichtlich ist.

Jedes dieser Gefäße besitzt eine bestimmte Widerstandskapazität, auf deren Bedeutung und Bestimmung weiter unten eingegangen wird.

IV. Die Elektroden. Eine sorgsame Behandlung der Elektroden ist eine Hauptbedingung zur Erreichung zuverlässiger

Resultate, besondere Aufmerksamkeiten erfordert das aus den bereits erörterten Gründen notwendige Platinieren.

Die beiden aus etwas starkem Platinblech kreisförmig geschnittenen Elektroden von 3 — 4 cm Durchmesser werden mittels Silberlot und Borax an starke Kupferdrähte gelötet. Über dieselben schiebt man Glasröhren, welche sie möglichst eng umschließen und kittet diese mit Hilfe dickflüssigen Asphaltlackes an den Drähten fest, wobei auch die Fuge zwischen dem Glas und Platin sorgfältig auszufüllen ist.[1]

Die Drähte werden durch einen Deckel aus Hartgummi geführt, welcher mittels einer eingedrehten Rille sich unverschiebbar auf den Rand des Glascylinders legt, und nach unten gebogen; sie tauchen, wenn der Apparat mittels eines angekitteten Ringes auf seiner Tragplatte ruht, in Quecksilbernäpfe, welche die Zuleitung ermitteln.

Die feste Entfernung der Elektroden ist nach Bedarf verschieden; sie beträgt zweckmäßig 1 — 2 cm.

Zum Platinieren der Elektroden reinigt man sie zunächst mit Salpetersäure und Alkohol, oder Natronlauge und Wasser, und bringt sie als Kathode in eine verdünnte Lösung von Platinchlorid. Eine solche mit 3% käuflichen Platinchlorides und $^1/_{40}$% Bleiacetat eignet sich besonders zur Gewinnung eines schwammigen Niederschlages. Man läßt bei einer Stromstärke, welche eine mäßige Gasentwickelung veranlaßt, 10 Minuten einen Strom von 4—5 Volt einwirken, wobei man, da Platin auch als Anode nicht vom Strome angegriffen wird, die Stromrichtung mehrmals wechselt.

Nach dem Platinieren werden die Elektroden mit warmen Wasser zur Befreiung von anhaftender Platinchloridlösung digeriert.

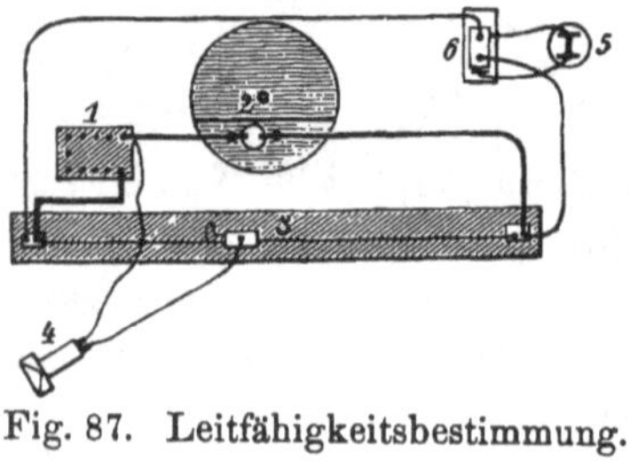

Fig. 87. Leitfähigkeitsbestimmung.

V. Das Telephon. Als Telephon leistet das gewöhnliche Bell'sche Hörtelephon genügende Dienste, es wird jedoch von dem von Ericsson in Stockholm gelieferten an Empfindlichkeit übertroffen. Zweckmäßig erweist es sich, das unbeschäftigte Ohr durch ein metallenes oder gläsernes Kügelchen von passender Größe,

[1] S. Ostwald, Hand- und Hilfsbuch. — Kohlrausch und Holborn, S. 11.

das „Antiphon" zu verstopfen, um die Aufmerksamkeit scharf auf das mit gutem Schluß an das Ohr gedrückte Telephon lenken zu können.

Die Anordnung der Apparate ist in dem umstehenden Schema, Fig. 87, dargestellt. Die Verbindungen der Apparate 1, 2 und 3 müssen aus recht starkem Kupferdraht gemacht sein.

Um die Temperatur konstant zu halten, bringt man das Gefäß, in welchem die Messungen vorgenommen werden in einen OSTWALD'schen Thermostaten (s. S. 35) und beginnt die Versuche erst nach eingetretener Konstanz der Temperatur.

C. Ausführung der Methode und Reduktion des Leitvermögens. Die Ausführung ist dieselbe wie die der WHEATSTONE'schen Methode für gleich gerichtete Ströme. Vom Induktions-

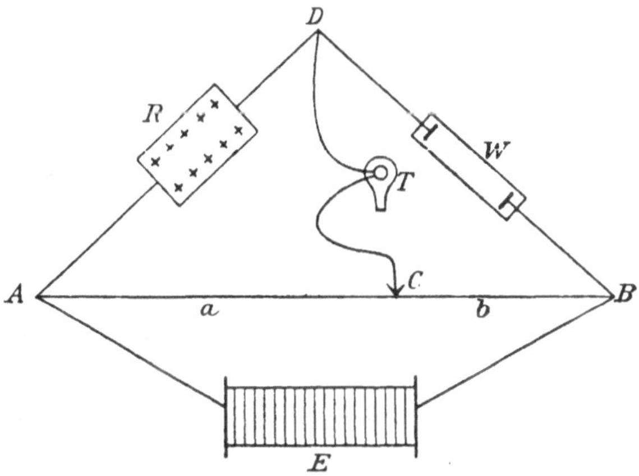

Fig. 88. Widerstandsbestimmung.

apparat E gehen die Drähte zu den Punkten A und B der Meßbrücke AB; der Zweig AD enthält den Vergleichsrheostaten R, der Zweig DB den auf sein Leitvermögen zu bestimmenden Elektrolyten W. Die Brücke DC enthält an einem längeren, leicht biegsamen Draht das Telephon T und endet auf der Meßbrücke AB in dem Gleitkontakt C.

Man stellt zunächst im Vergleichswiderstand R einen Widerstand von derselben Größenordnung, wie derjenige von W ist, ein und sucht dann durch Verschieben des Gleitkontaktes das Minimum des Tones zu ermitteln.

Das Telephon zeigt gewöhnlich kein absolut scharfes Tonminimum an einem bestimmten Punkte an, wohl aber kann man sehr leicht zwei nahe liegende Punkte ermitteln, an welchen der Ton deutlich anzusteigen beginnt; die Mitte zwischen diesen Punkten ist der gewünschte Ort.

Hat man nun den Widerstand zu w Ohm gefunden, und ist die Kapazität des Widerstandsgefäßes $= C$, so ist das gesuchte Leitvermögen:

$$\varkappa = \frac{C}{w}.$$

Unmittelbar ergeben sich bei Messungen an der Brücke die Größe R des Rheostatenwiderstandes, und die Teile a und b der Meßbrücke. Es ist also:

$$\frac{w}{b} = \frac{R}{a}, \quad w = \frac{R \cdot b}{a}$$

$$\varkappa = \frac{C \cdot a}{R \cdot b}.$$

Von großer Bedeutung für den Wert von $\varkappa$ ist die Temperatur der zu untersuchenden Lösung. Am besten bestimmt man den Wert möglichst genau bei der gewünschten Temperatur. Etwaige Abweichungen oder Reduktionen auf andere Temperaturen kann man leicht mit Hilfe einer Interpolation erreichen, zu deren Ausführung die Kenntnis des Temperaturkoëffizienten nötig ist.

Schließlich muß noch häufig (je nach Art der vorliegenden Aufgabe) die Leitfähigkeit des als Lösungsmittel benutzten Wassers abgezogen werden, wozu eine unmittelbare Messung desselben erforderlich ist.

Das Äquivalent-Leitvermögen $\Lambda = \frac{\varkappa}{\eta}$ ergiebt sich demnach zu

$$\Lambda = \frac{C \cdot a}{R \cdot b} \cdot \frac{1}{\eta} = \frac{C \cdot a}{R \cdot b} \cdot \varphi. \quad \text{(s. S. 147).}$$

Oder für den Fall, daß man das Leitvermögen des benutzten Wassers nicht bestimmt hat, kann man einsetzen:

$$\eta = \frac{1}{100} \cdot \frac{P \cdot s}{A},$$

alle Zeichen stets in der zu Beginn des Kapitels gegebenen Bedeutung. Es ist dann:

$$\Lambda = \frac{C \cdot a}{R \cdot b} \cdot \frac{100 \cdot A}{P \cdot s} = 100 \frac{A}{P \cdot s} \cdot \frac{C \cdot a}{R \cdot b}.$$

Die genaue Bestimmung der Leitfähigkeit ist demnach eine Aufgabe, welche in eine Anzahl gesonderter Teile zerfällt, da die Kenntnis der Kapazität des Widerstandgefäßes und des Temperaturkoëffizienten, sowie häufig das Leitvermögen des lösenden Wassers zur vollständigen Ermittelung der gesuchten Werte gehören.

§ 5. Versuche.

Versuch 60. Die Ermittelung der Widerstandskapazität. Die Widerstandskapazität eines Gefäßes ist der Widerstand, welchen ein Gefäß bei seiner Ausfüllung mit einem Leiter vom Leitvermögen eins besitzen würde. Sie stellt mithin bei den Messungen den Reduktionsfaktor der beobachteten Leitfähigkeit zu der thatsächlichen dar.

Hat man z. B. den Widerstand w, die Leitfähigkeit $\frac{1}{w}$, direkt ermittelt, so ist C gegeben durch:

$$C = \frac{\varkappa}{\frac{1}{w}} = \varkappa \cdot w,$$

wobei $\varkappa$ das thatsächliche Leitvermögen bedeutet.

Kohlrausch bestimmte in einem Becherglas, welches als Widerstandsgefäß benutzt wurde, zunächst die relativen Kapazitäten, indem er der normalen Füllung mit 500 ccm zunächst die Kapazität Eins zuschrieb, und nun mit der Pipette das Volumen vergrößerte und verminderte. Aus der so erhaltenen Tabelle ließen sich die Werte für die zwischenliegenden Füllungen interpolieren. Er erhielt so folgende Zahlen:

Füllung in ccm:	460	470	480	490	500	510	520.
Kapazität:	1·0685	1·0489	1·0314	1·0155	1·0000	0·9855	0·9715.

Um die absolute Kapazität eines Widerstandsgefäßes für eine bestimmte Füllung zu ermitteln, genügt es, ein Gefäß, dessen Kapazität genau bekannt ist, zu besitzen, und in diesem, sowie in dem zur Untersuchung dienenden die Leitfähigkeit einer und derselben Flüssigkeit vorzunehmen. Für den Fall, daß ein solches Gefäß nicht vorhanden ist, wählt man eine Lösung, deren Leitvermögen einen genau bekannten Wert hat.

Bezeichnet man die Widerstandskapazität mit C, die gemessene Leitfähigkeit mit $\varkappa$, den ermittelten Widerstand mit w, so ist, wie bereits erwähnt,

$$C = \varkappa \cdot w.$$

Es giebt nun eine ganze Reihe Substanzen, für welche $\varkappa$ genau bekannt ist. So kommen z. B. einigen Normal-Flüssigkeiten bei 18° folgende Werte zu:[1]

1. Maximal-Schwefelsäure. 30 Gewichtsprozent H_2SO_4, $s_{18} = 1{\cdot}223$ (spez. Gew.).

[1] Kohlrausch-Holborn, S. 75.

$\varkappa_{\max, 18} = 0 \cdot 7398$ wird durch einen Fehler des spezifischen Gewichtes von 0·005 um etwa 0·0004 kleiner.

2. Maximal-Magnesiumsulfatlösung von 17·4 Gewichtsprozent $MgSO_4$; $s_{18} = 1 \cdot 190$.

$\varkappa_{\max, 18} = 0 \cdot 04922$ wird durch einen Fehler des spezifischen Gewichtes von 0·003 um etwa 0·00001 vermindert.

3. Gesättigte NaCl-Lösung (26·4%). $\varkappa_{18} = 0 \cdot 2161$.

(Weitere Werte siehe im Anhang.)

Zur Auswahl der Normalflüssigkeiten diene folgende Zusammenstellung:[1]

Maximalschwefelsäure	etwa	von	$C =$ 40	bis	1500
Gesättigte Chlornatriumlösung	„	„	„ 10	„	400
Normal-Chlorkaliumlösung	„	„	„ 5	„	200
Maximale Magnesiumsulfatlösung	„	„	„ 3	„	100
$^1/_{10}$ Normal-Chlorkaliumlösung	„	„	„ 0.5	„	20
$^1/_{50}$ „ oder gesätt. Gipslösung	„	„	„ 0.1	„	4
$^1/_{100}$ „	„	„	„ 0.05	„	2

Schließlich kann man die Kapazität durch Ausmessen mit Wasser oder Quecksilber bestimmen.

Ein prismatischer Raum von der Länge l cm und dem Querschnitt f cm², oder dem Volum V hat eine Kapazität:

$$C = \frac{l}{f} = \frac{l^2}{V}.$$

Das durch Wägung ermittelte Volumen giebt mit der Kenntnis des genauen Elektrodenabstandes die gewünschte Größe.

Versuch 61. Ermittelung des Temperaturkoëffizienten. Die Vorsichtsmaßregeln, welche durch Thermostaten zur genauen Innehaltung bestimmter Temperaturen getroffen sind, erweisen sich wegen des großen Einflusses der Temperatur auf den Wert der Leitfähigkeit von Elektrolyten als notwendig. Da nach den Beobachtungen von Kohlrausch die Leitfähigkeit im allgemeinen angenähert linear mit der Temperatur wächst, so läßt sich deren Einfluß für größere Gebiete durch die Formel verfolgen

$$\varkappa_t = \varkappa_0 (1 + \mathfrak{c} t),$$

wobei für die Leitfähigkeit wieder das Zeichen $\varkappa$ eingeführt ist. Da Kohlrausch als Normaltemperatur 18° C annimmt, so ist

$$\varkappa_t = \varkappa_{18} [1 + \mathfrak{c} (t - 18)].$$

---

[1] Kohlrausch Holborn, S. 78.

Hieraus folgt

$$\mathfrak{c} = \frac{\varkappa_t - \varkappa_{18}}{\varkappa_{18}(t-18)}.$$

Es genügen mithin zur Ermittelung des Temperaturkoëffizienten zwei Leitfähigkeitsbestimmungen, eine bei 18^0 und eine bei t^0. Während die Temperaturkoëffizienten in stärkerer Lösung sehr verschieden sind, nähern sie sich bei allen Salzen bei zunehmender Verdünnung einem nur wenig verschiedenen Grenzwerte (Kohlrausch).

Chlorkalium als Beispiel.[1] Um die ganze Beobachtungs- und Rechnungsweise klarzulegen, sei als Beispiel Chlorkalium mit den Daten Kohlrausch's angeführt.

Die folgende Tabelle enthält:

m, den Molekulargehalt der Lösung;
V, das Volumen der letzteren;
C, die zu diesem Volumen gehörende Widerstandskapazität;
r, der Vergleichswiderstand des Siemens-Rheostaten der Brückenanordnung;
w, Widerstand der Lösung, aus *r* und dem Teilungsverhältnis des Brückendrahtes berechnet;
t, die Beobachtungstemperatur.
$\varkappa_t = \frac{C}{w}$, das Leitungsvermögen bei der Temperatur *t*.

Der Temperaturkoëffizient ist:

$$\mathfrak{c} = \frac{\varkappa_t - \varkappa_{18}}{\varkappa_{18}(t-18)}.$$

Der Wert von $\mathfrak{c}$ ergab sich zu 0·0221 und hielt sich in den gewählten Verdünnungen nahezu konstant. Mit seiner Hilfe wurden die bei t^0 ermittelten Leitvermögen auf 18^0 reduziert nach dem Ausdrucke

$$\varkappa_{18} = \varkappa_t[1 + 0{\cdot}0221(18 - t)].$$

Indem man nun von $\varkappa_{18}$ das ursprüngliche Leitungsvermögen des Wassers abzieht, entsteht der gesuchte Wert k_{18} der letzten Spalte; die Werte sind mit 10^{10} multipliziert, um bequemere Zahlen zu erhalten.

[1] Kohlrausch, Wied. Ann. **26**, 1885, S. 185. Die Werte sind hier in den Originalwerten ohne Umrechnung auf $\varkappa$, η und Ohm wiedergegeben.

Tabelle.

m	V	$C\cdot 10^{10}$	r	w beob.	w Mittel	t	$\varkappa_t\cdot 10^{10}$	$\varkappa_{18}\cdot 10^{10}$	$k_{18}\cdot 10^{10}$
	ccm		S.-E.	S.-E.	S.-E.				
Wasser	488·1	11567	1000	93080	92990	17·88°	1·245	1·248	—
			2000	92900					
0·00001028	488·6	11558	1000	46560					
			2000	46600	46580	17·88°	2·482	2·488	1·240
			500	31040					
0·00002053	489·1	11549	1000	31140	31090	17·87°	3·715	3·726	2·478
			2000	31100					
0·00006135	491·1	11513	500	13340	13350	17·80°	8·629	8·667	7·419
			1000	13360					
0·0010091	497·7	11400	200	941·5	941·5	17·93°	121·12	121·31	120·06
			500	941·6					
0·002016	498·2	11392	200	476·4	476·4	17·91°	239·17	239·65	238·40
			500	476·5					
0·006025	500·2	11358	100	162·60					
			200	162·69	162·66	17·88°	698·5	700·4	699·1
			500	162·70					
0·01000	502·2	11325	100	99·06					
			200	99·09	99·11	17·88°	1143·3	1146·3	1145·1
			500	99·19					

Versuch 62. Die Leitfähigkeit des Wassers. Da die Leitfähigkeit des lösenden Wassers selbst, besonders bei verdünnteren Lösungen, einen großen Einfluß auf den Endwert liefert, so ist sowohl die Kenntnis des Leitvermögens des reinen Lösungsmittels notwendig, als auch eine genaue Kontrolle über den Grad der Reinheit des Wassers erforderlich.

Das für genauere Untersuchungen dienende Wasser soll eine Leitfähigkeit von $\varkappa = 0\cdot 7 \times 10^{-6}$ nicht überschreiten. Da gewöhnliches destilliertes Wasser fast immer einen größeren Wert ergiebt, so unterwirft man es einem erneuten Reinigungsverfahren, oder geht von ammoniakfreiem Quellwasser aus, welches man zur Bindung der Kohlensäure unter Zusatz von etwas Kalkmilch destilliert. Bei bereits destilliertem Wasser genügt Durchleiten von kohlensäurefreier Luft, um den Wert des Leitvermögens durch Verdrängung der Kohlensäure auf die gewünschte Größe herunterzudrücken. Es ist zweckmäßig, für Versuche, die in längeren Zeitintervallen unternommen werden, das Wasser stets von neuem zu reinigen, weil bei dem Aufbewahren in Glasgefäßen häufig durch Löslichkeit des Glases die Leitfähigkeit des Wassers modifiziert, vergrößert wird.

Ein anderes Mittel zur Reinigung des bereits destillierten Wassers besteht in einem teilweisen Gefrieren desselben. Die Mutterlauge, welche die Verunreinigungen zum weitaus größten Teil enthält, wird fortgegossen und das reine Eis zum Gebrauche aufgetaut.

KOHLRAUSCH[1] mußte bei seinen Versuchen über ganz verdünnte Lösungen eine noch weitergehende Reinigung des Wassers vornehmen, durch welche er dessen Leitfähigkeit auf $\varkappa = 0 \cdot 12 \times 10^{-6}$ gewöhnlich herunterdrückte. Er destillierte entweder aus einer Zinnretorte mit Silberkühler, oder aus einem gewöhnlichen Destillierapparat mit verzinntem Schlangenrohre vorsichtig Wasser ab, wobei ein großer, zuerst übergehender Teil unbenutzt blieb.

Bei den genauesten Versuchen, bei welchen die Bestimmung der Leitfähigkeit des Wassers Selbstzweck war, destillierte KOHLRAUSCH[2] nacheinander über Kaliumpermanganat, Ätzkali und saurem Kaliumsulfat in einem silbernen Kondensationsgefäß. Unmittelbar vor der Benutzung wurde es dann nochmals durch einen Platinkühler sogleich in das aus Platin bestehende Widerstandsgefäß hineindestilliert. Das reinste so erhältliche Wasser zeigt eine Leitfähigkeit von $\varkappa = 007 \cdot 10^{-6}$ bei $21 \cdot 5^0$. Durch Destillation im Vakuum gelang es dann KOHLRAUSCH, das reinste, bisher dargestellte Wasser zu prüfen, dessen Leitfähigkeit er auf $\varkappa = 0 \cdot 04 \times 10^{-6}$ bei 18^0 bestimmte, ein Wert, der immer noch nur als Grenze angesehen werden darf.

Versuch 63. Analysen mittels des Leitvermögens. Wenn man im Besitze genauer Tabellen über das Leitvermögen in der Abhängigkeit von Temperatur und Konzentration ist, so kann man für den betreffenden Stoff aus dem Werte der Leitfähigkeit oft mit großer Genauigkeit den Gehalt bestimmen, indem man ihn entweder direkt aus den Tabellen abliest oder nötigenfalls aus diesen durch Interpolation berechnet. In gleicher Menge lassen sich auch durch Bestimmung des Leitvermögens direkte Löslichkeitsermittelungen anstellen.

Besonderen Wert, stets die Existenz genauer Tabellen vor-

[1] Wied. Ann. **26**, 1885, S. 170.

[2] A. a. O. **24**, 1875, S. 48. Pogg. Ann. Erg. **8**, 1878, S. 1.

ausgesetzt, hat dieses Verfahren bei den ganz verdünnten Lösungen, bei welchen die chemische Analyse völlig versagt oder in ihren Operationen Fehler enthält, welche größer als die zu bestimmenden Werte sind.

An einem Beispiele[1] sei diese von KOHLRAUSCH und ROSE sowie HOLLEMAN[2] benutzte Methode illustriert.

Chlorsilber. Es wurde in einem Wasser vom Leitvermögen $1 \cdot 16 \times 10^{-6}$ das Leitvermögen der gesättigten Lösung $\varkappa = 2 \cdot 40 \times 10^{-6}$ gefunden, beides bei 18^0; also ist der um die Leitfähigkeit des Wasser verminderte Wert für das gelöste Chlorsilber allein

$$\varkappa = 2 \cdot 40 \times 10^{-6} - 1 \cdot 16 \times 10^{-6} = 1 \cdot 24 \times 10^{-6}.$$

Bekannt sind die folgenden Werte:

$1000\,\eta$	l_{Ag}	l_{Cl}	Tab. A $\Lambda = l_{Ag} + l_{Cl}$	Tab. B $\varkappa = \Lambda\,\eta$
0	55·7	66·1	121·8	0
0·0001	55·4	65·3	120·7	$12.07 \cdot 10^{-6}$
0·0002	55·1	66·1	120·2	$24.04 \cdot 10^{-6}$

Als Näherungswert wird zu $\varkappa = 1 \cdot 24 \times 10^{-6}$ aus Tabelle B berechnet

$$1000\,\eta = 0 \cdot 0001 \cdot \frac{1 \cdot 24}{12 \cdot 07} = 0 \cdot 00001027.$$

Zur genaueren Berechnung schließen wir aus Tabelle A, daß zu diesem Gehalt $\Lambda = 121 \cdot 6$ zu setzen ist, also $\eta = \frac{\varkappa}{\Lambda} = \frac{1 \cdot 24 \cdot 10^{-6}}{121 \cdot 6}$ $= 0 \cdot 01020 \times 10^{-6}$, d. h. die Lösung hat die Konzentration:

$$0 \cdot 01020 \times 10^{-6} \text{ g Äqu./ccm} = 0 \cdot 00001020 \text{ mg Äqu./ccm oder}$$

$$1000\,\eta = 0 \cdot 01020 \text{ mg Äqu.-Liter.}$$

Um auch die Masse des gelösten Chlorsilbers zu erhalten, multiplizieren wir diesen Wert mit dem Äquivalentgewicht von $AgCl = 143 \cdot 4$ und erhalten $0 \cdot 01020 \times 143 \cdot 4 = 1 \cdot 46$ mg-Liter.

Die Versuche müssen, was Reinheit des Wassers, der Salze und Sorgfalt der Ausführung betrifft, in peinlichster Weise gehandhabt werden.

Versuch 64. Bestimmung des inneren Widerstandes galvanischer Zellen.[3] Will man eine galvanische Batterie oder eine Zelle

[1] KOHLRAUSCH und HOLBORN, Leitvermögen der Elektrolyte, S. 133.
[2] Ztschr. f. phys. Chemie XII, S. 125.
[3] NERNST und HAAGN, Ztschr. f. Elektrochemie II, S. 493.

im stromlosen Zustande oder während beliebigen Stromganges untersuchen, so kann man folgende Versuchsanordnung benutzen. Die Einrichtung ist die der WHEATSTONE'schen Brücke, in welche zwei Zweige durch Kondensatoren ersetzt sind.

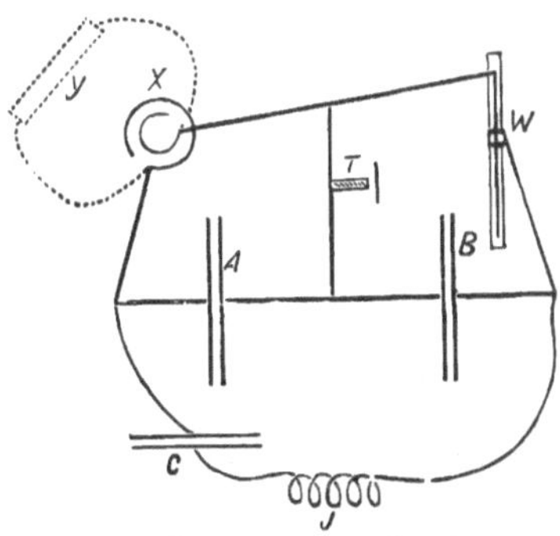

Fig. 89. Bestimmung des inneren Widerstandes.

X ist die zu messende Zelle oder die zu untersuchende Batterie, J ist der Induktionsapparat, A und B die beiden Kondensatoren, W ein variabler Widerstand, T das Telephon. Damit das eingeschaltete Element sich nicht durch den Widerstand und das Induktorium entladen kann, wird in die Hauptleitung noch der Kondensator C eingefügt. Das Element X bleibt also vollkommen stromlos; die Einstellung besteht wieder in der Erzielung eines Tonminimums im Telephon. Der gesuchte Widerstand x der Zelle ergiebt sich aus:

$$x : w = B : A,$$

wo B und A die Kapazitäten der betreffenden Kondensatoren bedeuten. Das Verhältnis $B : A$ wird mit einer gewöhnlichen WHEATSTONE'schen Brücke und Telephon bestimmt. (Fig. 89.)

Um X während eines Stromdurchganges in beliebiger Richtung zu untersuchen, legt man an die Zelle einen (punktiert gezeichneten) zweiten Widerstand, eventuell unter Einschaltung geeigneter elektromotorischer Kräfte. Bedeutet y den gesamten Widerstand jenes Nebenschlusses, so wird

$$\frac{1}{x'} = \frac{1}{x} + \frac{1}{y}$$

wo jetzt x' den nach der Gleichung $x' : w = B : A$ bestimmten Widerstand bedeutet. Man wählt zweckmäßig y weit größer als x und berechnet letzteres dann nach der Formel

$$x = x'\left(1 + \frac{x'}{y}\right)$$

Versuch 65. Leitfähigkeit des geschmolzenen Zinkchlorides bei verschiedenen Temperaturen[1]. Die für das Chlorzink er-

[1] SCHULTZE, Ztschr. f. anorg. Chemie XX, S. 334.

mittelten Versuchsbedingungen können in gleicher Weise auf andere geschmolzene Salze übertragen werden. Die folgende Untersuchung ist bisher nur für das genannte Salz von SCHULTZE ausgeführt worden.

Die bei den Versuchen benutzte Anordnung war die folgende: Als Gefäß zur Aufnahme des Chlorzinks diente ein schwer schmelzbares Reagensrohr von 2 cm Durchmesser, welches 7 cm hoch mit Chlorzink gefüllt war.

Das Rohr war im ganzen 20 cm lang und tauchte bis auf 15 cm in ein Sandbad ein, welches durch einen kräftigen Eisencylinder von 4 cm innerem Durchmesser gebildet wurde. Die Erhitzung dieses Eisencylinders geschah in einem Chamotteofen mittels eines kräftigen Teclubrenners. Nachdem das Chlorzink

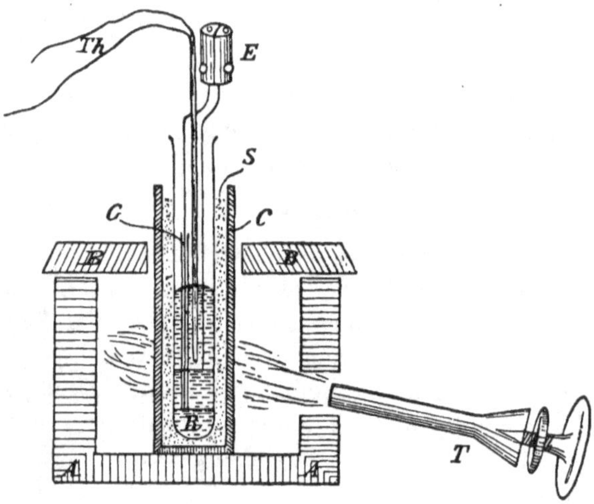

Fig. 90. Leitfähigkeit des Zinkchlorides.

durch Elektrolyse von seinem Wasser- und Salzsäuregehalt in demselben Rohre, in welchem die Messung erfolgen sollte, befreit worden war (s. S. 87), wurden zunächst die Elektroden eingeführt, die zweckmäßig aus Silber gewählt wurden.

Die Anordnung der Elektroden war dieselbe, wie in dem Leitfähigkeitsgefäß von ARRHENIUS (Fig. 90.) Sie waren kreisrund und paßten genau in das Rohr hinein, die obere Elektrode hatte ein Loch, durch welches der Einleitungsdraht der unteren Elektrode hindurch geführt werden konnte, isoliert durch ein Glasrohr. Die Elektroden besaßen eine Dicke von $^1/_2$ cm, während die Zuleitungsdrähte $1\frac{1}{2}$ mm dick waren; die letzteren waren 25 cm lang und oben, wo sie aus dem Rohre herausragten, zweimal rechtwinkelig umgebogen, damit der Elektrodenhalter nach LORENZ[1], in dem sie befestigt waren, sich nicht senkrecht über der Öffnung des Rohres befand, sondern neben ihr. Man konnte so das Thermoelement zur Temperaturmessung bequemer einführen.

Nachdem die Elektroden bis in die Mitte des geschmolzenen Chlorzinks eingetaucht und so befestigt waren, wurden zunächst durch vorsichtiges Bewegen des Rohres alle Luftblasen und dann Rohr und Elektroden zusammen in den vorgewärmten eisernen Ofen gebracht. Der Zwischenraum wurde mit Sand ausgefüllt und mit der Heizung des Ofens begonnen. (Fig. 90.)

Die Temperatur wurde mittels eines Pyrometers nach LE CHATELIER gemessen. Um dieses Thermoelement vor der Einwirkung der geschmolzenen Substanzen zu bewahren, wurde es von einem, an dem einen Ende zugeschmolzenen, Rohre aus schwer schmelzbarem Glase umhüllt und so in die Schmelze hinein gesteckt. Die Temperatur wurde direkt an dem für dieses Thermoelement nach dem Typus d'ARSONVAL konstruierten und sehr empfindlichen Galvanometer abgelesen, das in Grade und Millivolt geteilt ist, so daß man die Temperaturablesung in Graden durch diejenige in Millivolt kontrolieren kann.

Dieses Thermoelement tauchte bis zur oberen Elektrode in das geschmolzene Chlorzink, während die andere Lötstelle durch Eis auf 0^0 gehalten wurde.

Wenn das Thermoelement das Maximum der Temperatur anzeigte, was man zu erreichen wünschte und wobei der Siedepunkt des Chlorzinks bei 720^0 die obere Grenze gab, wurde der Brenner fortgenommen und die Öffnung des Ofens mit einem Stückchen Chamotte verschlossen. Der hervorragende Teil des Eisencylinders war mit Asbestpappe bedeckt; die Abkühlung erfolgte hinreichend langsam, um alle 10^0 etwa den Widerstand messen zu können.

Die Messung wird mit Wechselstrom in der WHEATSTONE'schen Brücke ausgeführt und das Minimum durch das Telephon bestimmt.

Die Widerstandskapazität des Gefäßes wird vorher und nachher mittels $\frac{1}{50}$ n-KCl-Lösung bestimmt und aus beiden Werten das Mittel genommen.

[1] Ztschr. f. Elektrochemie IV, S. 359.

Die Ausdehnung der Elektroden durch die hohe Temperatur braucht nicht in Rücksicht gezogen zu werden, da die hierdurch entstehenden Ungenauigkeiten in den Rahmen der Versuchsfehler fallen. Die Ungenauigkeit der Temperaturmessungen können 5^0 bis 10^0 betragen, da die Abkühlung der gemessenen Schicht nicht unmittelbar dem Thermoelement mitgeteilt wurde, einerseits weil die Lötstelle sich oberhalb der Elektroden befand, andererseits weil das schützende Glasrohr den Wärmeaustausch verlangsamte.

Die Schwankungen der Leitfähigkeit des Chlorzinks mit der Temperatur gehen aus der folgenden Tabelle hervor.

Das Leitvermögen des geschmolzenen Chlorzinks.

$\varkappa$ ausgedrückt in Ohm.
t die Temperatur in Graden Celsius.

t	$\varkappa$	t	$\varkappa$
700	0·460	450	0·057
650	0·354	400	0·026
600	0·279	350	0·0088
550	0·180	300	0·00186
500	0·104	250	0·000026

Viertes Kapitel.

Elektromotorische Kräfte.

§ 1. Theoretisches.

Das Vermögen irgend eines Systemes, elektrische Energie aus einer andern Energieform, wie etwa der thermischen, mechanischen, optischen oder chemischen zu erzeugen, führt man auf das Vorhandensein oder die Bildung von Kräften zurück, welche man als die elektromotorischen Kräfte des Systemes bezeichnet.

Im Folgenden werden nur die chemischen Maschinen zur Schaffung von Elektricität interessieren, wobei wir freilich den Begriff der chemischen Elektricitätsquelle etwas weiter als gewöhnlich fassen wollen. Alle diejenigen Apparate, bei welchen die

Erzeugung der Elektricität mit materiellen Verschiebungen innerhalb des Systemes verknüpft sind, so daß mit der Bildung der Elektricität eine thatsächliche materielle Veränderung verbunden ist, sollen zu elektrochemischen Maschinen gerechnet werden. Man bezeichnet dieselben als galvanische Elemente, oder kurz als Ketten. Die in diesen gekennzeichneten Apparaten auftretenden elektromotorischen Kräfte bestimmen, berechnen und messen zu können, ist eine der wichtigsten Aufgaben der theoretischen wie praktischen Elektrochemie.

Die Einheit der elektromotorischen Kraft ist das Volt, d. h. diejenige, welche durch die Einheit des Widerstandes (Ohm) in der Zeiteinheit die Elektricitätsmenge Eins hindurch befördert, also gegeben durch die Gleichung des OHM'schem Gesetzes:

$$\pi = 1 \text{ Amp} \cdot 1 \text{ Ohm} = 1 \text{ Volt}.$$

Wie in der theoretischen Elektrochemie ausführlich gezeigt wird, ist das Zustandekommen elektromotorischer Kräfte auf die Ausbildung von Potentialdifferenzen zurückzuführen. Bringt man zwei verschieden hohe Potentiale[1] in leitende Verbindung, so findet ein Ausgleich statt; es fließt Elektricität vom höheren zum niederen Potential, bis Gleichgewicht herrscht. Die Größe der Potentialdifferenz ist mithin das Maß für die in Wirksamkeit tretenden elekromotorischen Kräfte.

Bei der Untersuchung der elekromotorischen Kräfte interessiert in erster Linie die Frage nach der Stelle des die Elektricität liefernden Systemes, an welcher die nötigen Potentialdifferenzen sich ausbilden. Die lange Zeit herrschende große Unklarheit und

[1] Das Potential ist ein Wertmesser der elektrischen Energie. Nehmen wir an, daß die Erde, ein Leiter der Elektricität, unendlich viel positive und negative Elekricität enthalte, dann wird ein positiv geladener Körper, in Verbindung mit der Erde gebracht, Arbeit leisten, indem er an letztere positive Elektricität abgiebt. Umgekehrt muß die Erde an einen negativ geladenen Körper positive Elektricität abgeben. Da wir uns die Erde als einen unendlich großen Leiter vorstellen können, dessen Gehalt an Elektricität unbeeinflußt von den mit ihm in Berührung kommenden Körpern konstant bleibt, so können wir den elektrischen Zustand eines Körpers dadurch charakterisieren, daß wir die elektrische Arbeit, welche bei der Wechselwirkung dieses Körpers mit der Erde möglich ist, angeben. Diejenige Arbeit nun, welche nötig ist, um die Einheit der positiven Elektricitätsmenge von der Erde auf einen Körper zu schaffen, bezeichnet man als das Potential des Körpers.

Unsicherheit bezüglich dieses Punktes darf im ganzen heute als überwunden angesehen werden.

Die Elemente oder Ketten sind im allgemeinen Systeme, welche aus Metallen und Flüssigkeiten zusammengesetzt sind, wobei mit Ausnahme der Gaselemente nur tropfbare Flüssigkeiten in Frage kommen. Verschiedene Potentiale können, sofern ein Ausgleich möglich gemacht ist, dauernd nur dort bestehen, wo die Homogenität des Systemes gestört ist, d. h. an der Berührungsstelle inhomogener Gebilde. Das können verschiedene Metalle, verschiedene Flüssigkeiten[1] oder Metalle und Flüssigkeiten sein. Die Untersuchung hat ergeben, daß die bei Berührung von Metallen unter sich oder Flüssigkeiten unter sich auftretenden Potentialdifferenzen im allgemeinen äußerst gering sind, und daß in den meisten elektrochemischen Apparaten der Hauptsitz der Potentialdifferenzen, die Hauptquelle der elektromotorischen Kräfte, an den Berührungsflächen von Metall und Flüssigkeit zu suchen sind.

Neben dieser Frage nach dem Ort der Elektricitätserregung legt uns das Prinzip von der Erhaltung der Energie sogleich eine zweite vor und zwar die nach dem Äquivalent der elektrischen Wirkung: Auf Kosten welcher in dem System bereits vorhandenen Energieform bildet sich die Elektricität? Wenn man diese Umsetzung auf die ursprünglich gegebene Energieform numerisch zurückführen kann, so hat man sogleich Anhaltepunkte für die Berechnung der etwa erhältlichen elektromotorischen Kräfte gewonnen.

Bei den meisten elektrochemischen Elementen ist es eben chemische Energie, die in elektrische übergeht; und das Maß der chemischen Energie, die bei Bildung oder Zerfall chemischer Verbindungen auftretenden Wärmetönungen könnten mithin in Beziehung zur gewinnbaren elektrischen Energie gebracht werden. Dieser Versuch ist zuerst von Helmholtz rechnerisch durchgeführt; das Experiment (Braun) lehrte aber, daß eine einfache Gleichsetzung chemischer und elektrischer Energie nicht den Beobachtungen entspricht, so daß eine Modifikation der ersten Formel gleichfalls durch Helmholtz erst die richtigen Werte lieferte. Diese Modifikation ist durch den Umstand bedingt, daß eine große

[1] Auch ungleich konzentrierte Lösungen derselben Stoffe gehören in diese Kategorie.

Zahl galvanischer Elemente nicht die durch chemische Reaktion verfügbar werdende Wärme quantitativ in Elektricität umsetzen, sondern entweder einen Teil der frei werdenden Wärme unter Erwärmung der Umgebung unbenutzt abgeben, oder aber umgekehrt außer der chemischen Wärmetönung noch einen Teil der in der Umgebung (Flüssigkeit, Luft u. s. w.) aufgespeicherten Wärme zur Elektricitätserzeugung verwerten. Im letzteren Falle kühlt sich das Element selbst ab; der elektrische Effekt ist größer als der aus der Wärmetönung allein berechnete; im ersten Falle erwärmt sich das Element, der elektrische Effekt ist kleiner als der aus der Wärmetönung abgeleitete Wert. Eine diese Möglichkeiten völlig einschließende Formel ist die folgende, von Helmholtz gegebene, bei welcher die elektrische Energie durch das Produkt $\pi \cdot \varepsilon$ dargestellt ist, wobei π die elektromotorische Kraft, ε die Elektricitätsmenge (Intensität) bedeutet:

$$\pi \cdot \varepsilon = Q \mp q,$$

wobei Q die chemische Wärmeströmung, q die aus der Umgebung aufgenommene (+) oder an sie abgegebene (−) Wärmemenge bedeutet. Es ist nun

$$\pm q = \varepsilon \frac{d\pi}{dT} \cdot T;$$

hierin ist T die Temperatur des Elementes in absoluter Zählung; die Größe $\frac{d\pi}{dT}$, Änderung der elektromotorischen Kraft eines Elementes mit seiner Temperatur bezeichnet man als seinen Temperaturkoëffizienten. Demnach ist

$$\pi \cdot \varepsilon = Q + \varepsilon \cdot T \frac{d\pi}{dT}$$

oder die elektromotorische Kraft π des Elementes

$$\pi = \frac{Q}{\varepsilon} + T \frac{d\pi}{dT}.$$

Also nur für den Fall, daß der Temperaturkoëffizient eines Elementes gleich O ist, gilt die direkte einfache Beziehung zwischen chemischer und elektrischer Energie.

Im Gegensatz zu dieser energetischen Ableitung der Beziehungen zwischen den beiden Energieformen ist die Theorie, welche den Ort der Elektricitätserzeugung, die Berührungsstelle inhomogener Stoffe im System selbst als Ausgangspunkt benutzt, an bestimmte, mit der Existenz der Ionen verknüpfte Vorstellungen gebunden. Sie entstand im Anschluß an die Analogiegesetze der Lösungen mit den Gasen und die Erkenntnis der Übertragbarkeit der Gasgesetze auf die Lösungen. Um bei konstanter Temperatur ein Gas von dem Drucke P auf den Druck p zu bringen, ist eine Arbeit erforderlich:

$$A = R \cdot T \ln \frac{P}{p},$$

wobei die Arbeit gewonnen wird für $P > p$ und geleistet wird für den umgekehrten Fall.

In den Lösungen, wie sie bei der Zusammensetzung der Ketten oder Elemente in Betracht kommen, sind die alleinigen Träger der elektrischen Ladungen die Ionen, welche an den Elektroden ihre Elektricität abgeben, und dabei in den atomistischen Zustand übergehen. Mit dieser allgemeinen Voraussetzung soll die von Nernst aufgestellte sogenannte „osmotische Theorie“ der Voltaschen Ketten für die typischen und experimentell wichtigen Fälle in aller Kürze wiedergegeben werden.

A. Die Flüssigkeitsketten. Bringt man zwei gleiche indifferente (Platin u. s. w.) Elektroden in zwei verschieden konzentrierte, sich berührende Lösungen eines Elektrolyten, so fließt bei metallischer Verbindung der Elektroden ein elektrischer Strom durch das System. Man bezeichnet solche Ketten als Flüssigkeitsketten.

Dieser Strom rührt von der verschiedenen Geschwindigkeit her, mit welcher die Ionen in den verschiedenen Lösungen von verschiedenen osmotischen Drucken getrieben werden. Das hat zur Folge, daß in einer Lösung schließlich Kationen, in der anderen Anionen im Überschuß auftreten. Hierdurch wird die letztere negativ, die erstere positiv, und der Schließungsbogen vermittelt den Ausgleich der gesonderten Elektricitäten, wodurch der Flüssigkeitsstrom entsteht. Die dabei gewinnbare Energie, welche vollständig in Elektricität umgesetzt wird, ist nun gegeben durch die bei Ausgleich der verschiedenen osmotischen Drucke verfügbar werdende Arbeit.

Ist p_1 der osmotische Partialdruck der Kationen in der einen Lösung, p_2 der der Anionen in der zweiten (beide Lösungen sollen der Einfachheit halber nur binäre Elektrolyten enthalten), so kann die Arbeit eingeteilt werden in die, welche nötig ist, die Kationen der einen vom Drucke p_2 auf den Druck p_1, die die Anionen der anderen vom Drucke p_2 auf den Druck p_1 zu bringen. Um nun die an einem Grammäquivalent einwertiger Ionen haftende Elektricitätsmenge von 96 500 Coulomb zu erzeugen, müssen

$$\frac{l_K}{l_K + l_A} \text{ g-Äquivalente Kationen und}$$

$$\frac{l_A}{l_K + l_A} \text{ g-Äquivalente Anionen}$$

ihre Elektricität abgegeben haben, wobei l_K und l_A wieder die Wanderungsgeschwindigkeiten von Kationen und Anionen bedeuten (s. S. 148). In Analogie mit den Gasen ist mithin für die Kationen die Arbeit erforderlich

$$1. \quad \frac{l_K}{l_K + l_A} R\, T \ln \frac{p_1}{p_2},$$

für die Anionen

$$2. \quad \frac{l_A}{l_K + l_A} R\, T \ln \frac{p_1}{p_2}.$$

Die durch die osmotische Energie verfügbar werdende Arbeit ist durch die Differenz von Gleichung 1 und 2 gegeben.

$$A = \frac{l_K - l_A}{l_K + l_A} R\, T \ln \frac{p_1}{p_2}.$$

Nun ist $A = \varepsilon \cdot \pi$ und ε im vorliegenden Fall = 96 500 Coulomb; also ist

$$\pi = \frac{1}{96\,500} \frac{l_K - l_A}{l_K + l_A} R\, T \ln \frac{p_1}{p_2}.$$

Um vom thermischen Maße zum elektrischen zu gelangen, benutzen wir die Beziehung

Volt × Coulomb = 0·236 cal. oder
4·24 Volt × Coulomb = 1 cal.

R, die Gaskonstante, ist gleich 1·96 cal.; gleichzeitig rechnen wir den natürlichen Logarithmus auf den Brigg'schen um. Es resultiert dann die grundlegende Gleichung für Flüssigkeitsketten

$$\pi = 0{\cdot}000198 \frac{l_K - l_A}{l_K + l_A} T \log \frac{p_1}{p_2} \text{ Volt.}$$

Um also zwischen zwei verschieden konzentrierten Lösungen von Elektrolyten Strom zu erzeugen, müssen sowohl p_1 und p_2, als l_K und l_A verschieden sein, ein Fall, der weitaus am häufigsten eintritt. Bildet der Elektrolyt nicht zwei einwertige Ionen, sondern Kationen mit der Wertigkeit n_1, Anionen mit der Wertigkeit n_2, so wird

$$\pi = 0{\cdot}000198 \frac{\frac{l_K}{n_1} - \frac{l_A}{n_2}}{l_K + l_A} T \log \frac{p_1}{p_2} \text{ Volt.}$$

Sind beide in Frage kommende Ionen n-wertig, so ist schließlich

$$\pi = \frac{0{\cdot}000198}{n} \frac{l_K - l_A}{l_K + l_A} \cdot T \log \frac{p_1}{p_2} \text{ Volt.}$$

Ist $l_K > l_A$, so geht der Strom von der konzentrierteren zur verdünnteren Lösung, im anderen Falle umgekehrt.

Die elektromotorischen Kräfte der Flüssigkeitsketten sind nur gering, und die Folge davon ist, daß der Strom thatsächlich nicht zu einem Ausgleich der verschiedenen osmotischen Drucke führt, weil die sich bald einstellende elektrostatische Anziehung der verschieden geladenen Ionen von den wirksamen elektromotorischen Kräften der Kette nicht überwunden wird.

B. Konzentrationsketten. Im Gegensatze zu den Flüssigkeitsketten liefern die „Konzentrationsströme“ bis zum völligen Ausgleich der verschiedenen Druckkräfte Strom. Sie entstehen, wenn man zwei Stücke desselben Metalles in verschieden konzentrierte, sich berührende Lösungen eines der Salze dieses Metalles taucht. Während aus der konzentrierteren Lösung Kationen auf dem Metall bei Stromschluß sich niederschlagen, löst sich entsprechend dem Faraday'schen Gesetze in der verdünnteren Lösung Metall in Form neuer Kationen auf. Da also bei den vorliegenden Systemen angreifbare Elektroden verwandt werden, so kommen außer dem Potentialsprung zwischen den beiden verschieden konzentrierten Flüssigkeiten noch die Potentialsprünge zwischen den Lösungen und den beiden Metallstücken in Betracht. Diese Potentialsprünge berechnen sich in folgender Weise.

Wie der osmotische Druck der Ionen als eine Tendenz derselben aufgefaßt werden kann, aus der Lösung atomistisch auszutreten, so kann man ebenso bei dem Metalle das Bestreben annehmen, Atome in Ionenform in die Lösung zu entsenden. Ist der osmotische Druck von der Flüssigkeit gegen das Metall gerichtet, so kann die letztere Kraft, die Lösungstension, als eine vom Metall in die Lösung gerichtete Druckgröße aufgefaßt werden, die man denn auch als den elektrolytischen Lösungsdruck bezeichnet. Diese beiden entgegengesetzten Drucke gleichen sich aus und die bei diesem Ausgleich in Verfügung tretende Arbeit setzt sich in elektrische Energie um. Ist der elektrische Lösungsdruck P, der osmotische der Ionen p, so ist die gewinnbare Arbeit dieselbe, als ob Ionen vom Drucke p auf den Druck P gebracht werden, mithin wieder

$$A = R \cdot T \ln \frac{P}{p}$$

oder nach Umformung

$$\pi = \frac{0 \cdot 000198}{n} T \log \frac{P}{p} \text{ Volt.}$$

Für drei Potentialsprünge

Metall $\underset{1}{|}$ Konzentration I $\underset{2}{|}$ Konzentration II $\underset{3}{|}$ Metall

wird, wenn der osmotische Druck in der ersten Lösung p_1, in der zweiten p_2, der elektrolytische Lösungsdruck in beiden Fällen P ist, der Ausdruck für die elektromotorische Kraft

$$\pi = \frac{0 \cdot 000198}{n} T \left[\log \frac{P}{p_1} + \frac{l_K - l_A}{l_K + l_A} \log \frac{p_1}{p_2}{}^{1} - \log \frac{P}{p_2} \right] \text{ Volt}$$

$$\pi = \frac{0 \cdot 000198}{n} T \frac{2 l_K}{l_K + l_A} \log \frac{p_1}{p_2} \text{ Volt.}$$

Diese Formeln, die nur für die wirksamen Ionen gelten, lassen zunächst den Dissoziationsgrad unberücksichtigt. In Wirklichkeit ist nur ein Teil x der Moleküle in Ionen zerfallen; bei Berücksichtigung dieser Thatsache tritt der VAN'T HOFF'sche Faktor i hinzu, welcher für binäre Elektrolyte die Form hat

$$i = 1 + x;$$

wenn allgemeiner mit n_i die Anzahl der aus einem Molekül stammenden Ionen bezeichnet wird, so ist

$$i = 1 + (n_i - 1) x$$

und schließlich die allgemeine Endformel:

$$\pi = \frac{i}{n} 0 \cdot 000198 \, T \frac{2 l_K}{l_K + l_A} \log \frac{p_1}{p_2} \text{ Volt.}$$

C. **Chemische Ketten.** Als chemische Ketten bezeichnet man alle diejenigen elektrischen Stromquellen, bei welchen die Erzeugung der elektrischen Energie mit materieller, chemischer Veränderung des Systemes verbunden ist, im Gegensatz zu den bisher erwähnten Ketten, welche als physikalische Maschinen auf-

[1] S.: A. Flüssigkeitsketten.

gefaßt werden können. Zu den nun zu besprechenden gehören die DANIELL'schen Ketten, sowie die nach den stromliefernden Reaktionen bezeichneten, sogenannten Reduktions- und Oxydationsketten. Sie sind nach dem Schema konstruiert:

Metall I | Flüssigkeit I | Flüssigkeit II | Metall II.

Da die durch Berührung von Metall I und Metall II, sowie von Flüssigkeit I und Flüssigkeit II auftretenden Potentialsprünge wegen ihrer geringen Werte vernachlässigt werden dürfen, so wird praktisch die elektromotorische Kraft einer solchen Zelle gegeben durch die Potentialsprünge zwischen Metall I und Flüssigkeit I einerseits, und Metall II und Flüssigkeit II andererseits.

Für den Fall, daß Flüssigkeit I eine Lösung eines Salzes des Metalles I, Flüssigkeit II, eine solche des Metalles II bildet, haben wir nach dem vorhergehenden und mit gleicher Bedeutung der Zeichen die Formel:

$$\pi = \frac{0{\cdot}000198}{n_1} T \log \frac{P_1}{p_1} - \frac{0{\cdot}000198}{n_2} T \log \frac{P_2}{p_2}.$$

Für das DANIELL'sche Element

$Zn \mid ZnSO_4 \mid CuSO_4 \mid Cu$,

welches den Typus dieser Ketten bildet, ist mithin

$$\pi = \frac{0{\cdot}000198}{2} \cdot T\left(\log \frac{P_{Zn}}{p_{Zn}} - \log \frac{P_{Cu}}{p_{Cu}}\right).$$

Während bei Ketten dieser Art die Elektrode eine maßgebende Rolle spielt, ist in den Oxydations- und Reduktionsketten unter Anwendung völlig unangreifbarer Elektroden die chemische Reaktion, welche den Strom liefert, in den Elektrolyten selbst verlegt. Eine solche Kette erhält man stets, wenn man einen oxydablen Elektrolyten (Reduktionsmittel) in Berührung mit einem oxydierenden Elektrolyten (Oxydationsmittel) bringt und durch zwei Kohle- oder Platin-Elektroden das System vervollständigt. Es ist wesentlich, daß das oxydierende Agens nicht in direkter Berührung mit dem oxydablen Elektrolyten ist, sondern durch eine Scheidewand, als welche sich am besten eine indifferente Lösung (z. B. KCl) empfiehlt, getrennt ist. Hat man das Schema:

Kohle I | Eisenchlorür | Kaliumchlorid | Chlor in Kaliumchlorid | Kohle II,

so erhält man bei Anlegung eines Schließungsbogen einen Strom, bei welchem Kohle I als Anode, Kohle II als Kathode wirkt. Einfache Berechnungsformeln für diese Art der Ketten:

Elektrode unangreifbar	Reduktions-mittel	Indifferente Lösung	Oxydations-mittel	Kohle II,

hat man noch nicht aufgestellt.[1]

Zu den Oxydations- und Reduktionsketten gehören auch die Gasketten, welche aus einem flüssigen Elektrolyten (verdünnte Schwefelsäure) und zwei platinierten Platin-Elektroden bestehen, die zum Teil in den Elektrolyten eintauchen, zum Teil von zwei verschiedenen, auf einander chemisch wirksamen Gasen umgeben sind. Bei Schluß entsteht ein Strom, in dem die beiden Gase unter Bildung ihrer Reaktionsprodukte verschwinden. An der einen Elektrode findet ein Oxydationsvorgang, an der anderen ein Reduktionsvorgang statt, wie bei der Wahl von Wasserstoff und Sauerstoff oder Chlor, wobei die Bildung von Wasser, resp. Chlorwasserstoffsäure an der Wasserstoffelektrode als Oxydationsvorgang, an der Sauerstoff- oder Chlorelektrode als Reduktionserscheinung aufgefaßt werden muß. Das Platinieren der Elektroden bewirkt eine Verdichtung der Gase durch Adsorption, somit eine stärkere Konzentration derselben in dem Metalle. Da dasselbe unangreifbar ist, so wirken als Elektroden nur die Gase, denen mithin wie bei den Metallen ein bestimmter elektrolytischer Lösungsdruck zugeschrieben werden muß.

Jedoch ist hier im Gegensatz zu den bisher besprochenen Ketten der Lösungsdruck nicht konstant, sondern wechselt mit der Konzentration der Gase in den Elektroden, während der osmotische Druck der Wasserstoffionen im Elektrolyten konstant bleibt. Bezeichnet man mit p_1 und p_2 die variabeln Drucke (elektrolytischen Lösungsdrucke) der Gase an den Elektroden, so resultiert die Formel:

$$\pi = \frac{0 \cdot 000198}{n} T \log \frac{p_1}{p_2} .$$

Danach genügt es auch, an beide Elektroden dasselbe Gas, aber unter verschieden starken Drucken, zu bringen.

§ 2. Die Messung der elektromotorischen Kräfte.

Von den in der Einleitung erwähnten Apparaten kommen zur genauen Messung von Potentialdifferenzen lediglich drei in Betracht: das Galvanometer, das Quadranten-Elektrometer und

[1] Näheres darüber siehe OSTWALD, Allgemeine Chemie II, 1893, S. 883 u. ff.

das LIPPMANN'sche Kapillar-Elektrometer. Während die beiden ersten nach zweckmäßiger Aichung zur direkten Bestimmung elektromotorischer Kräfte brauchbar sind, benutzt man das Kapillar-Elektrometer vornehmlich in der Kompensationsmethode nach POGGENDORFF-OSTWALD.

A. Direkte Bestimmung. Der Ausschlag eines Galvanometers kann bis zu einer bestimmten Größe ohne Fehler der elektromotorischen Kraft proportional gesetzt werden.

Handelt es sich nun um die Bestimmung einer solchen, so schaltet man zunächst eine bekannte elektromotorische Kraft, etwa ein Normalelement in den Stromkreis, welcher, außer durch das Galvanometer, noch durch einen Rheostaten führt. Letzterer muß einen so weiten Spielraum lassen, daß man den Galvanometer-Ausschlag auf die passende Größe herunterzudrücken vermag. Da derselbe bei dem durchschnittlichen Widerstand galvanischer Elemente für ein empfindliches Galvanometer, wie es hier in Betracht kommt, etwa 1 Million Ohm beträgt, so kann im allgemeinen der Widerstand des Elementes selbst vernachlässigt werden.

Um bei Einschaltung des Normalelementes einen Ausschlag a der Galvanometernadel hervorzurufen, sei ein Widerstand w erforderlich. Jetzt vertausche man das Normalelement mit der zu messenden elektromotorischen Kraft und erhalte nunmehr durch Einschaltung eines Widerstandes W den gleichen Ausschlag a der Galvanometernadel. Ist e die elektromotorische Kraft des Normalelementes, E die zu ermittelnde, so ist:

$$\frac{E}{e} = \frac{W}{w}, \quad E = \frac{W}{w} \cdot e.$$

Diese immerhin nicht ganz genaue Methode giebt nur bei genügender Größe des verwendeten Rheostatenwiderstandes brauchbare Resultate.

Besser ist es, die Widerstände der Ketten nicht zu vernachlässigen, indem man gleichzeitig das Normalelement mit der zu messenden elektromotorischen Kraft einschaltet und zwar einmal so, daß die Stromrichtung in beiden Elementen die gleiche ist, das andere Mal so, daß dieselbe entgegen gerichtet ist. Natürlich darf für diese beiden Schaltungen nichts im Widerstande der ganzen Leitung geändert werden. Ergiebt die erste Messung den Ausschlag a, die zweite den Ausschlag b, so ist:

$$E + e = k \cdot a,$$
$$E - e = k \cdot b,$$

wobei k den durch den Gesamtwiderstand und das Galvanometer selbst veranlaßten Proportionalitätsfaktor bedeutet.

Es ist dann:

$$E = e\,\frac{a + b}{a - b}.$$

Will man direkte Werte erhalten, so ist es nötig, die Konstanten des Meßapparates zu bestimmen, dasselbe zu kalibrieren. Die Ausführung wird nach den in Kapitel IV (s. S. 65) gegebenen Methoden sowohl für Galvanometer, wie für das THOMSON'sche Quadrantenelektrometer ausgeführt.

B. Die Kompensationsmethode. Diese Methode benutzt das Meßinstrument als „Nullinstrument", d. h. einer bekannten elektromotorischen Kraft wird die zu messende entgegen geschaltet und durch bekannte Widerstände der in den Apparat gelangende Spannungsabfall der zu bestimmenden elektromotorischen Kraft gleich dem der bekannten gemacht. Dieser Punkt wird an der Stromlosigkeit des Meßapparates erkannt, bei welchem mithin der zur Messung beobachtete Teil in der Nulllage sich befindet. Für die Methode der Kompensation, die von POGGENDORFF gegeben, von OSTWALD umgearbeitet ist, eignen sich Galvanometer, das Quadranten-Elektrometer, am besten in der NERNST-DOLEZALEK'schen Form, sowie vor allem das LIPPMANN'sche Kapillar-Elektrometer.

Die von OSTWALD gegebene Anordnung ist in Fig. 91 schematisch skizziert.

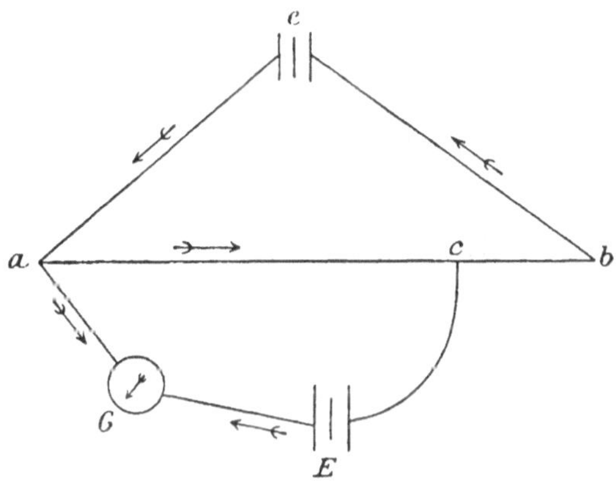

Fig. 91.

Die bekannte elektromotorische Kraft e wird mittels der beiden Poldrähte zu dem Widerstand $a\,b$ geführt, in dem mithin ein bekannter Spannungsabfall stattfindet, welcher, da der Widerstand der Zuleitungsdrähte gegenüber dem Rheostaten vernachlässigt werden darf, gleich der bekannten elektromotorischen Kraft gesetzt wird. E, die zu untersuchende Potentialdifferenz, wird nun in einem zweiten Stromkreise, welcher gleichzeitig das Meßinstrument *G* aufnimmt, so geschaltet, daß die Stromrichtung von *E* der von *e* entgegengesetzt gerichtet ist. Die Zuleitungsdrähte von *E* führen einmal zu *a*, das andere Mal mittels verschiebbaren Kontaktes zum Widerstand *a b*. Der letzte Kontakt wird nun an die Stelle *c* des Rheostaten gebracht, bei welcher das Meßinstrument Stromlosigkeit anzeigt. Dann sind die längs des Widerstandes *a c* auftretenden Spannungsabfälle von *E* und *e* gleich. Man kann also, vorausgesetzt, daß der Rheostat genau kalibriert ist, bei der Proportionalität von Spannungsabfall und Widerstand sogleich den Bruchteil der bekannten elektromotorischen Kraft angeben, welcher gleich der zu bestimmenden ist.

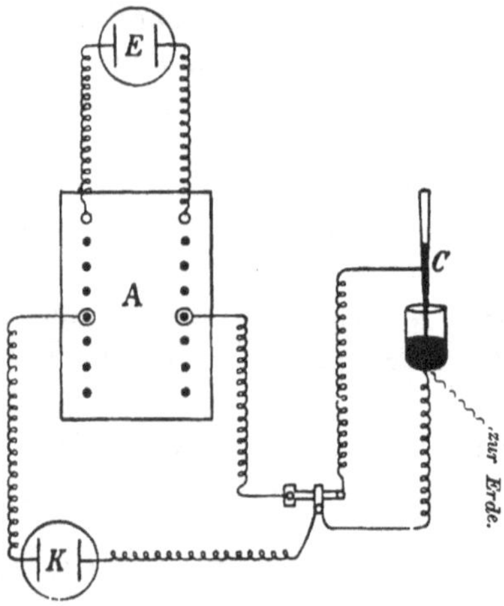

Fig. 92. Kompensationsmethode.

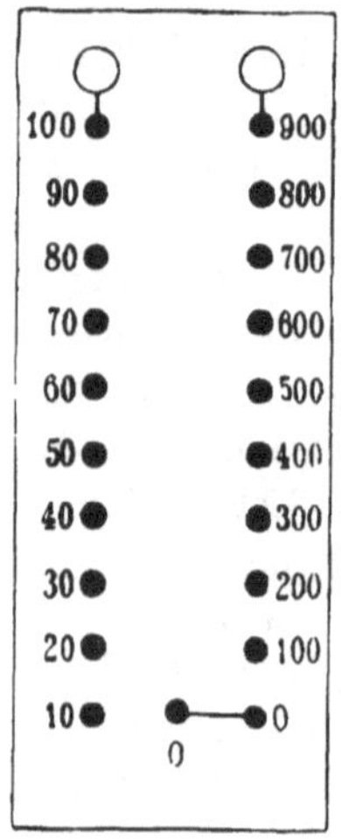

Fig. 93. Rheostat.

Zur Ausführung der Methode giebt Ostwald[1] folgende Vorschrift: Der Widerstandskasten *A* (Fig. 92), zu dessen Endklemmschrauben die Poldrähte der bekannten elektromotorischen Kraft *E* führen, ist zweckmäßig ein Dekaden-Rheostate mit 1000 Ohm, welche in der Form $9 \times 100 + 10 \times 10$ angeordnet sind (Fig. 93).

Beträgt die elektromotorische Kraft *E* z. B. 1 Volt, so findet für 1000 Ohm der gesamte Spannungsabfall statt; für je 100 Ohm 0·1 Volt, für je 10 Ohm 0·01 Volt. Man hat mithin zwischen je

[1] Ztschr. f. phys. Chemie I, S. 403.

zwei Stöpseln des Rheostaten bestimmte Potentialdifferenzen. Nunmehr schaltet man die zu bestimmende Kraft gegen die bekannte so ein, daß man durch Versuche die Stöpselung im Rheostaten ermittelt, bei welchem die elektromotorischen Kräfte einander aufheben. Da man den Spannungsabfall stets um 0·01 Volt zu variieren vermag, so ist mit der Größe des eingeschalteten Widerstandes auch die elektromotorische Kraft gegeben. Das Nullinstrument, hier ein Lippmann'scher Kapillarelektrometer, wird in den Stromkreis der zu untersuchenden Kraft so eingeschaltet, daß die Zuleitung der letzteren zu dem Elektrometer zur Erde abgeleitet wird, während der zweite Elektrometerdraht den Anschluß an den Rheostaten vermittelt. Die Schaltung entspricht mithin genau dem oben gegebenen Schema.

Da das Kapillarelektrometer nur dann richtige Werte zeigt, wenn es stets, mit Ausnahme des Augenblickes der Messung, zur

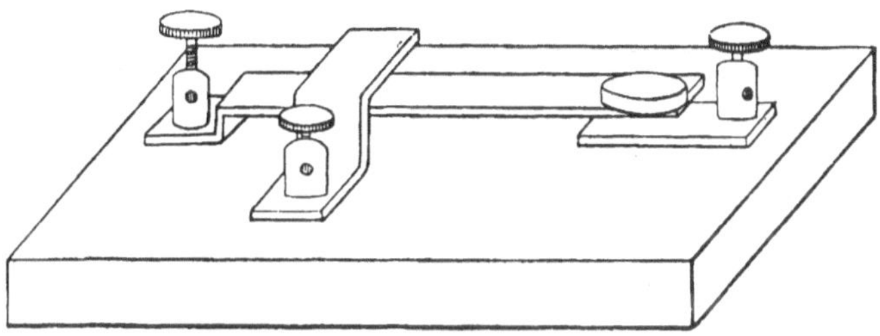

Fig. 94. Elektrometerschlüssel.

Vermeidung der Ausbildung von Potentialdifferenzen in sich geschlossen bleibt, so schaltet man zwischen der elektromotorischen Kraft e und dem Elektrometer einen sogenannten Elektrometerschlüssel[1] von vorstehender Form (Fig. 94) ein. Ein federnder Messingstreifen ist mit einem isolierenden Knopf versehen und verbindet beim Niederdrücken die linke Klemmschraube mit der rechten, während er in der Ruhelage gegen die mittlere Klemmschraube drückt, so daß diese mit der linken in metallischem Kontakt sich befindet.

Bei der vorliegenden Kompensationsmethode wird nun der eine von der elektromotorischen Kraft e ableitende Draht ebenso wie der eine Elektrometerdraht an die mittlere Klemmschraube angelegt und von dort zur Erde abgeleitet, während der zweite

[1] Ostwald, Hand- und Hilfsbuch, S. 244.

Elektrometerdraht zur rechten Klemmschraube führt, und von der linken Klemme des Elektrometerschlüssels der Anschluß an den Rheostaten bewerkstelligt wird.

Voraussetzung bei dieser Messung ist, daß die bekannte elektromotorische Kraft größer als die zu messende ist, was man stets durch Hintereinanderschaltung mehrerer Elemente erreichen kann.

Um höhere elektromotorische Kräfte zu kompensieren, benutzt man zweckmäßig nach Ostwald's[1] Vorschlag folgende Anordnung.

Man verbindet den einen der beiden Rheostatenstöpsel nicht direkt mit der zu messenden elektromotorischen Kraft, sondern mit einer kleinen Batterie von Elementen mit bekannter elektromotorischer Kraft (etwa 1 Volt Elemente), welche auf einem Holzbrett (Fig. 95) hintereinander geschaltet sind, und einzeln oder auch zu mehreren in den Stromkreis eingeschaltet werden können, indem man den einen Draht, welcher in der ersten Anordnung sogleich zum Rheostaten führte, mit einer der fünf Klemmen *b*, *c*, *d*, *e*, *f* verbindet, während von *a* aus der Anschluß zum Rheostaten führt. Man führt dann die Messung in der beschriebenen Weise aus und hat nur zu dem Werte der elektromotorischen Kraft, welcher sich aus dem Spannungsabfall im Rheostaten ergiebt, die Anzahl Volt der mit eingeschalteten kleinen Elemente zu addieren.

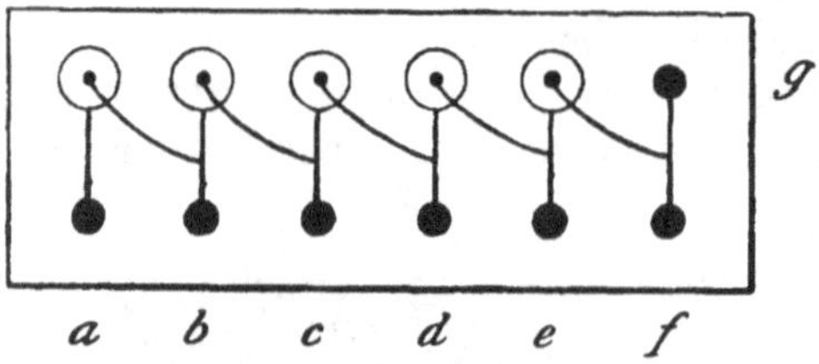

Fig. 95. Kompensationsmethode.

Falls man bei diesen auf 0·01 Volt zu ermittelnden Werten nicht genau die Nullstellung des Meßinstrumentes erreicht, kann man aus dem Ausschlag des Galvanometers oder Elektrometers, welcher bei den beiden den wahren Wert einschließenden Stöpselstellungen im Rheostaten erhalten wird, auf 0·001 Volt mit Sicherheit schätzen.

Anstatt die bekannte elektromotorische Kraft direkt zur Bildung des bekannten Spannungsabfalles im Elektrometer zu benutzen, kann man auch zunächst eine beliebige elektromotorische Kraft an Stelle von *E* anwenden und als zu messende die bekannte gegenschalten und die Nulllage des Meßinstrumentes herrichten.

[1] Ztschr. f. phys. Chemie I, S. 403.

Der von der gegengeschalteten bekannten elektromotorischen Kraft in Anspruch genommene Widerstand besitzt mithin den Spannungsabfall derselben. Substituiert man nun an Stelle der bekannten elektromotorischen Kraft die zu messende, so kann man aus dem nunmehr einzuschaltenden Widerstande zur Erreichung der Stromlosigkeit des Meßinstrumentes, im Verhältnis zu dem erst erhaltenen den gesuchten Wert berechnen. Hat man z. B. für die bekannte Kraft e den Widerstand w, für die zu ermittelnde E den Widerstand W eingeschaltet, um Nullstellung zu erreichen, so ist:

$$\frac{E}{e} = \frac{W}{w}, \qquad E = e\frac{W}{w}.$$

§ 3. Die Messung einzelner Potentialsprünge.

Sofern es sich nicht um die gesamte Bestimmung der in Wirksamkeit tretenden elektromotorischen Kraft eines Systemes handelt, enthält die Aufgabe Potentialdifferenzen zu messen, mehrere Teile, welche in der gesonderten Ermittelung der die elektromotorische Kraft bildenden Potentialsprünge besteht.

Dieselben finden an der Berührungsstelle heterogener Teile der galvanischen Kette statt, wobei man die geringen Werte der durch Kontakt zweier verschiedener Metalle entstehenden Kräfte vernachlässigen kann. Wenn nun auch, wie bei den Flüssigkeitsketten erwähnt, nicht immer der bei der Berührung verschiedener Flüssigkeiten entstehende Potentialsprung vernachlässigt werden darf, so bilden doch im allgemeinen die wesentlichen Potentialsprünge zwischen Metall und Flüssigkeit die Hauptfaktoren der gesamt auftretenden elektromotorischen Kraft. Deshalb verdienen die Bestimmungen dieser letzteren Potentialsprünge unser vornehmliches Interesse.

Zur Bestimmung der einzelnen Potentialsprünge dient die NERNST'sche Formel:

$$\pi = \frac{0{\cdot}000198}{n} T \log \frac{P}{p},$$

wobei P den elektrolytischen Lösungsdruck des Metalles, p den osmotischen Druck des gelösten Kations und n dessen Wertigkeit bedeutet. Man wendet als Elektrolyten bei Benutzung dieser Formel ein Salz des Elektrodenmetalles an. Da nach Messung von π die einzige Unbekannte der Gleichung der elektrolytische Lösungsdruck P ist, so kann man die Größe des letzteren berechnen.

Um nun einen einzelnen Potentialsprung messen zu können, muß man, da eine bequem meßbare elektromotorische Kraft mindestens zwei Potentialsprünge besitzt, in Berührung mit dem zu messenden einen schon bekannten bringen.

Ein solcher ist für alle Fälle von OSTWALD konstruiert und mit dem Namen Normalelektrode belegt worden. Die Beschreibung dieser Normalelektrode, deren Einrichtung aus beistehender Fig. 96 hervorgeht, giebt OSTWALD[1] mit folgenden Worten:

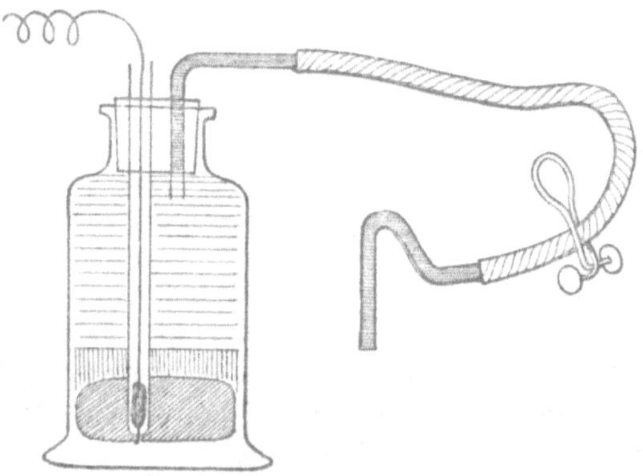

Fig. 96. Normal-Elektrode.

In eine weitmündige Flasche wird auf den Boden reines Quecksilber gegossen; darüber kommt etwas Kalomel und eine normale Chlorkaliumlösung. Auf das vollständig gefüllte Glas wird ein Gummistopfen gesetzt, welcher zwei Röhren trägt. Die eine gerade Röhre ist am Ende mit einem eingeschmolzenen kurzen Platindraht versehen; gießt man einen Tropfen Quecksilber hinein, so ist ein in die Röhre gesteckter Leitungsdraht dadurch mit dem Quecksilber im Glase verbunden, ohne daß dieses einer Verunreinigung ausgesetzt ist. Die zweite, rechtwinklig gebogene Röhre trägt einen Gummischlauch von etwa 10 cm Länge, der am Ende mit einem hakenförmig gebogenen Stück Glasrohr versehen ist; alles ist mit der Chlorkaliumlösung angefüllt. Man setzt durch das Hakenrohr diese Elektrode mit dem zu untersuchenden Elektrolyten, und durch die gerade Glasröhre mit dem Elektrometer in Verbindung, dessen andere Zuleitung zu dem in den Elektrolyten tauchenden Metall führt; der Quetschhahn dient, um beim Nichtgebrauch der Elektrode die Verdunstung und die Verunreinigung des Inhaltes zu verhindern.

[1] OSTWALD, Hand- und Hilfsbuch, S. 258.

Der Potential-Unterschied ist nach den besten Messungen gleich 0·56 Volt und zwar ist das Quecksilber positiv, das Chlorkalium negativ geladen.

Bezeichnet man die Potentialdifferenz aus dem zu messenden Potentialsprung und der Normalelektrode mit π, den gesuchten Potentialsprung mit π_1, so ist der gewünschte Wert:

$$\pi_1 = \pi - 0{\cdot}56 \text{ Volt}.$$

Die Vorzeichen werden bedingt durch das Verhältnis des Lösungsdruckes P zum osmotischen Drucke p bei der Bildung des Potentialsprunges.

Die einmalige Feststellung des Wertes der Normalelektrode zu 0·56 Volt beruht auf der Anwendung der von Helmholtz theoretisch begründeten Thatsache, daß Quecksilber, welches in dünnem Strahle ausfließend in Berührung mit einem Elektrolyten Tropfenform annimmt, gegen den Elektrolyten keine Potentialdifferenz besitzt.

Verbindet man eine solche „Strahlelektrode" mit der Normalelektrode zu einer Kette, so fällt der erhaltene Wert der elektromotorischen Kraft lediglich der letzteren zu.

§ 4. Versuche.

Versuch 66. Bestimmung des Molekulargewichtes von Metallen durch Messung elektromotorischer Kräfte.[1] Eine Bestimmung des Molekulargewichtes von Metallen läßt sich erhalten durch Messung der elektromotorischen Kräfte von Elementen, welche nach dem Schema:

Konzentriertes Amalgam	Lösung eines Salzes des in dem Amalgam enthaltenen Metalles	Verdünntes Amalgam

zusammengesetzt sind.

Ist in dem ersten Amalgam 1 g Hg mit c_1 g Metall, im zweiten 1 g Hg mit c_2 g Metall ($c_1 > c_2$) verbunden, so ist, wenn das Molekulargewicht des Metalles gleich M gesetzt wird, im ersten Amalgam $\frac{c_1}{M}$ Moleküle, im zweiten $\frac{c_2}{M}$ Moleküle des Metalles mit 1 g Hg verbunden oder ein Molekül des Metalles ist gelöst in $\frac{M}{c_1}$ g bezw. $\frac{M}{c_2}$ g Hg.

Die elektromotorische Kraft eines solchen Systemes ist für den Fall, daß q g des Metalles oder $\frac{q}{M}$ Moleküle des Metalles von Amalgam I zu Amalgam II geschafft werden:

[1] G. Meyer, Ztschr. f. phys. Chem. VII, S. 477.

$$E = 1 \cdot 908 \frac{q}{M} T \log \frac{c_1}{c_2}$$

und hieraus folgt:

$$M = \frac{1 \cdot 908 . q}{E} T \log \frac{c_1}{c_2} .$$

Die Voraussetzung für die Auffassung dieses Systemes als eine Konzentrationskette ist die Annahme, daß Amalgame sich wie Lösungen verhalten. Dies ist auch mit Annäherung der Fall. Wählt man aber als Lösungsmittel nicht Quecksilber, sondern ein anderes Metall, so verliert die Formel für die erhaltenen Legierungen ihre Gültigkeit; dieselben verhalten sich nicht mehr wie Lösungen.

Die Messung der elektromotorischen Kräfte geschieht entweder durch direkte Ablesung an dem zu diesem Zwecke mit Normalelementen geaichten Kapillarelektrometer, oder nach der Kompensationsmethode in einer der beschriebenen Anordnungen.

Herstellung der Amalgame. Die Amalgame werden so hergestellt, daß man zunächst ein konzentriertes Amalgam macht und von diesem aus die verdünnteren bildet. Von Cd, Sn, Pb werden gewogene Mengen in bekannten Gewichten Quecksilber gelöst; der Prozentgehalt in der Untersuchungsreihe von G. Meyer betrug der Reihe nach: 13·36 %, 41·52 %, 50·41 %. Das Amalgam von Zn hatte einen Metallgehalt von 8·03 %, welcher dadurch bestimmt wurde, daß man gewogene Mengen längere Zeit mit verdünnter Salzsäure erwärmte und das Gewicht des zurückbleibenden Quecksilbers ermittelte. Kupferamalgam ließ sich dadurch erhalten, daß man in eine gewogene Menge Quecksilber auf elektrolytischem Wege Cu aus $CuSO_4$ einführte und die abgeschiedene Kupfermenge durch den in einem Wasservoltmeter gleichzeitig entwickelten Wasserstoff bestimmte.

Aus diesen Amalgamen wurden die zu den Versuchen benutzten sehr verdünnten hergestellt, indem man geringe Mengen derselben in gewogene Quecksilbermengen eintrug und deren Gewichtszunahme bestimmte.

Die Elemente, welche Zn-, Cd-, Pb-, Sn-, Cu-Amalgame enthielten, bestanden aus zwei etwa 8 cm langen Glasröhren, in deren unten zugeschmolzenen Enden Platindrähte eingeschmolzen waren. Die beiden Röhren wurden mit den Amalgamen gefüllt, so daß der Boden bedeckt war, und der Elektrolyt unmittelbar nachher darüber geschichtet. Beide Röhren wurden durch einen Heber verbunden, welcher durch ein mit einem Glashahn absperrbares Rohr angesaugt wurde.

Von den beiden Platindrähten aus führten die Zuleitungen zu den Meßvorrichtungen.

Mit jedem Metall wurden zwei von einander unabhängige Beobachtungsreihen angestellt.

Tabelle.

t	c_1	c_2	Volt	M	E berechnet
Zn. Reihe I, Elektrolyt $ZnSO_4$ $E = 0{\cdot}006429 \frac{T}{M} \log \frac{c_1}{c_2}$					
11·6	0·003366	0·00011305	0·0419	64·4	0·0416
67·5	0·003366	0·00011305	0·0516	62·5	0·0497
18·0	0·003366	0·00011305	0·0433	63·7	0·0425
18·0	0·003366	0·00011305	0·0415	66·4	0·0425
			Mittel	64·2	
			Atomgewicht	64·9	
Zn. Reihe II, Elektrolyt $ZnSO_4$					
12·4	0·002280	0·0000608	0·0474	60·9	0·0445
58·2	0·002280	0·0000608	0·0520	64·5	0·0517
0·0	0·002280	0·0000608	0·0452	61·1	0·0426
60·0	0·002280	0·0000608	0·0520	64·8	0·0519
			Mittel	62.8	
			Atomgewicht	64.9	
Cd. Reihe I, Elektrolyt CdJ_2, $E = 0{\cdot}01109 \frac{T}{M} \log \frac{c_1}{c_2}$					
16·3	0·0017705	0·00005304	0·0433	112·4	—
12·6	0·0017705	0·00005304	0·0461	104·7	—
60·1	0·0017705	0·00005304	0·0562	100·2	—
			Atomgewicht	112	
Cd. Reihe II, Elektrolyt CdJ_2					
13·0	0·0005937	0·00007035	0·0260	113	—
13·3	0·0005937	0·00007035	0·0264	111·4	—
			Atomgewicht	112	
Pb. Eloktrolyt $(C_2H_3O_2)_2Pb$, $E = 0{\cdot}02048 \frac{T}{M} \log \frac{c_1}{c_2}$					
21·1	0·001811	0·0005857	0·0143	206·1	—
18·8	0·0018963	0 0004040	0·0141	202·2	—
			Atomgewicht	206·4	
Sn. Elektrolyt $SnCl_2$, $E = 0{\cdot}011637 \frac{T}{M} \log \frac{c_1}{c_2}$					
20·0	0·000792	0·0000800	0·0271	125·3	—
20 0	0·0005000	0·0001637	0·0153	124·3	—
			Atomgewicht	117·5	

t	c_1	c_2	Volt	M	E berechnet
Cu. Elektrolyt $CuSO_4$, $E = 0{\cdot}00626 \frac{T}{M} \log \frac{c_1}{c_2}$					
17·3	0·0003874	0·00009587	0·01815	63·3	—
20·8	0·0004472	0·00016645	0·0124	63·7	—
			Atomgewicht	63·2	

Aus den mitgeteilten Zahlen ist zu ersehen, daß sich für die Molekulargewichte der Metalle Werte ergeben, welche mit dem Atomgewicht nahe zusammenfallen, so daß sich als Resultat der Untersuchung der Satz aussprechen läßt:

Die Metalle Zn, Cd, Pb, Sn, Cu sind in Quecksilberlösung einatomig und zwar bei Temperaturen, welche von der Zimmertemperatur wenig abweichen. Die Bestimmung ist unabhängig von dem Molekulargewicht des Lösungsmittels.

Diese Versuchsreihe diene als Beispiel der leicht zu erweiternden Aufgabe, Molekulargewichte von Metallen mit Hilfe der Messung elektromotorischer Kräfte zu ermitteln.

Fünftes Kapitel.

Die Polarisation.

§ 1. Theoretisches.

Jede elektrolytische Zersetzung, mit der an den Elektroden Veränderungen irgend welcher Art verbunden sind, erzeugt eine dem zersetzenden (primären) Strome entgegenwirkende elektromotorische Kraft, welche man als die der Polarisation bezeichnet. Der Polarisationsstrom ist mithin ein sekundärer, dem primären in Wirkung und Richtung entgegengesetzter Strom. Alle diejenigen Systeme, bei welchen Veränderungen an den Elektroden nicht Begleiterscheinungen des Stromdurchganges sind, gelten als unpolarisierbar, alle anderen sind polarisierbar.

So ist die Zusammenstellung:

$$Zn \mid ZnSO_4 \mid Zn$$

bei der Elektrolyse frei von Polarisation, wenn man von den an den Elektroden auftretenden Konzentrationsunterschieden absieht; jede Zelle oder Kette mit unangreifbaren Elektroden gehört zu den polarisierbaren.

Der Polarisationsstrom setzt sich wie die elektromotorische Kraft aus den an den Elektroden auftretenden Potentialsprüngen zusammen. Die Gesetze desselben finden in der osmotischen Theorie gleichen Ausdruck wie die der primären Ströme, so daß auch für jene die Nernst'sche Formel Geltung hat:

$$\pi = \frac{0 \cdot 000198}{n} T \log \frac{P}{p}.$$

Der Polarisationsstrom wächst mit der Intensität des primären Stromes, ob zu einem Maximum, ist noch nicht endgültig festgestellt.

Es giebt nun verschiedene Arten von Polarisation:

1. Die Kathode ist polarisierbar, die Anode ist nicht polarisierbar (kathodische Polarisation) z. B.:

$$- \mathrm{Pt} \mid \mathrm{ZnSO_4} \mid \mathrm{Zn} +.$$

Da an der Anode sich immer wieder Zinksulfat an metallischer Oberfläche bildet, bleiben hier die Verhältnisse im Gegensatze zu der Kathode unverändert, abgesehen natürlich von den Konzentrationsverschiebungen.

2. Die Anode ist polarisierbar, die Kathode ist nicht polarisierbar (anodische Polarisation) z. B.:

$$- \mathrm{Zn} \mid \mathrm{ZnCl_2} \mid \mathrm{C} +.$$

Nunmehr bleiben die Verhältnisse an der Kathode dieselben, an der Anode entweicht Chlor, welches die Kohlenelektrode zu einer Chlorelektrode umgestaltet.

3. Beide Elektroden sind polarisierbar, etwa:

$$- \mathrm{Pt} \mid \mathrm{H_2SO_4} \mid \mathrm{Pt} +,$$

wobei bald eine Wasserstoff- resp. Sauerstoffschicht die Kathode, resp. Anode uberzieht.

Aus diesen Überlegungen geht zweierlei hervor. Zunächst muß zur dauernden Zersetzung eine Primärkraft in Thätigkeit sein, welche größer ist, als die mögliche elektromotorische Kraft des Polarisationsstromes. Im anderen Falle würde der Polarisationsstrom die zunächst eingeleitete Zersetzung des ersten Stromes wieder rückgängig machen und somit eine weitere Elektrolyse verhindern.

Ferner ist es klar, daß die Messung des Polarisationsstromes in der Messung seiner einzelnen Potentialsprünge bestehen muß, wenn es sich um die wissenschaftliche Aufgabe der Aufklärung des Polarisationsvorganges handelt. Man wird dann gesondert die kathodische und anodische Polarisation zu prüfen haben.

Bei den mehr praktischen Aufgaben elektrolytischer Zersetzungen ist jedoch häufig die Kenntnis der gesamten Polarisation, der Summe der einzelnen sie bildenden Potentialsprünge, maßgebend, insofern es sich um Wahl von „Badspannungen" u. s. w. handelt, bei welchen die gesonderte Bestimmung kathodischer und anodischer Polarisation zu weit führen würde. Für diese Fälle genügt eine Messung der Potentialdifferenz des ganzen sekundären Stromes, so daß sich hier die Aufgabe der Bestimmung elektromotorischer Kräfte insofern wiederholt, als es sich um Messung von Potentialdifferenzen handelt.

Wir wollen die Ausführung dieser Methoden gesondert betrachten und mit der gröberen Aufgabe der Messung der Gesamtpolarisation eines Systemes beginnen.

§ 2. Bestimmung elektromotorischer Kräfte von Polarisationsströmen.

Wenn es sich nur um angenäherte Feststellung der zu messenden Größen handelt, genügt es, einen Spannungsmesser, Voltmeter, Galvanometer, Elektrometer oder Torsionsgalvanometer an die Klemmen des zu messenden Systemes anzulegen und nach Unterbrechung des Primärstromes den Polarisationsstrom sich durch den Meßapparat entladen zu lassen. Natürlich machen diese Resultate keinen Anspruch auf irgendwelche größere Genauigkeit.

Da der Polarisationsstrom nicht unabhängig von der Intensität des Primärstromes ist, so wird es im allgemeinen nötig sein, die Stärke des letzteren bei den Messungen der sekundären Kraft zu berücksichtigen. Am häufigsten stellt sich nun die Aufgabe, das Minimum der Polarisation kennen zu lernen, weil durch dasselbe der „Zersetzungspunkt" des Elektrolyten gegeben ist, d. h. diejenige elektromotorische Kraft, welche zur dauernden Elektrolyse gerade überwunden werden muß. Auch diese Aufgabe zerfällt, wie weiter unten gezeigt werden wird, in die getrennte Messung der kathodischen und anodischen Polarisation. Handelt es sich nur um die Minimalpolarisation, welche in einer galvanischen Zelle auftritt, so können die beiden folgenden angenäherten Methoden Verwendung finden.

A. In den Stromkreis, in welchem sich die zu messende Zelle befindet, wird ein innerhalb weiter Grenzen variabler Rheostat, am besten ein Flüssigkeitswiderstand, eingeschaltet gleichzeitig mit einem empfindlichen Strommesser, etwa einem Milliampèremeter. Von den Elektroden der Untersuchungszelle aus wird wie gewöhnlich ein Spannungsmesser, dessen Genauigkeit 0·01 Volt nicht zu übersteigen braucht, im Nebenschluß eingefügt. Bekanntlich ist nach dem OHM'schen Gesetze:

$$E = J \cdot W + P,$$

wobei P die elektromotorische Kraft der Polarisation bedeutet. Mithin:

$$P = E - J \cdot W.$$

Nachdem man nun den primären Strom mit einer die Polarisation beliebig übersteigenden elektromotorischen Kraft zur Einleitung der Zersetzung durch die Zelle gesandt hat, schaltet man so viel Widerstand ein, daß das Milliampèremeter nur noch einen geringen Ausschlag, etwa 0·001—0·005 Ampère zeigt. Dann wird für den Fall, daß der Widerstand der Zelle nicht zu groß ist (derselbe läßt sich durch die Entfernung der Elektroden innerhalb bestimmter Werte variieren), das Produkt $J \cdot W$ sehr klein; sein Wert betrage höchstens 0·05 Volt. Für schlechter leitende Elektrolyte, deren Widerstand 50 Ohm übersteigt, ist diese Methode nicht anwendbar. Der zwischen den Elektroden befindliche Spannungsmesser zeigt nun direkt die Größe:

$$P = E - J \cdot W$$

an. Für den Fall, daß die Kleinheit von $J \cdot W$ im Zusammenhang mit der gerade vorliegenden Aufgabe die Vernachlässigung von $J \cdot W$ gestattet, ist:

$$E = P,$$

der direkt am Voltmeter abgelesene Wert giebt die Größe der Zersetzungsspannung, das Minimum der Gesamtpolarisation bis auf die durch die Vernachlässigung von $J \cdot W$ bedingte Genauigkeit. Da sehr häufig die Größe des letztgenannten Produktes $^1/_{100}$ Volt nicht übersteigt, so kann die Methode bei praktischen Aufgaben, bei welchen Zersetzungserscheinungen, wie in der Galvanoplastik oder der quantitativen Elektrolyse die Hauptfragen bilden, häufig Anwendung finden.

Eine zweite von HEIM[1] angegebene Methode, welche auf der Anwendung einer Mittelelektrode beruht, ist noch nicht vom Verfasser in eine endgültige Form gebracht worden.

B. Unterbrechungsmethode. Da der Polarisationsstrom in seiner Größe nicht unabhängig ist von der des primären Stromes, so ist es zweckmäßig, die Messung in einer Anordnung vorzunehmen, welche den direkten Vergleich beider elektromotorischen Kräfte gestattet. Die Möglichkeit dieser Untersuchungsform erreicht man durch einen Stimmgabelunterbrecher in folgendem Schema (Fig. 97):

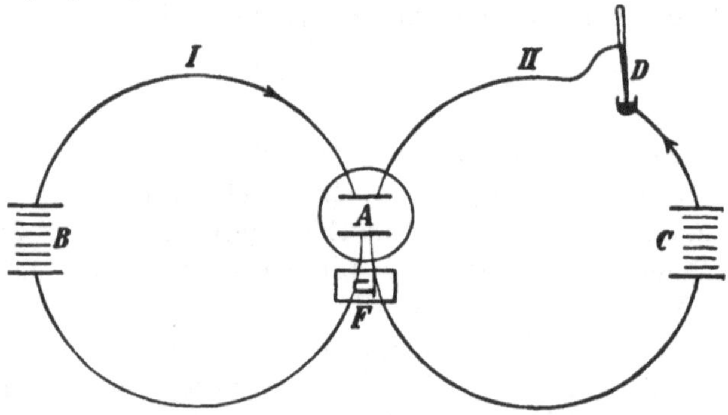

Fig. 97. Polarisationsmessung.

Von den Elektroden der zu untersuchenden Zelle *A* gehen zwei Stromkreise aus; in dem einen befindet sich die elektromotorische Primärkraft *B*, in dem zweiten ein Instrument zur direkten Messung elektromotorischer Kräfte, oder eine bekannte, aber vari· ble, dem Polarisationsstrome entgegengesetzt gerichtete Kraft *C* mit einem Kompensationselektrometer *D*. Der Stimmgabelunterbrecher ist nun so angeordnet, daß abwechselnd der erste Kreis geöffnet und der zweite geschlossen ist.

Die von LE BLANC[2] angegebene Konstruktion des Unterbrechers ist die folgende (Fig. 98). Er besteht aus einem passend gebogenen

[1] Ztschr. f. Elekt ochemie IV, S. 527.

[2] Ztschr. phys Chemie V, S. 470.

Stahlstabe, welcher durch einen Messingkloben an dem Brette *A* befestigt ist, das seinerseits auf der Grundfläche *B* sich fest aufgeschraubt befindet. Ein Element setzt die Stimmgabel in Schwingungen. Sobald der Elektromagnet *J* möglichst nahe an die Biegung der Stimmgabel herangerückt wird, werden schon durch ein Leclanché-Element Schwingungen von mehreren Millimetern Weite bewirkt. Durch Bewegung der Schraube *s*, die eine Platinspitze trägt und dem auf der oberen Stimmgabelzinke befestigten Platinbleche *i* mehr oder weniger genähert werden kann, wird der Gang der Stimmgabel leicht reguliert. Wesentlich für die Erzeugung guter Schwingungen ist, die Spitze der Kontaktschraube *s* nicht wie gewöhnlich starr, sondern durch eine kleine, aus einem schraubenförmig aufgewundenen Platindraht bestehende Feder zu bilden.

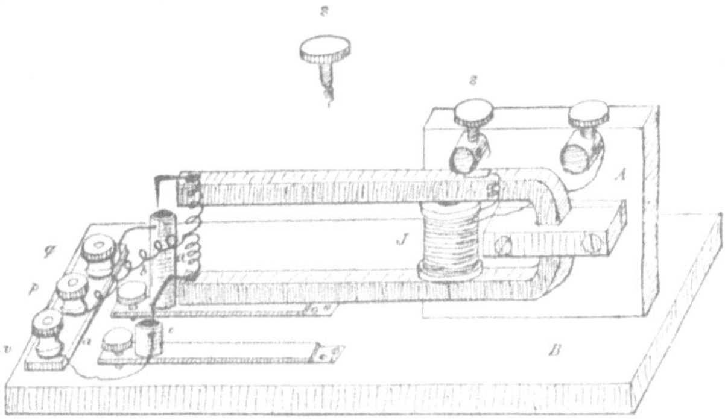

Fig. 98. Stimmgabelunterbrecher.

Die Schrauben *a* und *b* gestatten ein Heben und Senken der Quecksilbernäpfchen *c* und *d*. Die Verbindungen *o*, *p* und *q* vermitteln den Anschluß zum Primär- und Sekundärkreise. Die Wirkung der Stimmgabel ist nun, wie ersichtlich, die, daß abwechselnd der eine Kreis geschlossen und der andere geöffnet ist. Bei der ersten Stellung findet z. B. durch den Primärstrom Zersetzung statt, bei der zweiten Stellung fließt der entstandene Polarisationsstrom durch den Kreis II und das Meßinstrument. Schluß und Öffnung finden durch den Stimmgabelunterbrecher in den beiden Kreisen nun so schnell statt, daß man praktisch eine kontinuierliche Zersetzung und einen kontinuierlichen Polarisationsstrom hat, ohne daß die beiden Ströme einander stören. Man mißt also den Polarisationsstrom in dieser Weise bei jeder durch den Primärstrom gegebenen Stärke und kann das

Phänomen bei den verschiedensten Größen des primären Stromes studieren.

Zu diesem Zwecke schaltet man einen Intensitätsmesser gleichzeitig in den Stromkreis I und reguliert nötigenfalls die Stromgrößen der primären Kraft durch einen variabeln Widerstand.

Die Messung im Kreise II kommt genau auf die schon gegebene Methode der Bestimmung der elektromotorischen Kräfte hinaus und auch hier bewährt sich die POGGENDORFF'sche Kompensationsmethode in der von OSTWALD gegebenen Form, indem man von den Elektroden des Kreises II die Anordnung in der geschilderten Weise anlegt (s. S. 187), als ob der Stromkreis I überhaupt nicht vorhanden wäre.

C. FUCHS'sche Methode. Handelt es sich um die gesonderte Bestimmung von kathodischer und anodischer Polarisation, der einzelnen Potentialsprünge also, welche die elektromotorische Kraft der sekundären Gegenkraft ausmachen, so bedient man sich der bereits erwähnten OSTWALD'schen Normalelektrode (s. S. 192).

Zur Ausführung dieser Messung eignet sich besonders eine von FUCHS[1] angegebene Anordnung (Fig. 99).

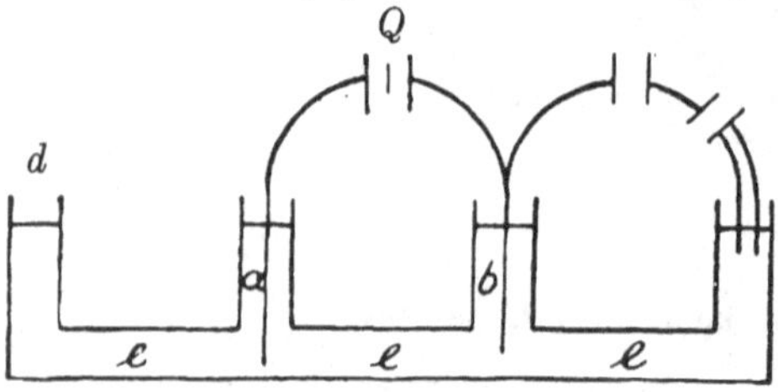

Fig. 99. Polarisationsmessung.

In die beiden mittleren Schenkel *a* und *b* des mit dem zu untersuchenden Elektrolyten gefüllten doppelten U-Rohres werden zwei indifferente Elektroden eingesenkt, welche mit der primären Elektricitätsquelle *Q* in Verbindung stehen. Die beiden seitlichen Schenkel *c* und *d* dienen nun zur Aufnahme der Normalelektrode. Handelt es sich z. B. um die Polarisation an der in *b* befindlichen Elektrode, so senkt man in den Schenkel *c* den mit der $^1/_1$ nKCl-Lösung gefüllten Glasrohrhaken der Normalelektrode, deren Quecksilber mittels des Platindrahtes und eines an diesen anschließenden Verbindungsdrahtes mit der Elektrode in *b* in Kontakt gebracht wird unter gleichzeitiger Einschaltung eines geeigneten Meßinstrumentes. Man erhält so zwischen *b* und *c* eine neue elektromotorische Kraft, die gebildet ist einerseits von dem durch den

[1] POGGEND. Ann., **156**, S. 159.

bei Wirkung des Primärstromes in *b* entstehenden Potentialsprung, sowie durch den der Normalelektrode; da letzterer bekannt ist, so erhält man durch eine Messung den Wert der ersten gesuchten Größe. Man hat jedoch darauf zu achten, ob der durch die Berührung des Elektrolyten mit der Flüssigkeit der Normalelektrode entstehende Potentialsprung vernachlässigt werden darf.

Will man den Polarisationswert der im Schenkel *a* befindlichen Elektrode kennen lernen, so legt man die ganze Anordnung einfach auf die andere Seite des Systemes, so daß nunmehr die Normalelektrode in den Schenkel *d* taucht.

§ 3. Die Bestimmung von Zersetzungswerten.[1]

Versuch 67. Bei den Ausführungen über die Polarisation ist auseinander gesetzt worden, daß durch das Verhalten der durch einen Strom in einer Lösung erzeugten Zersetzungsprodukte bei gleichartigen Elektroden eine dem Zersetzungsstrom entgegengesetzt wirkende elektromotorische Kraft entsteht. Ist der Wert der letzteren größer oder gleich dem des zuerst eingeleiteten Stromes, so wird die Folge sein, daß nach begonnener Zersetzung der primäre Strom die Zelle nicht mehr passieren kann; ein eingeschaltetes Meßinstrument wird zuerst den Stromdurchgang anzeigen, um bald nach dem Eintreten der Polarisation auf den Wert 0, d. h. auf die Angabe der Stromlosigkeit zurückzugehen.

Um mithin eine dauernde Zersetzung zu bewerkstelligen, muß die primäre elektromotorische Kraft dauernd größer sein, als die durch die Zersetzung entstehende der Polarisation.

Um aber überhaupt aus der Lösung eines Elektrolyten Ionen zur Abscheidung zu bringen, ist eine Arbeit von bestimmter Größe anwendbar, welche von der einem jeden Ion eigentümlichen, mehr oder weniger großen Leichtigkeit abhängt, mit welcher das Ion unter Neutralisation seiner elektrischen Ladung in den atomistischen Zustand übergeht. Die Verschiedenheit dieser Eigenschaft der Ionen, welche man als ihre Haftintensität bezeichnet, findet bei dem praktischen Versuch darin seinen Ausdruck, daß, um irgend ein Ion in den atomistischen Zustand überzuführen, eine ganz be-

[1] Le Blanc, Ztschr. f. phys. Chem. VIII, S. 304: Die elektromotorischen Kräfte der Polarisation.

stimmte elektromotorische Kraft erforderlich ist, welche von den chemischen Eigenschaften des betreffenden Ions und von den Versuchsbedingungen abhängig ist und mit diesen variiert. Man bezeichnet diese elektromotorische Kraft als den Zersetzungspunkt für das betreffende Ion.

In einem Elektrolyten sind nun mindestens zwei Ionenarten die zur Ausscheidung gelangen, die Anionen und die Kationen.

Jedes derselben bedarf einer bestimmten Zersetzungsspannung; um die Lösung zu elektrolysieren, ist also eine elektromotorische Kraft nötig, welche mindestens gleich der Summe der Zersetzungsspannungen für Anion und Kation ist. Man bezeichnet für einen Elektrolyten die so resultierende elektromotorische Kraft als seinen Zersetzungswert.

Jeder Elektrolyt besitzt einen ganz bestimmten Zersetzungswert, und dieser ist offenbar gleich dem Minimum der elektromotorischen Kraft des Polarisationsstromes, welche sich aus den Potentialsprüngen der anodischen und der kathodischen Polarisation summiert.

Bezeichnet man also mit dem Polarisationswerte die elektromotorische Kraft, welche gerade die Ausscheidung der Ionen bewirkt, so ist dieselbe identisch mit der Haftintensität. Eine Messung der Zersetzungswerte giebt mithin gleichfalls die Minima[1] der Polarisationswerte.

Schaltet man, um diese Messung auszuführen, in den Stromkreis mit dem Elektrolyten ein Galvanometer ein und beginnt mit ganz geringen elektromotorischen Kräften, so passiert das System überhaupt der Strom so lange nicht, als seine elektromotorische Kraft geringer als der Zersetzungswert des Elektrolyten ist. Steigert man nun die elektromotorische Kraft allmählich, so wird ein Punkt erreicht werden, wo sie den Zersetzungswert gerade überwindet. In diesem Augenblick wird ein Strom die Zelle passieren, welcher sich in einem plötzlichen Ausschlagen der Galvanometernadel kundgiebt.

Die Methode der Messung der Zersetzungswerte mithin besteht in der Beobachtung, welche elektromotorische Kraft der polarisierende oder zersetzende Strom in dem Augenblick besitzt, in welchem der Ausschlag der Galvanometernadel einen Sprung macht, d. h.

[1] Das Minimum ergiebt sich deshalb, weil mit wachsendem Zersetzungsstrom auch die elektromotorische Kraft des Polarisationsstromes wächst.

in der Messung der elektromotorischen Kraft an dem Punkte, unterhalb dessen die Ausschläge kaum merklich sind, während sie oberhalb schnell wachsen.

Die so gefundenen elektromotorischen Kräfte sind die Zersetzungswerte.

Versuchsanordnung. Die Versuchsanordnung, deren sich Le Blanc bediente, ist die folgende (Fig. 100).

Der Strom von 2 (mitunter 3) Leclanché-Elementen wurde zu einem Widerstandskasten (*g*) von 9 · 100 und 10 · 10, zusammen 1000 Einheiten geführt. Durch zwei Stöpsel kann jeder Wider-

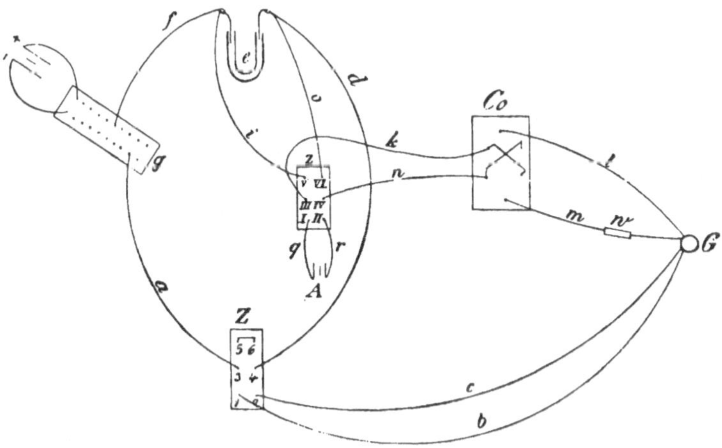

Fig. 100. Bestimmung der Zersetzungsspannung.

stand zwischen 10 und 1000 Einheiten eingeschlossen und somit jede elektromotosische Kraft zwischen $\frac{2}{100}$ Leclanché und zwei Leclanché, in Teilen von $\frac{2}{100}$ Leclanché, d. i. von 0·02—0·03 Volt abgezweigt werden. Zuerst mußte der Zusetzungspunkt festgestellt werden; es wurde dazu der Stromkreis *a 3 1 b G c 2 4 d e f g* geschlossen und so lange gestöpselt, bis das Spiegelgalvanometer, das durch das Fernrohr beobachtet wurde, den charakteristischen Sprung zeigte. War dieser Punkt gerade erreicht, so wurde, um die betreffende elektromotorische Kraft zu messen, die Wippe *Z* umgelegt und zugleich durch Wippe *z*, die vorher ausgeschaltet war, *III* mit *V* und *IV* mit *VI* verbunden. Der Strom wird dann durch *a 3 5 6 4 d o VI IV n Co m w G l Co k III V i f g* fließen. Es wurde der Ausschlag des Galvanometers nach der einen Seite bestimmt, dann mittels des Kommutators *Co* der Ausschlag nach der anderen Seite gewandt und der Gesamtausschlag notiert. Sodann wurde durch Umlegen der Wippe *Z* anstatt der zu bestimmenden elektromotorischen Kraft ein Clarkelement von genau bekannter Spannung mit dem Galvanometer verbunden und hier ebenfalls die beiden Ausschläge und der Gesamtausschlag bestimmt. Da nun so kleine Ausschläge sich wie die elektromotorischen Kräfte verhalten, so konnte die gesuchte elektromotorische Kraft leicht gefunden werden. Zum Bestehen dieser Proportionalität war es allerdings notwendig, da Clarkelement und die zu messende elektromorische Kraft nur einen zum Teil gemeinschaftlichen Stromkreis haben, in diesem gemeinschaftlichen Teil einen Widerstand einzuschalten, gegen den die Widerstände der anderen Teile verschwindend klein werden; der Widerstand *w* betrug in runden Zahlen 70 000 Ohm, wird aber zweckmäßig noch weit größer, etwa 500 000 Ohm gewählt.

Als Normalelement wurde ein Clarkelement benutzt, dessen elektromotorische Kraft zu 1·437 Volt bei 18° angenommen wurde. Dasselbe war durch ein Ein-Voltelement geaicht worden. Der Temperaturkoëffizient beträgt annähernd 0·001 Volt für 1°.

Als Galvanometer diente ein Wiedemann'sches Spiegelgalvanometer. Seine Bestimmung war eine zweifache. Erstens sollte es den Sprung anzeigen; dazu wurde nur eine Rolle in Gebrauch genommen, die, um das Instrument zweckmäßig nicht zu empfindlich zu halten, noch ein wenig zurückgeschoben wurde. Durch Probieren findet man leicht die angenehmste Stellung heraus.

Zweitens wurden elektromotorische Kräfte gemessen; hierbei wurde der Strom durch beide Rollen geleitet, die eine in möglichster Nähe der Magnetnadel befindlich, die andere in der vorher fixierten Lage. Das Galvanometer konnte so, ohne daß etwas zu ändern nötig war, abwechselnd zu beiden Zwecken verwendet werden.

Der Gesamtausschlag des Clarkelements betrug durchschnittlich 250 mm. Vor jeder Messung wurde er neu bestimmt. Die Ablesung war auf $^1/_{10}$ mm genau.

Als Gefäß für die Elektrolyten benutzte Le Blanc ein **U**-Rohr von ca. 17 ccm Inhalt und 0·7 cm Durchmesser. Behufs Erzielung gleichmäßiger Temperatur befand es sich in einem Wasserbad. Die Temperatur wurde auf 20° gehalten.

Schließlich sind noch die Elektroden zu erwähnen. Sie bestanden aus reinstem Platindraht von 0·7 mm Dicke und 6 mm Länge; der übrige Teil des Drahtes war, soweit er in die Flüssigkeit tauchte, in eine Glasröhre eingeschmolzen. Die beiden Elektroden vollkommen gleich zu machen, ist nicht möglich, jedoch ist es bei Platinelektroden leicht zu erreichen, daß die durch ihre Verschiedenheit veranlaßten Spannungsdifferenzen 0·02—0·03 Volt nicht überschreiten. Vor der Benutzung wurden die Elektroden nach dem Ablösen etwa niedergeschlagenen Metalles zuerst mit feinem Smirgelpapier, dann mit Leder abgerieben. Die Elektroden wurden abwechselnd als positive und negative verwendet.

Alle Elektrolyte zeigen nicht den Zersetzungspunkt gleich deutlich. Die meisten Metallsalze, aus deren Lösung die Metalle auf den Elektroden niedergeschlagen wurden, ließen den Zersetzungspunkt mit außerordentlicher Schärfe erkennen, auch die gut leitenden Säuren gaben scharfe Übergänge. Die Kupfer-, Natrium- und Kalium-Salze gaben verhältnismäßig unsichere Daten.

Zur Untersuchung eines Elektrolyten wird zuerst die Lage des Fadenkreuzes auf der Galvanometerskala gemerkt und sodann mit der Einschaltung von elektromotorischen Kräften in Teilen von je 0·2—0·3 Volt begonnen. Das Galvanometer zeigt einen Ladungsstrom an und kehrt fast ganz in seine Ruhelage zurück. Schaltet man die letzten 0·3 Volt unterhalb des Zersetzungspunktes ein, so macht die Nadel einen Ausschlag von etwa 10—40 mm um wiederum bis auf wenige Millimeter in die ursprüngliche Ruhelage zurückzukehren. Schaltet man nun weitere 0·3 Volt ein, so erhält man einen ca. zehn mal so großen Ausschlag — häufig wandert die Skala dabei aus dem Gesichtsfeld — und die Nadel kehrt nicht mehr in die frühere Ruhelage zurück.

Nachdem man so den Punkt annähernd kennen gelernt hat, stöpselt man die letzten 0·2—0·3 Volt, resp. auch die vorletzten zurück und beginnt jetzt mit Einschaltung von 0·02—0·03 Volt. Vorher gönnt man dem Galvanometer Ruhe, um eine feste Einstellung des Fadenkreuzes herbeizuführen. Diese Lage ist von der ursprünglichen etwa um 0—15 mm verschieden, was von sekundären Umständen abhängt.

Nach jeder Zuschaltung von 0·02—0·03 Volt wartet man eine Minute und liest die Lage des Fadenkreuzes ab. Die Beobachtungen ergeben nun folgendes Bild: Entweder kehrt das Fadenkreuz nach den ersten Einschaltungen stets zur Ruhelage zurück und beginnt dann bei einer bestimmten, neuen Einschaltung einen stark anwachsenden Ausschlag zu geben; dies ist der zu den schärfsten Beobachtungen geeignete Fall. Oder, was das gewöhnliche ist, zwischen dem vollständigen Zurückgehen zur Ruhelage und der deutlich eintretenden Zunahme der Ausschläge liegt ein Intervall von Stöpselungen, bei denen schon geringe bleibende Ausschläge zu bemerken sind, die jedoch von gleicher Größe sind und keine bemerkbare Zunahme aufweisen.

Als Zersetzungspunkt wird stets der Punkt betrachtet, von dem aus eine deutliche Zunahme der Ausschläge bei Steigerung der elektromotorischen Kraft erkennbar ist.

Bei einiger Übung ist dieser Punkt selbst in schwierigeren Fällen unschwer mit genügender Sicherheit zu finden, so daß die Fehlergrenze von $\pm$ 0·05 Volt kaum überschritten werden dürfte.

Zur Erläuterung dienen die folgenden Beispiele.

I. Zinkbromid ($^1/_1$ n. Lösung). Der Zersetzungspunkt liegt bei 1·81 Volt. Bei ungefähr 1·70 Volt wird mit der Einschaltung der kleinen elektromotorischen Kräfte begonnen. Das Fadenkreuz zeigt bei dieser elektromotorischen Kraft eine Verschiebung von wenigen Millimetern aus der ursprünglichen Lage.

In der folgenden Tabelle bezeichnen die Zahlen 1, 2, 3 u. s. w. die einzelnen Zuschaltungen von je 0·02—0·03 Volt; die hinter den Gleichheitszeichen entstehenden Ziffern die dazu gehörigen stets nach einer Minute abgelesenen Verschiebungen in $^1/_{10}$ mm Es wurden drei Versuchsreihen gemacht:

I	II	III
1 = 1	1 = 2	1 = 0
2 = 0	2 = 2	2 = 6
3 = 0	3 = 1	3 = 3
4 = 0	4 = 7	4 = 1
5 = 10	5 = 3	5 = 11
6 = Fadenkreuz kommt gar nicht zur Ruhe, sondern wandert nach dem Ende der Skala.	6 = Fadenkreuz wandert.	6 = Fadenkreuz wandert.

Die Bestimmung bei Zinkbromid ist außerordentlich scharf auszuführen. Für die bei 6 eingeschaltete elektromotorische Kraft wird nunmehr durch Umlegen der Wippe in der geschilderten Art der zugehörige Wert genau ermittelt; derselbe findet sich zu 1·81 Volt.

II. Schwefelsäure. Der Zersetzungspunkt liegt bei 1·67 Volt. Bei ca. 1·50 Volt wird mit der Einschaltung der kleinen Kräfte begonnen. Der Ruhepunkt des Fadenkreuzes bei 1·50 Volt ist um 3—7 mm vom ursprünglichen entfernt.

I	II	III	IV.
1 = 0	1 = 0	1 = 5	1 = 1
2 = 0	2 = 5	2 = 6	2 = ÷ 6
3 = 2	3 = 3	3 = 6	3 = − 1
4 = 10	4 = 6	4 = 14	4 = 4
5 = 8	5 = 11	5 = 14	5 = 5
6 = 21	6 = 18	6 = 17	6 = 17
7 = 29	7 = 29	7 = 24	7 = 30
8 = 70	8 = 53	8 = 42	u. s. w.
u. s. w.	u. s. w.	u. s. w.	

5—6 ist unverkennbar der Zersetzungspunkt.

Da jedem Ion, im wesentlichen unabhängig von dem andren in Lösung befindlichen, ein bestimmter Polarisationswert zukommt, so muß sich bei den Zersetzungspunkten nachweisen lassen, daß es sich um eine additive Eigenschaft handelt. $^1/_1$ normale Lösungen von verschiedenen Salzen, welche, um den größten Teil der absorbierten Luft zu entfernen, kurze Zeit gekocht wurden, zeigen folgende Zersetzungswerte:

		Diff.			Diff.
Na_2CO_3	= 1·71 Volt		K_2CO_3	= 1·74 Volt	
$NaNO_3$	= 2·15 „	0·44	KNO_3	= 2·17 „	0·43
Na_2SO_4	= 2·21 „	0·06	K_2SO_4	= 2·20 „	0·03
NaCl	= 1·98 „	0·23	KCl	= 1·96 „	0·24
NaBr	= 1·58 „	0·40	KBr	= 1·61 „	0·35
NaJ	= 1·12 „	0·46	KJ	= 1·14 „	0·47

Natrium- und Kaliumsalze haben dieselben Werte; demgemäß sind auch die entsprechenden Differenzen gleich.

Es wurden ferner noch die folgenden Zersetzungswerte, die sich auf $^1/_1$ normale Lösungen beziehen, festgestellt:

Säuren:		Basen:			
H_2SO_4	= 1·67 Volt	NaOH	= 1·69 Volt	$NiCl_2$	= 1·85 Volt
HNO_3	= 1·69 „	KOH	= 1·67 „	$Pb(NO_3)_2$	= 1·52 „
H_3PO_4	= 1·70 „	NH_3	= 1·74 „	$AgNO_3$	= 0·70 „
HCl	= 1·31 „			$Cd(NO_3)_2$	= 1·98 „
N_3H	= 1·29 „	Salze:		$CdSO_4$	= 2·03 „
$C_2O_4H_2$	= 0·95 „	$ZnSO_4$	= 2·35 Volt	$CdCl_2$	= 1·88 „
HBr	= 0·94 „	$ZnBr_2$	= 1·80 „	$CoSO_4$	= 1·92 „
HJ	= 0·52 „	$NiSO_4$	= 2·09 „	$CoCl_2$	= 1·78 „

Mit zunehmender Verdünnung nahmen die elektromotorischen Kräfte, die zur Ausscheidung der Ionen erforderlich sind, zu.

Nur bei den Stoffen, welche den Zersetzungswert des Wassers selbst, also den der Wasserstoff- und Hydroxylionen zeigen, findet sich, wie vorauszusehen, keine oder untereinander gleiche Änderung der elektromotorischen Kraft mit steigender Verdünnung.

Die Bestimmung dieser Zersetzungswerte ist eine Aufgabe, welche bei wissenschaftlichen und technischen Problemen häufig auftritt.

Mit Hilfe der verschiedenen Zersetzungswerte ist es möglich, nacheinander verschiedene in einer Lösung enthaltene Stoffe durch geeignete Wahl der Spannungen zur Ausscheidung zu bringen, ein Verfahren, welches in der quantitativen Metallanalyse durch Elektrolyse schon zu praktisch verwendbaren Resultaten geführt hat.[1] (Siehe Beispiel 20, S. 77.)

§ 4. Bestimmung der Zersetzungsspannung des geschmolzenen Zinkchlorids.[2]

Versuch 68. Zur Ausführung des Versuches wird reines, aus Zink und Salzsäure durch Abdampfen und Schmelzen erhaltenes Zinkchlorid in einem Probierröhrchen aus schwer schmelzbarem Glase eingeschmolzen. Das Probierröhrchen wird in einer Klammer, gegen die Ebene des Tisches unter einem Winkel von 45° geneigt, angebracht.

Nach klarem Schmelzen des Chlorzinks werden vier dünne Kohlenstifte als Elektroden in den Elektrolyten eingesenkt. Dieselben sind in einem für diesen Zweck angefertigten Elektrodenhalter so montiert, daß die zwei oberen Stifte und ebenso die zwei unteren unter einander parallel geschaltet sind. Es bilden die beiden oberen Stifte die Anode, die unteren die Kathode.

Während der Elektrolyse steigen die Chlorblasen vermöge der Schieflage der Elektroden auf beiden Seiten und zwischen denselben rasch in die Höhe und an dem oberen Teile des Probierröhrchens in kontinuierlichem Strome an die Oberfläche. Das Zink tropft von den Kathoden in Form sehr kleiner Kügelchen nach abwärts und sammelt sich in der Spitze des Röhrchens.

Um die Zersetzungsspannung zu bestimmen, war die Einrichtung so getroffen, daß Ströme aus drei Schaltungssystemen in

[1] Freudenberg, Ztschr. f. phys. Chemie XII, S. 97.

[2] Lorenz, Ztschr. f. anorganische Chemie XII, S. 272.

rasch auszuwechselnder Weise dem Elektrolyten zugeführt werden konnten.

Erstens: ein starker Strom (72 Volt), der den Zweck hatte, eine schnelle und starke Elektrolyse des Chlorzinks herbeizuführen. Dieser Strom ermöglicht es, den Elektrolyten verhältnismäßig rasch in die verschiedenen Stadien, die er während der Elektrolyse erleidet (s. S. 87), nacheinander überzuführen. Die genaue Zersetzungsspannung tritt erst nach völliger Reinigung des Zinkchlorides ein.

Der zweite Stromkreis, in welchen das Röhrchen eingeschaltet werden kann, ermöglicht es, die Elektrolyse unter variabler Badspannung auszuführen. Hier kann man als Stromquelle eine Thermosäule oder eine andere entsprechende Batterie benutzen, welche durch einen auf einer langen Latte aufgespannten Konstantandraht von passendem Widerstande kurz geschlossen ist. Durch eine auf diesem Draht verschiebbare Klemme ist es möglich, von dieser und dem einen Ende des Drahtes variable Spannungen abzuzweigen. Dieser Stromkreis durchläuft außer dem Elektrolyten ein Ampèremeter. Die Spannung wurde von den Klemmen des Bades aus durch ein Voltmeter gemessen.

Der dritte Strom, welcher durch den Elektrolyten zirkulieren kann, ist ein von einem Induktorium hervorgebrachter Wechselstrom, mit dessen Hilfe der Widerstand des Elektrolyten ermittelt werden kann. Es geschieht dies unter Anwendung des Telephons mittels der WHEATSTONE'schen Brücke.

Die Zersetzungsspannung ε wird nach der Formel berechnet

$$\varepsilon = E - i w,$$

wobei E die im Voltmeter abgelesene Badspannung, i die Intensität des Stromes und w den Widerstand des Elektrolyten bedeutet.

Der Versuch wird in der Weise ausgeführt, daß mit dem starken Strome das Zinkchlorid gereinigt wird, sodann wird der zweite Strom eingeschaltet und durch langsame Steigerung der elektromotorischen Kraft derjenige Punkt ermittelt, bei welchem die sichtbare Elektrolyse beginnt.

Die Zersetzungsspannung des Chlorzinkes liegt ungefähr bei 1·50 Volt.

Sechstes Kapitel.

Dielektricitätskonstanten.

§ 1. Theoretische Einleitung.[1]

Neben der Leitfähigkeit, durch welche für jeden Stoff die bei gegebener Temperatur konstante Fähigkeit gemessen wird, die Elektricität zu leiten, die Elektricitätsmengen transportieren, kommt als zweite konstante Größe die Fähigkeit in Betracht, bei gegebener Potentialdifferenz die elektrostatische Anziehung und Abstoßung in die Ferne zu transportieren. Diese Fähigkeit ist für jeden Stoff (Dielektrikum) verschieden, aber für ein und denselben Stoff eine von der chemischen und physikalischen Natur desselben abhängige Konstante. Man bezeichnet dieselbe als die Dielektricitätskonstante und setzt die Dielektricitätskonstante der Luft gleich 1.

In Anbetracht der Bedeutung dieser Konstanten, der Fähigkeit, die elektrostatischen Wirkungen bei gegebener Potentialdifferenz zu transportieren, kann man diese Erscheinung in Analogie zu den gewöhnlichen Leitfähigkeitserscheinungen als dielektrische Leitfähigkeit bezeichnen.

Die Analogie zwischen galvanischer und dielektrischer Leitfähigkeit wird am anschaulichsten, wenn wir uns eine Substanz in einem prismatischen Troge vom Querschnitt q und der Länge l befindlich und die beiden Endseiten des Troges durch Elektroden gebildet denken; sei E die Klemmspannung der Elektroden, so ist die Stromintensität durch den Ausdruck $E \cdot K \cdot \frac{q}{l}$, die elektrostatische Anziehung der Elektroden durch $E^2 D \frac{q}{l}$ gegeben, worin K die galvanische, D die dielektrische Leitfähigkeit bedeutet; wir werden, wie allgemein üblich, K für Quecksilber, D für Luft gleich Eins setzen.

Man kann nun D identisch mit obiger Definition, auch als den Faktor definieren, der die Verminderung der elektrostatischen Anziehung zweier geladener Kugeln angiebt, wenn wir sie bei

[1] Nernst, Ztschr. f. phys. Chemie XIV, S. 622.

konstant erhaltenem Abstand und Ladungen in das betreffende, als absolut nichtleitend vorausgesetzte, dielektrische Medium bringen, oder auch, was für das Folgende wichtig ist, als das Verhältnis der Kapazitäten $\left(\frac{\text{Elektricitätsmenge}}{\text{Potential}}\right)$ eines mit der dielektrischen Substanz erfüllten Kondensators zu einem gleichen, mit der Normalsubstanz, der Luft, erfüllten Kondensator.

Die Dielektricitätskonstante, welche man kurz als *D. E.* bezeichnet, ist eine für die chemische Natur des betreffenden Dielektrikums sehr charakteristische Konstante. Da aus den einleitenden Worten hervorgeht, daß die Beziehungen für absolut nicht leitende Medien gelten, so ist es bei der dielektrischen Leitfähigkeit leitender Substanzen von großer Wichtigkeit, den Einfluß galvanischer Leitfähigkeit völlig auszuschließen.

Die Bestimmung der *D. E.* auch leitender Substanzen wird nach der von NERNST[1] angegebenen und ausgearbeiteten Methode ausgeführt.

§ 2. Die Methode der Messung.

A. Prinzip der Methode.

Dasselbe beruht auf der WHEATSTONE'schen Brückenkombination. In der nebenstehenden Skizze (Fig. 101) seien w_1 und w_2 zwei kapazitätsfreie Widerstände, c_1 und c_2 zwei gut isolierende Kondensatoren. Dann liefert beim Schließen und Öffnen nur dann das Galvanomer keinen Ausschlag, wenn

$$w_1 : w_2 = c_2 : c_1$$

ist. Ersetzt man die konstante Säule und das Galvanometer durch Induktionsrolle und Telephon, so schweigt dasselbe nur dann, wenn obige Proportion erfüllt ist. Da nun die Kapazität eines Kondensators direkt proportional der *D. E.* des benutzten Isolators ist, so kann man auf diesem Wege die *D. E.* sehr gut isolierender Substanzen einfach und genau bestimmen.

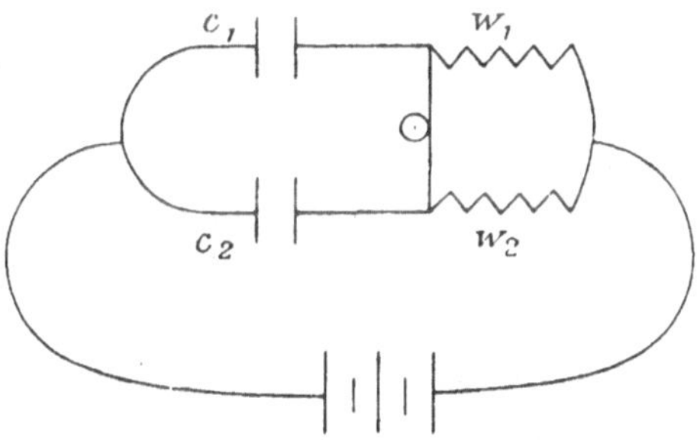

Fig. 101. Prinzip der Methode.

[1] A. a. O.

Sobald jedoch eine schlechte Isolierung seitens des Kondensators auch nur in geringem Maße die Wirkungen galvanischer Leitfähigkeit in Wirksamkeit läßt, liefert diese Methode unbrauchbare Resultate.

Durch einen ebenso einfachen, wie sinnreichen Kunstgriff hat Nernst diese Schwierigkeit umgangen. Er giebt in Fig. 101 dem zweiten Kondensator c_2, wenn c_1 schlecht isoliert, durch einen Nebenschluß ebenfalls eine geeignete galvanische Leitfähigkeit.

Wählt man, wie es auch für die praktische Anwendung am einfachsten ist, den Fall, daß $w_1 = w_2$ ist und bezeichnet den Widerstand des schlecht isolierenden Kondensators c_1 mit w_3, den des am Kondensator c_2 angelegten Nebenschlusses mit w_4, so muß das Telephon zum Schweigen kommen, wenn sowohl

$$c_1 = c_2$$

als auch

$$w_3 = w_4$$

ist.

Man beobachtet am Telephon sowohl bei der Veränderung von c_2 wie von w_4 ein Tonminimum, von denen dies erstere als Kapazitäts-, das letztere als Widerstandsminimum bezeichnet sei. Man erhält also durch direkte Messung sowohl Leitfähigkeit wie Kapazität des mit der dielektrischen Substanz beschickten Kondensators c_1, indem man diese Größen ja nur an der Kapazität des Meßkondensators c_2 und dem Widerstande des Nebenschlusses w_4, welcher kapazitätsfrei sein muß, abzulesen braucht. Das Verhältnis der Kapazitäten ist das der Dielektrizitätskonstanten.

Um von den relativen Werten derselben auf die absoluten *D. E.*, d. h. die *D. E.* der Luft gleich eins gesetzt, zu kommen, bedarf man einer weiter unten zu erörternden Anordnung.

B. Beschreibung der Apparate.

Die Apparate, deren die Methode bedarf, sind die folgenden:

1. Induktionsapparat mit Batterie;
2. Verzweigungswiderstände (w_1 und w_2);
3. Meßkondensator (c_2);
4. Nebenschluß (w_4);
5. Dielektrischer Trog (c_1);
6. Telephon.

I. Induktionsapparate und Batterie. Der Widerstand der primären Wicklung mag 1 Ohm betragen, derjenige der sekundären muß aus vielen Windungen bestehen, um hinreichende

Spannungen zu ergeben (ca. 300—1000 Ohm). Besondere Sorgfalt muß auf möglichst geräuschloses Arbeiten des Apparates gewandt werden. NERNST schlägt als Unterbrecher eine kurze, 10—12 cm lange Saite zur Erreichung dieses Zweckes vor. Ein dünner Stahldraht erhält ein Mittelstück aus Platin, welch letzeres im Ruhezustand an einer verstellbaren Platinkante anliegt; man nimmt dazu ein umgebogenes dünnes Platinblech. Die Enden des Mittelstückes sind mit kleinen Wülsten aus dünnem Eisendraht versehen, die sich unmittelbar vor dem Eisenkern des Induktoriums befinden.

II. Verzweigungswiderstände (w_1 und w_2). Für die Untersuchung schlecht leitender Substanzen empfiehlt sich w_1 und w_2 groß zu nehmen, man wählt am besten einen elektrolytischen Widerstand, als welcher sich eine Lösung von 181 g Mannit (1 Molekül) und 62 g Borsäure (1 Mol.) in $1^1/_2$ l Wasser wegen ihres geringen Temperaturkoëffizienten am besten eignet. Denn die Verzweigungswiderstände müssen während des Versuches völlig unverändert bleiben. Das Leitvermögen einer solchen Lösung ist $0 \cdot 9 \times 10^{-7}$. Am besten bringt man den elektrolytischen Widerstand in zwei kleine Glasröhren (ca. 13 cm hoch, 0·5 cm breit) mit unten eingeschmolzenem und zu einem Ring gebogenen Platindrähten, die mit dem einen Pole des Induktoriums in Verbindung sind, während von oben die zweite Platinelektrode leicht verschiebbar angebracht wird. Man lötet sie zu dem Zweck an eine Messingschiene, deren oberes Ende mit Klemmschrauben und einem isolierenden Ebonitknopfe versehen ist. Die Schiene ist durch eine am oberen Ende der Glasröhre angebrachte Messingfassung bequem verschiebbar.

III. Meßkondensator (c_2). Der Meßkondensator besteht aus zwei starken Messingplatten, die durch ein Glasplättchen geschieden und durch Ebonitverschraubungen in konstantem Abstande gehalten werden. Dieselben sind auf einem Brette montiert und mit Klemmschrauben leitend verbunden. Die Kapazität dieses Kondensators wird durch Einschieben einer Glasplatte vergrößert. Wenn die Messingplatten genau parallel sind und die Glasplatte überall gleiche Dicke besitzt, so sind die an einem Maßstabe mittels Nonius abgelesenen Verschiebungen der Glasplatte den Änderungen der Kapazität proportional. Da diese Bedingungen natürlich nie ganz erfüllt sind, wird der Kondensator ein für alle Mal kalibriert, wie weiter unten auseinandergesetzt wird.

IV. Nebenschluß (w_4). Der Nebenschluß w_4, welcher wegen der in Frage kommenden, meist sehr schlecht leitenden Substanzen sehr groß gewählt werden muß, wird nach NERNST zweckmäßig in einer Form verwandt, die weiten Spielraum bezüglich des Wertes w_4 gewährt.

Man stellt sich, wie aus beistehender Fig. 102 ersichtlich, ein U-Rohr dar, dessen einer Schenkel aus einer geteilten Kapillare besteht von etwa 1 mm Lumen und ca. 12 cm Länge. Mittels eines übergreifenden und durch einen Hartgummiring festzuschraubenden Messingrohres kann ein Platindraht von oben hineingesenkt und gehoben werden und zwar durch einen Knopf mit Schraubengang, welcher in der Durchbohrung des Hartgummideckels läuft, innerhalb der nötigen beliebig kleinen Verschiebungen. Der linke Schenkel des Apparates, für geringere Widerstände bestimmt, ist genau dem ersten gleich eingerichtet, und hat nur ein Lumen von 0·5 cm. An Stelle des Platindrahtes verwendet man eine kleine Platinelektrode. An seinem unteren Ende trägt er die zweite Zuleitung in Form einer kleinen, durch das Glas geführten Platinelektrode. Je nach Bedürfnis wird das enge oder das weite Rohr angewandt. Man kann auch jede der beiden Anordnungen natürlich gesondert darstellen und schmilzt dann in die erste kapillare Röhre unten einen dünnen Platindraht ein. Der Apparat wird wieder mit der Mannitborsäurelösung gefüllt. Man montiert den Apparat fest auf ein Holzbrett, so daß durch das Festschrauben gleichzeitig der Kontakt mit der eingeschmolzenen Platinelektrode hergestellt wird.

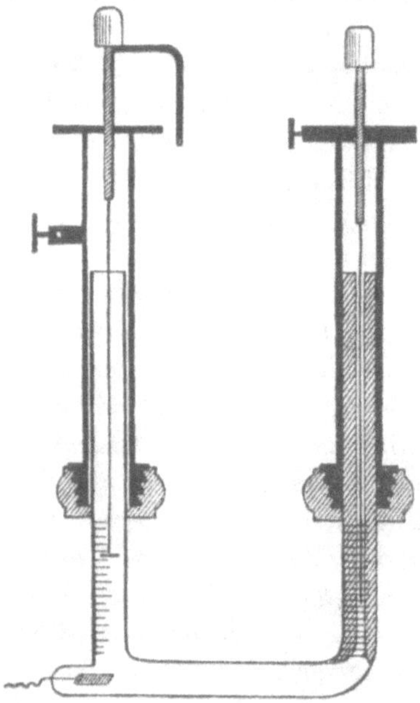

Fig. 102. Nebenschluß.

Der andere Kontakt wird durch die an den Messinghülsen befindlichen Klemmschrauben hergestellt.

Der Ebonitgriff der größeren Elektrode ist mit einem über

einer Trommelteilung spielenden Zeiger versehen, so daß man Verschiebungen der Elektrode von 0.005 mm noch sicher messen kann.

V. Der dielektrische Trog (c_1). Der in Fig. 103 gezeichnete Trog ist aus Nickel gefertigt und mit einem gut eingepaßten Ebonitdeckel versehen. Durch letzteren geht ein Rohr, an das die Kondensatorplatte befestigt ist. Durch ein in der Mitte befindliches, kleines Glasstückchen wird der Abstand zwischen Platte und Trog konstant gehalten. Die Beschickung mit Flüssigkeit erfolgt leicht und sicher durch ein kleines, im Deckel seitlich angebrachtes Loch mittels einer Kapillarpipette, während man dem Trog eine kleine Neigung giebt. Trog und Deckel sind sorgfältig geschliffen; bei Untersuchung ätzender Flüssigkeiten wird eine innere Vergoldung nützlich sein. Bei sorgfältigem Einsetzen der Platte und des Deckels bleibt die Kapazität des Troges völlig unverändert. Durch Anwendung von Glasplättchen geeigneter Dicke (Nernst benutzte ein solches von 1·1 mm) kann man leicht der letzteren für die Messung passende Werte erteilen. Man kittet zweckmäßig das Glasplättchen mittels einer Spur Syndetikon an der Kondensatorplatte fest. Zur Temperaturmessung dient ein kleines, in das Rohr der Kondensatorplatte eingestecktes Thermometer. Der Durchmesser des Troges beträgt etwa 3·6, seine Höhe ca. 2·7 cm. Ein wichtiger Vorteil dieses Modells besteht auch darin, daß die Kapazität sich nur wenig mit der Höhe der Füllung mehr ändert, wenn die Platte, welche aus diesem Grunde die gezeichnete, konische Form besitzt, bedeckt zu werden beginnt, und daß 1—2 ccm zur Füllung genügen.

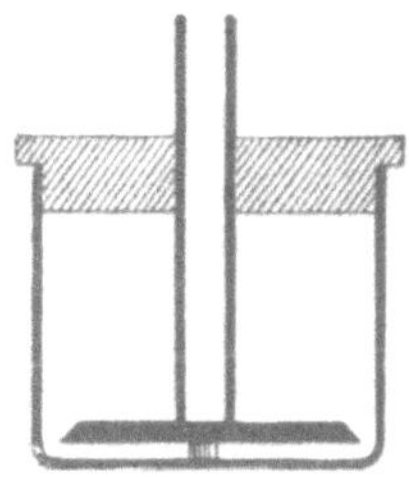
Fig. 103. Dielektrischer Trog.

Bei Stoffen mit großer *D. E.* (über 10) ist die Kapazität des Troges bereits störend groß; dann empfiehlt sich die leicht anzufertigende Einrichtung, die aus einem Platintiegel, einem Ebonitdeckel und einer daran befestigten Platinelektrode besteht. Oder man setzt eine Platinelektrode mit kleinerem Durchmesser in den Deckel des zuerst beschriebenen Nickelkondensators mittels eines kleinen Korkes ein.

VI. Das Telephon. Ein mit äußerst dünnem Drahte bewickeltes Telephon ist am zweckmäßigsten. Man benutzt dasselbe, welches zu den Leitfähigkeitsbestimmungen empfohlen wurde[1]; am besten die von MIX und GENEST fabrizierten kleinen Dosentelephone (Widerstand ca. 130 Ohm), welche mit einer isolierenden Handhabe zu versehen sind.

Es ist bei allen Versuchen notwendig, die Elektroden der Verzweigungs- und Kompensationswiderstände nach der auf S. 164 beschriebenen Methode gut zu platinieren.

C. Die Versuchsanordnung.

J bedeutet das Induktorium mit den beiden aufrechtstehenden Flüssigkeitswiderständen *a a*; sie sind mit den Punkten *o o* verbunden, die durch mit Klemmschrauben versehenen und neben den Meßkondensatoren auf gemeinschaftlicher Unterlage montierte Glassäulen gebildet werden. Zwei weitere Drähte führen von *o o* zu den hinteren Platten *b b* der Meßkondensatoren, zwischen denen die Glasplatten *c c* verschiebbar sind. Die vorderen, dem Beobachter zugewandten Platten sind untereinander und mit den unteren Enden der (liegend statt aufrecht gezeichneten) Kompensationswiderstände *d d* verbunden, während ihre oberen Enden mit den entsprechenden Punkten *o o* in leitender Verbindung stehen. Die Leitungsdrähte des Telephons (in der Zeichnung weggelassen) sind an *o o* geschraubt. Die beiden äußeren Platten der Meßkondensatoren sind mit dem anderen Pole der sekundären Induktionsrolle, sowie mit dem Kondensatortrog *C* leitend verbunden.

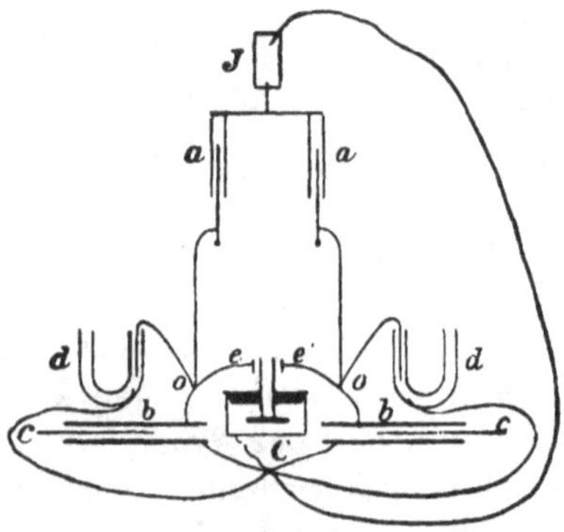

Fig. 104. Versuchsanordnung.

Die Widerstände *a a* werden durch Verschieben der Platinelektroden gleich gemacht; ein zwischen *a a* und *o o* geschalteter Kommutator darf beim Umlegen eine merkliche Verschiebung weder des Kapazitäts- noch des Widerstandsminimums veranlassen. Wenn die Widerstände *a a* einmal gleichgemacht sind, so bleiben sie es lange Zeit.

Die beiden Parallelleitungen *a o* werden am bequemsten durch eine Doppelschnur vollführt, wie man sie bei Telephonen anwendet; um sich von der Gleichheit von *a a* zu überzeugen,

[1] Siehe Seite 164.

vertauscht man dann einfach die an *o o* mündenden Enden, so daß die Anwendung eines Kommutators dadurch erspart wird. Erdleitungen, sowie überhaupt eine Berührung der leitenden Teile mit der Hand sind zu vermeiden.

D. Die Messung.

Die eigentliche Messung besteht einfach darin, daß man die Platte des mit der zu untersuchenden Flüssigkeit beschickten Troges *C* (in der Figur liegend gezeichnet) einmal mit *e*, ein zweites Mal mit *e'* durch Verschiebung in Verbindung bringt; dadurch wird seine Kapazität einmal zu dem links, ein zweites Mal zu dem rechts befindlichen Kondensator addiert. In beiden Fällen ertönt das Telephon; durch Verschiebung der Glasplatte des rechts befindlichen Kondensators wird das Minimum in beiden Fällen wieder hergestellt. Falls die im Troge befindliche Substanz ein auch nur spurenweises Leitungsvermögen besitzt, bleibt das Minimum verwaschen, oder wird sogar ganz undeutlich; dann kann man, vorausgesetzt, daß die Substanz nicht gut leitet, durch passende Veränderung der Kompensationswiderstände *d d* das Minimum wieder so scharf erhalten, daß eine Einstellung bis auf 0·1 mm möglich wird.

Bei Untersuchung wenig oder gar nicht leitender Substanzen benutze man die beiden engeren Widerstandsgefäße (Fig. 102); es ist in jedem Falle bequem, auch bei Untersuchung völlig isolierender Substanzen diesen Nebenschluß anzuwenden, um sofort die schädliche Wirkung jener geringen Spuren von Leitung eliminieren zu können, die infolge der kleinsten Mengen äußerer Feuchtigkeit alle Kondensatoren zuweilen zeigen. Auch wird das Ohr durch abwechselnde oszillierende Verschiebungen um den Nullpunkt sowohl des Meßkondensators, wie des Kompensationswiderstandes rasch behufs sicherer Einstellung auf das Minimum geschärft.

Besitzt die Substanz größeres Leitungsvermögen, so daß man zur Kompensation die Widerstandssäule bis auf weniger als 20 mm verkürzen müßte, so schaltet man die beiden weiteren Widerstandsröhren dem Meßkondensator parallel. Das Kapazitätsminimum ist hier merklich abgeflachter, aber noch scharf genug zur sicheren Einstellung.

Beim Ausschalten des Troges achte man darauf, daß dies möglichst gleichmäßig geschieht, denn die Zuleitungsdrähte besitzen eine merkliche Kapazität, und eine Änderung letzterer während vergleichbarer Messungen bringt demgemäß Fehler.

Nernst schlägt folgende einfache Einrichtung vor:

Die Enden der Zuleitungsdrähte (Doppelschnur), die aus starkem Neusilberdraht bestehen, und in *o o* münden, werden rechteckig umgebogen, so daß sie gleichzeitig die Rolle der Punkte *ee'* spielen können (Fig. 104). Der Trog steht dazwischen auf einem umgestülpten Becherglas, das ein mit *C* dauernd verbundenes Stück Blech trägt. Dann braucht man zur Messung den Trog nur auf das Becherglas zu setzen, wodurch der Kontakt mit *C* hergestellt ist, und nach links oder rechts zu verschieben, wodurch der Kontakt mit *e* oder *e'* entsteht. Man überzeuge sich zur größeren Sicherheit von Zeit zu Zeit, daß der leere Trog stets die gleichen Zahlen giebt.

Aichung der Trogkapazität. Die Kapazität des Troges wird durch Aichung mittels einer Flüssigkeit von bekannter *D.E.* bestimmt; als solche empfiehlt sich für Tröge mit größerer Kapazität Benzol oder Äthyläther, für solche mit sehr kleiner Kapazität Alkohol von bekanntem spezifischen Gewicht, oder reines Wasser. Zur größeren Sicherheit wird man die Aichung, die nur wenige Minuten dauert, öfters wiederholen.

Die Berechnung der Versuche geschieht nach folgender Formel:

Wenn D_0 die *D.E.* für die Aichungsflüssigkeit bedeutet und die Verschiebung des Meßkondensators s für den leeren, s_0 für den mit der Aichungsflüssigkeit gefüllten Trog betrug, so ergiebt sich für die *D.E.* einer anderen Substanz, die eine Verschiebung S liefert:

$$D = (D_0 - 1)\frac{S - s}{s_0 - s} + 1.$$

Kalibrierung des Meßkondensators. Dieselbe geschieht sehr genau und verhältnismäßig schnell nach folgender Methode.

Der leere dielektrische Trog wird durch Anwendung eines Glasplättchens von geeigneter Dicke oder durch Unterlegen von Glimmerplättchen auf solche Kapazität gebracht, daß sein Hinzufügen an *e'* ein Herausziehen der Glasplatte des rechten Kondensators um nahe 1 cm veranlaßt. Man verstellt den linken Kondensator bis zur Minimumstellung, während der rechte auf 0 steht, schiebt hierauf den Trog an *e'* und mißt die entsprechende Verschiebung des rechten Kondensators genau. Sodann wird der Trog in die Mitte zwischen *e* und *e'* geschoben, der linke Kondensator eingestellt, während der rechte auf 1 steht, der Trog wieder addiert u. s. f. Würde der rechte Kondensator ohne

Kaliberfehler sein, so müßte der Addition des Troges stets die gleiche Verschiebung (nämlich nahe 1 cm) entsprechen; aus den Abweichungen ergeben sich sofort die Korrektionen für den Skalenwert. Der Skalenwert des linken Meßkondensators ist natürlich hiernach sehr leicht durch Vergleich mit dem rechten zu ermitteln. Man prüfe zur Sicherheit die Resultate der Kalibrierung, indem man eine größere Kapazität bei verschiedenen Nullpunktsstellungen hinzuschaltet; man findet je nach den letzteren wechselnde Verschiebungen der Glastafel, die oben nach Anbringung der Korrektion gleich werden müssen.

Beispielsweise betragen die Korrektionen für den von NERNST benutzten Kondensator:

Skala:	0	1	2	3	4	5	6	7	8	9	10 cm
Korr.:	−1·5	−0·8	±0	+0·6	+0·9	+1·0	+0·6	+0·2	±0	−0·2	−0·2 mm.

Auf gleiche Füllung des Troges muß natürlich geachtet werden; den Nickelkondensator beschicke man mit 2 ccm, den Platinkondensator, je nach der Größe des Tiegels, mit 5—20 ccm. Auf eine genaue Pipettierung kommt es jedoch nicht allzusehr an.

Die äußerste Schärfe des Tonminimums ist nicht nur Vorbedingung der Genauigkeit, sondern auch der Zuverlässigkeit; man sehe keine Bestimmung als sicher an, bei der das Minimum verwaschen war, weil sicherlich in diesem Falle irgend etwas am Apparate nicht in Ordnung ist. Auf gute Kontakte ist sorgfältigst zu achten. Um die direkte Fernwirkung des Induktoriums auf das Telephon zu meiden, ist es notwendig und ausreichend, den Abstand zwischen beiden auf 0·5—1 m zu halten.

Etwaige Fehler, die durch Polarisation im dielektrischen Troge auftreten könnten, sind bei ganz scharfer Minimumeinstellung ausgeschlossen. Überhaupt können Kondensatoren aus Platin, bei denen der Abstand der Elektroden über 5 mm beträgt, für Flüssigkeiten, deren Leitfähigkeit unter 2×10^{-10} liegt, als polarisationsfrei angesehen werden.

§ 3. **Absolute Bestimmung von Dielektricitätskonstanten.**

Bei absoluten Bestimmungen (bezogen auf *D.E.* der Luft = 1) muß die Kapazität des aus der Flüssigkeit herausragenden Teiles der Zuleitung zur Kondensatorplatte, sowie der etwaige Betrag berücksichtigt werden, den ein eingeschaltetes Glasplättchen (Fig. 103) zu jener Größe liefert. Zur Ermittlung der gesuchten Werte dient die folgende Methode:

Der in der beistehenden Fig. 105 gezeichnete Kondensator besteht aus einem runden Messingtrog von 3 cm Höhe und 3·6 cm Breite, auf den ein übergreifender Hartgummideckel festschließend aufgesetzt werden kann. Durch den Deckel geht mit starker Reibung verschiebbar die Zuleitung zu der Kondensatorplatte, der so bequem verschiedene Abstände vom Boden des Troges gegeben werden können. Man mißt in der auf Seite 219 beschriebenen Weise bei einer bestimmten Stellung der Platte die Kapazität des leeren Kondensators, füllt mit einer Pipette durch ein im Deckel angebrachtes Loch hierauf vorsichtig, ohne die Kondensatorplatte zu verschieben, den Trog beinahe voll mit der zu untersuchenden Substanz und bestimmt die Kapazität aufs neue.

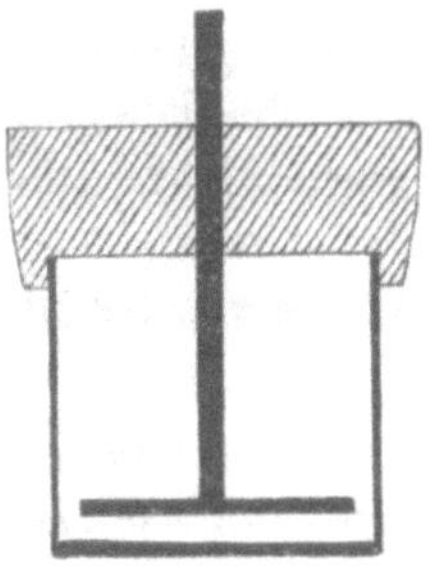

Fig. 105. Kondensator.

Diese Messung führt man genau in der gleichen Weise bei einer zweiten Stellung der Platte aus. Es sei s_1 die Kapazität des leeren, S_1 die des gefüllten Kondensators in der ersten Stellung, s_2 und S_2 die entsprechenden Größen in der zweiten Stellung; wenn nun α die Kapazität des aus der Flüssigkeit herausragenden Teiles des Stiftes bedeutet, so ergiebt sich die *D.E.* aus den Gleichungen:

$$D = \frac{S_1 - \alpha}{s_1 - \alpha} = \frac{S_2 - \alpha}{s_2 - \alpha},$$

woraus

$$D = \frac{S_2 - S_1}{s_2 - s_1}$$

sich ergiebt.

Um genaue Zahlen zu bekommen, muß man die Differenz $s_2 - s_1$ möglichst groß zu machen suchen, d. h. bei möglichst heruntergeschobener und möglichst weit herausgezogener Kondensatorplatte arbeiten; doch darf man die Platte nur so weit heben, daß ihr Abstand vom Boden immer noch klein gegen den vom Deckel ist.

§ 4. Bestimmung von Dielektricitätskonstanten unter Benutzung schneller elektrischer Schwingungen.

Die im vorhergehenden beschriebene Methode gestattet Flüssigkeiten bis zur Leitfähigkeit 2×10^{-6} exakt zu untersuchen. Bei erheblich größeren Leitfähigkeiten werden die Störungen infolge von Polarisation, wie auch die Schwierigkeiten einer hinreichend vollständigen Kompensation der Leitfähigkeit alsbald sehr groß. Um diese Schwierigkeiten zu vermeiden, hat NERNST[1] eine Modifikation seiner Methode angegeben, welche er in folgender Weise beschreibt.

Da sowohl die Wirkung der Polarisationskapazität wie diejenige eines neben einen Kondensator geschalteten Widerstandes immer mehr zurücktritt, so bietet sich als nächststehendes Mittel, die erwähnten Hindernisse zu beseitigen, die Anwendung von Wechselströmen höherer Frequenz dar, wie man sie bekanntlich leicht durch oscillatorische Entladung eines Kondensators durch eine mit Selbstinduktion behaftete Leitung erhalten kann.

1. Zur Erregung der Schwingungen dient ein Kreis, gebildet aus einer Selbstinduktion, Kapazität und einer durch ein Induktorium erzeugten Funkenstrecke. Als letztere benutzt man ein während des Funkenspiels verstellbares und mit Zinkkugeln versehenes Funkenmikrometer. Als Indikator für die Nullstellung dient je nach Umständen eine Funkenstrecke oder eine Vakuumröhre.

2. Als Funkenindikator schlägt NERNST das beigezeichnete Modell vor (Fig. 106).

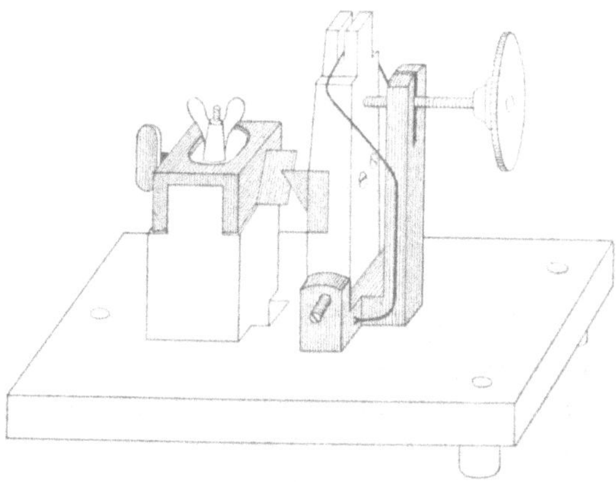

Fig. 106. Funkenstrecke.

Zwei dünne geschärfte Platinplatten stehen einander im rechten Winkel gegenüber; ihr Abstand kann durch Verstellen einer Schraube sehr fein reguliert werden, indem die eine (in der Figur rechte) Platte an einem um eine Axe beweglichen Träger befestigt ist. Dieser Träger ruht in Spitzenschrauben und wird durch eine schwache Feder an die Stellschraube gedrückt. Allmählich werden die Platinplatten durch die Fünkchen abgenutzt;

[1] Wied. Ann. **60**, 1897, S. 600.

man braucht aber nur die am festen Träger (in der Figur links) befindliche Platinplatte nach dem Lüften der seitlichen Flügelschraube zu verschieben, um zwei frische Stellen der Platinschneiden einander gegenüber zu bringen. Eine grobe Verschiebung des festen Trägers ist schließlich durch Lüften der auf ihm sitzenden Flügelschraube ermöglicht. Die schraffierten Teile sind aus Messing bezw. Platin, die anderen aus Hartgummi.

3. Als Vakuumröhren bewähren sich am besten solche, welche man selbst leicht herstellen kann und einfach aus einer beiderseitig zugeschmolzenen dünnwandigen Glasröhre von ca. 10 cm Länge und ca. 10 mm Lumen bestehen. In der Mitte ist das Rohr ein wenig ausgezogen; zwei außen aufgeklebte Stanniolringe

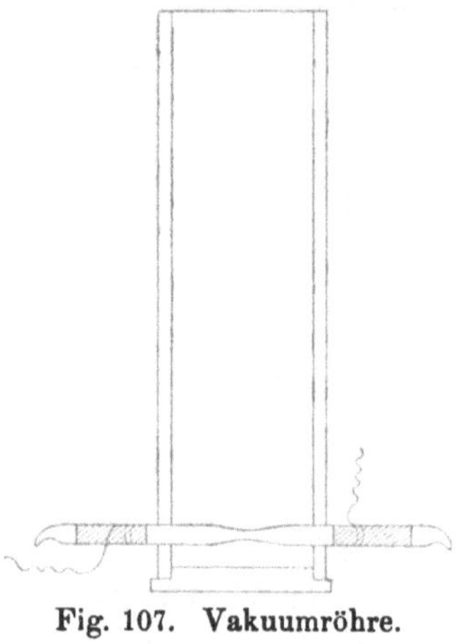

Fig. 107. Vakuumröhre.

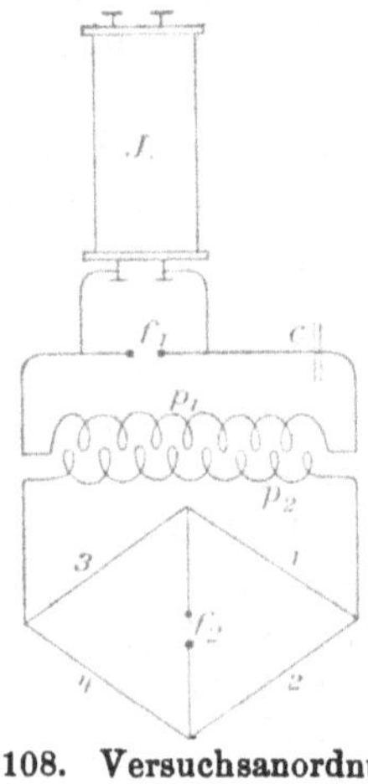

Fig. 108. Versuchsanordnung.

dienen als Elektroden. Das Vakuum beträgt einige Zehntel Millimeter; man pumpt am einfachsten so lange, bis das Rohr gut anspricht und stellt sich, indem man diese Manipulation mit einem längeren, an geeigneten Stellen ausgezogenem Glasrohr vornimmt, gleich 3 bis 5 Stück her. Man steckt ein solches Röhrchen passend in eine Hartgummiröhre von ca. 3 cm Lumen (Fig. 107), deren eines Ende geschlossen ist; drückt man das Auge an das andere offene Ende der Röhre, so ist jede Verdunkelung des Zimmers überflüssig. Ehe man das Minimum einstellt, bringe man immer die Vakuumröhre einige Augenblicke durch starkes Verschieben des Meßkondensators zum hellen Leuchten, was ihre Empfindlichkeit steigert.

Zur Bestimmung von Dielektricitätskonstanten ergiebt sich die in Fig. 108 skizzierte Versuchsanordnung. Die Schwingungen werden erzeugt, indem der von einem mittelgroßen Induktorium J erregte Funken bei f_1 überspringt und dadurch die oszillatorische Entladung des Kondensators c auslöst. Die Rolle p_1 induziert in p_2 Schwingungen, welche die Brücke speisen. Die Funkenstrecke f_2 dient als Indikator. Die Zweige 3 und 4 sind Kondensatoren variabler Kapazität mit oder ohne Nebenschluß; 1 und 2 enthalten zwei Widerstände, oder, was weit vorzuziehen ist, zwei Kondensatoren. In der Regel wird man natürlich vorteilhaft 1 und 2 einander sehr nahe gleich machen, was im folgenden stets angenommen sein soll.

Folgendes sind die Dimensionen der von NERNST benutzten Anordnung, in welchen die Funkenstrecke sich weit empfindlicher als die Vakuumröhre erwies.

c ist eine Glastafel von ca. 0·7 mm Dicke mit Stanniolbelegungen von je 270 cm², Kapazität = 2430 cm. p_1 besteht aus 10 Windungen eines 3 mm dicken Kupferdrahtes, Selbstinduktion $= 1 \cdot 63 \times 10^3$; p_2 besteht aus 32 Windungen eines 0·8 mm dicken Drahtes, die über ein Ebonitrohr von 3·2 cm Lumen gewickelt sind, das über p_1 geschoben wird; Selbstinduktion $= 1 \cdot 36 \times 10^4$. Die Zweige 1 und 2 sind kleine Leidener Flaschen oder belegte Glastafeln von je 200 bis 400 cm Kapazität. Die Brücke, welche die Funkenstrecke f_2 enthält, wird durch einen Transformator gebildet, dessen innere primäre Rolle 36 Windungen eines 2 mm dicken Drahtes enthält, Selbstinduktion $= 5 \cdot 0 \times 10^3$; über diese paßt ein 12 cm langes Glasrohr von 3·3 cm Lumen, worauf 150 Windungen eines 0·6 mm dicken Drahtes gewickelt sind (Selbstinduktion $= 1 \cdot 55 \times 10^5$), dessen Enden zum Funkenindikator führen.

Die Zweige 3 und 4 sind von den beiden Meßkondensatoren gebildet, die aus Luftkondensatoren bestehen, zwischen denen Glasplatten verschiebbar sind. Die Dimensionen der Messingplatten sind 13·7 × 6·8 cm, die Dicke der Glasplatten, deren Stellung an einer feinen Metallteilung abgelesen werden kann, ist 3·5 mm. Die Kapazität eines solchen Kondensators ist durch Verschieben der Platte zwischen den Grenzen 50 bis 130 cm veränderlich.

Als Induktorium diente bei der Mehrzahl der Versuche ein mittelgroßes (4—6 cm Funkenlänge) mit Hammerunterbrechung; bei den Versuchen mit relativ gut leitenden Lösungen erwies sich ein größeres Induktorium (20 cm Funkenlänge) als vorteilhaft.

Man findet, daß stets, auch bei der Wahl noch so kleiner Funkenstrecken, ein mehr oder minder ausgedehntes Gebiet existiert, innerhalb dessen die Fünkchen völlig erloschen sind. Man kann die hierdurch für die dielektrischen Messungen bedingte Ungenauigkeit sehr stark vermindern, wenn man die beiden Stellungen des Meßkondensators bestimmt, bei denen die Fünkchen gerade verschwinden und als Nullpunkt das Mittel dieser beiden Ablesungen annimmt. Man vereinfacht diese Messung sehr, indem man sich zunächst dem Minimum durch Hineinschieben der Glastafel nähert und mit derselben gleichzeitig einen kleinen Hartgummicylinder vorschiebt, für den als Führung die beiden Schienen dienen, zwischen denen die Glastafel läuft; sobald die Fünkchen erlöschen, läßt man den Hartgummicylinder als Index liegen, geht mit der Glastafel tiefer hinein und stellt diese dann von der anderen Seite her auf das Verschwinden der Fünkchen ein. Man kann diese beiden Einstellungen sehr rasch hintereinander in völliger Dunkelheit ausführen und hinterher bei geeigneter Beleuchtung die gesuchten beiden Stellungen der Glasplatte ablesen, aus denen das Mittel zu nehmen ist.

Bei schlechter leitenden Flüssigkeiten dient als dielektrischer Trog der Platintiegel mit Hartgummideckel und einer kleinen Elektrode, welcher bereits S. 217 erwähnt worden ist.

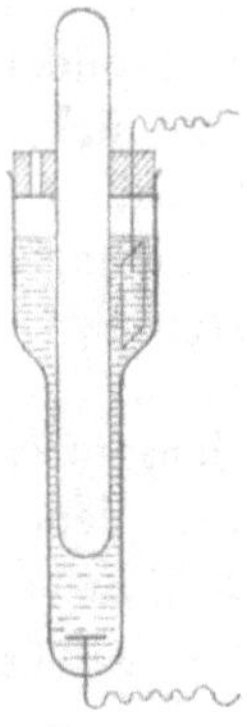

Fig. 109. Nebenschluß.

Bei Flüssigkeiten von erheblich größerem Leitvermögen ist eine Kompensation durch einen an den andern Meßkondensator gelegten Nebenschluß unerläßlich. Letzterer besteht bei den Versuchen von Nernst aus einem mit gut leitender Schwefelsäure gefüllten Röhrchen, in das unten eine Elektrode eingeschmolzen, oben eine zweite verschiebbare eingesetzt war; häufig wurde der Widerstand eines solchen Röhrchens durch Verschieben eines in dasselbe getauchten Glasstäbchens geändert, während die obere Elektrode in einer am oberen Ende befindlichen Erweiterung fest montiert war (Fig. 109). Es gelingt aber auch mittels dieses Nebenschlusses nicht vollständig, die Schwierigkeiten zu überwinden, welche sich den genauen Messungen der Dielektricitätskonstanten von gut leitenden Elektrolyten entgegenstellen.

§ 5. Einfluß von Temperatur und Druck auf die Dielektricitätskonstanten von Flüssigkeiten.[1]

Die Nernst'sche Methode der Bestimmung von Dielektricitätskonstanten läßt sich mit einigen unwesentlichen Modifikationen auf die Aufgabe übertragen, den Einfluß von Druck und Temperatur festzustellen.

Bei den von Ratz angestellten Versuchen kamen als Kondensatoren zum Teil Platin-, zum Teil Messingkondensatoren zur Verwendung. Sie bestanden entweder aus zwei gleich großen parallel gestellten Platten (Form *a*) oder aus einer kleineren Mittelplatte, die von einer größeren Außenplatte **U**-förmig umgeben war (Form *b*). Der Abstand der Platten wurde konstant gehalten durch Schmelzglasverbindungen, die bei Form *b* an angelöteten Platinstiftchen angebracht waren. Starke Platindrähte, die einerseits mit den Kondensatorplatten verlötet, andererseits in mit Quecksilber gefüllte Glasröhrchen eingeschmolzen waren, vermittelten die Leitung nach außen. Durch dünne Drähte, deren gegenseitige Lage mittels Glasröhren, in welche sie eingelegt waren, oder mittels Kautschukverklemmungen unverrückbar gemacht war, konnten die Flüssigkeitskondensatoren an den Meßkondensator geschaltet werden. Die Kapazität der Kondensatoren wurde der *D.E.* des betreffenden Körpers gemäß so gewählt, daß Ausschläge von ca. $^3/_4$ der Skala erhalten wurden. Die Beobachtungen geschahen nur durch Substitution, da es sich herausstellte, daß bisweilen die Nullpunktslage bei größeren Versuchsreihen infolge Temperaturänderungen der Umgebung wanderte. Aus demselben Grunde wurde auch abwechselnd die Ruhelage und die Kapazität der Flüssigkeitskondensatoren bestimmt.

Einfluß der Temperatur. Um das dielektrische Vermögen bei verschiedenen Temperaturen zu bestimmen, wurden die zu prüfenden Flüssigkeiten, in welche man geeignete Kondensatoren einsenkte, durch Heizbäder auf die gewünschten Temperaturen gebracht und unmittelbar vor jeder Ablesung in allen ihren Schichten durch Rührer homogen gemacht. Die zu untersuchenden Flüssigkeiten befanden sich in cylindrischen Gefäßen oder großen Erlenmeyerkolben, deren Dimensionen rücksichtlich der Beteiligung der Glasumhüllung an der dielektrischen Leitung entsprechend gewählt wurden. Um diesen Einfluß bei Flüssigkeiten

[1] Ratz, Ztschr. f. phys. Chemie XIX. S. 96.

von großer *D.E.* möglichst zu eliminieren, ohne daß allzu voluminöse Gefäße und somit auch Flüssigkeitsquanta in Verwendung zu kommen brauchten, wurden in solchen Fällen Kondensatoren der Form *b* benutzt. Die Gefäße, in welchen sich die Flüssigkeiten befanden, waren mittels Kork oder Glas möglichst luftdicht geschlossen, um den Zutritt von Feuchtigkeit auszuschließen. In den Kork- oder Glasverschlüssen waren eingepaßt Thermometer, Kondensator und Rührer, letzterer in einem längeren, eng anschließenden Glasrohr beweglich. Als Badflüssigkeit wurden bei Nichtleitern Wasser bezw. Kältemischungen benutzt, während bei weniger schlecht leitenden Verbindungen ausschließlich Toluolbäder zur Verwendung kamen, da es sich herausstellte, daß bei gut leitenden Körpern durch Anwendung eines Wasserbades eine Verschiebung des Minimums verursacht wird.

Einfluß des Druckes. Die hierzu verwendeten Kondensatoren, von ähnlicher Konstruktion wie bei den Temperaturversuchen, wurden in Platinösen eingehängt, die in ein Glasrohr eingeschmolzen waren, und sonst gut isoliert, mit dem Meßapparate in leitende Verbindung gesetzt werden konnten. Das mit der jeweiligen Flüssigkeit gefüllte und mit Quecksilber abgesperrte Rohr wurde in den Kompressionscylinder einer CAILLETET'schen Pumpe eingeschraubt. Als Kompressionsflüssigkeit diente Paraffinöl. Der Kompressionscylinder, welcher bei Flüssigkeiten mit großen Temperaturkoëffizienten in ein Wasserbad eingestellt war, wurde gewöhnlich mit reinem Quecksilber gefüllt, nur bei Wasser kam, um die störende Erdleitung zu vermeiden, Paraffinöl zur Verwendung. Mittels eines geeigneten Quecksilberverschlusses konnte jede Verunreinigung völlig vermieden werden.

Die Ergebnisse der Arbeit von RATZ sind kurz die, daß sowohl Einfluß der Temperatur wie der des Druckes auf die Dielektricitätskonstante sich nachweisen ließ.

Und zwar ist der Temperaturkoëffizient für alle untersuchten Flüssigkeiten (Benzol, Toluol, Schwefelkohlenstoff, Äther, Chloroform, Anilin, Amylalkohol, Äthylalkohol und Wasser) negativ und zeigt mit zunehmender Temperatur selbst eine geringe Abnahme.

Durch den Druck wird die Dielektricitätskonstante im allgemeinen wenig, stets jedoch in dem Sinne beeinflußt, daß eine Zunahme des Druckes auch eine Zunahme der Dielektricitätskonstanten bewirkt.

§ 6. Bestimmung der Dielektricitätskonstanten bei flüssigen Mischungen und verdünnten Lösungen.[1]

Da für verdünnte Lösungen die größte Genauigkeit wünschenswert ist, um sehr kleine Differenzen der Dielektricitätskonstante zu ermitteln, so benutzte PHILIP für seine Untersuchung eine Modifikation des NERNST'schen Nebenschlußverfahrens, welche dasselbe in ein Differentialverfahren umänderte. Das wesentlich neue in dieser Methode ist die Form des Meßkondensators. Die von ihm benutzte Anordnung ist die folgende (Fig. 110).

In den Zweigen 1 und 2 befinden sich zwei flüssige Vergleichswiderstände, welche mit der gewöhnlichen Mannitborsäurelösung (s. S. 215) beschickt sind. Dieselben wurden beim Anfang der Messungen ein für allemal gleich gemacht. In den Zweigen 3 und 4 sind *W* und *W'* flüssige Kompensationswiderstände (aus einer verdünnten Lösung von Mannit und Borsäure gebildet), *c* und *c'* variable Kapazitäten, *T* der Meßkondensator. *c* und *c'* waren die im Nebenschlußverfahren üblichen variablen Kapazitäten, doch war in diesem Fall die Entfernung der zwei Metallplatten der Meßkondensatoren etwa dreimal so groß, und die dazwischen befindliche Glasplatte entsprechend dicker.

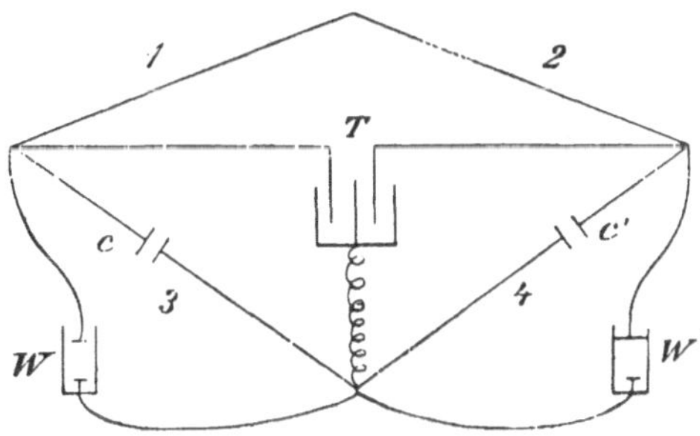

Fig. 110. Versuchsanordnung.

Derselben Kapazitätsänderung entsprach daher eine größere Verschiebung der Glasplatte, als bei der gewöhnlichen Einrichtung.

In dem zur Aufnahme der zu untersuchenden Flüssigkeit dienenden Trog und den dazu gehörigen Platten sind die zwei anderen, oben erwähnten Kapazitäten vereinigt (Fig. 111).

Der Trog *T* ist ein metallisches Gefäß von etwa 12 cm Tiefe, 7 cm Länge und 5 cm Breite. Dasselbe wird durch eine metallische Wand in zwei gleiche, abgeschlossene Hälften geteilt, deren jeder drei Messingplatten angehören; jede von den beiden Hälften ist etwa 12 cm tief, 7 cm lang und 2·5 cm breit. Die drei erwähnten

[1] JAMES C. PHILIP, Ztschr. f. phys. Chemie XXIV, S. 22.

viereckigen Messingplatten stehen in fester Verbindung mit einander und zwar so, daß die innere, etwas kleinere Platte von den zwei anderen durch kleine Glasstückchen abgetrennt wird, während diese zwei äußeren größeren Platten durch Schrauben fest zusammengehalten werden. Durch einen an dem Ende der isolierten inneren Platte angelöteten Draht wird Verbindung derselben mit den übrigen Teilen des Apparates hergestellt.

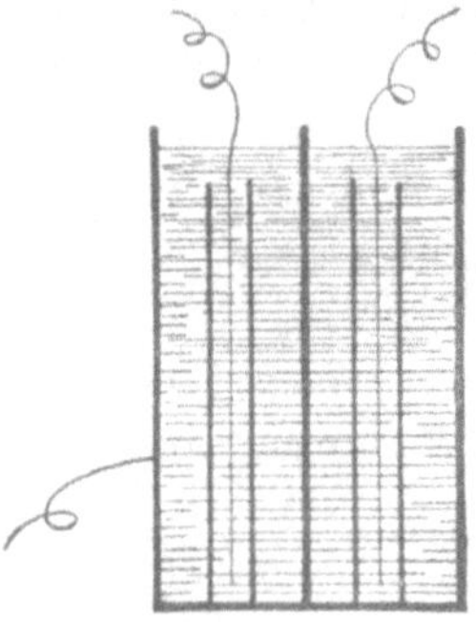

Fig. 111.
Dielektrischer Trog.

Das ganze System befindet sich während der Messungen in einem großen, mit Deckel versehenen Glasgefäße in getrockneter Luft. Durchbohrungen im Deckel sorgen für die nötigen Kommunikationen.

Zur Messung wurde jede Hälfte des metallischen Gefäßes mit demselben Volum des Lösungsmittels, und zwar bis nahe an den oberen Rand, gefüllt. Die Glasplatte des Meßkondensators wurde dann bis zum Eintritt des Minimums verschoben. Sodann wurde durch ein im Deckel angebrachtes Loch ein kleines Volum (z. B. 1 ccm) des Lösungsmittels aus der einen Hälfte *A* herausgenommen, und dasselbe Volum des zu lösenden Stoffes hereingebracht. Durch sorgfältiges Rühren muß man dafür sorgen, daß eine völlige Mischung der beiden Flüssigkeiten erfolgt. Infolge der mit der Einführung der neuen Substanz verbundenen Kapazitätsänderung mußte nun die Glasplatte des Meßkondensators verschoben werden. Gleichheit der in den Zweigen 1 und 2 befindlichen Widerstände vorausgesetzt, waren die Kapazitätsänderungen im Gefäß und im Meßkondensator nach erfolgter Einstellung einander gleich. Genau dasselbe geschah nun mit der anderen Hälfte *B* des Gefäßes, so daß schließlich das Minimum wieder in seiner ursprünglichen Lage war.

Dann wurde dasselbe kleine Volum der Lösung aus *A* herausgenommen und neue Flüssigkeit hereingebracht; indem dies immer abwechselnd mit *A* und *B* geschah, konnte man das Verfahren bis zu beliebigen Konzentrationen fortsetzen.

Die Dielektricitätskonstante der letzten in dieser Weise hergestellten Lösung wurde dann mit dem dielektrischen Apparat in seiner üblichen Form bestimmt; aus diesem Wert, aus der Dielektricitätskonstante des reinen Lösungsmittels und aus den

Verschiebungen der Glasplatte konnten nun die Dielektricitätskonstanten der zwischenliegenden Lösungen berechnet werden.

§ 7. Elektromotorische Messung von Dielektricitätskonstanten.[1]

Zur Bestimmung der Dielektricitätskonstanten dürfte die ausführlich beschriebene NERNST'sche Methode des Nebenschlußverfahrens heute die bequemste sein. Daneben bietet eine auf Veranlassung von NERNST durch SMALE[2] ausgeführte Modifikation einer elektromotorischen Methode häufig genügend Vorteile, um auch deren Besprechung als zweckmäßig erscheinen zu lassen.

Prinzip der Methode. Schwingt eine Nadel frei und isoliert in schräger Stellung zwischen zwei Elektroden, so wird sie bei Ladung der letzteren durch Influenz elektrisiert und von ihnen angezogen.

Sorgt man nun dafür, daß das Potential der Elektroden konstant gehalten wird, so werden die Ausschläge der Nadel proportional der Dielektriciätskonstante des Mediums. Das Verhältnis zwischen den Ausschlägen in zwei verschiedenen Medien giebt also die Verhältnisse der Dielektricitätskonstanten der Medien. Schaltet man zur Kontrolle ein zweites Elektrometer in den Stromkreis parallel dem ersten ein und füllt man die beiden Elektrometer erst mit derselben Flüssigkeit, später das eine mit einer zweiten Flüssigkeit und sei nun das Verhältnis der Ausschläge im ersten Falle $\frac{k}{k'}$, im zweiten Falle $\frac{k''}{k'''}$, dann ist das Verhältnis der Dielektricitätskonstanten der beiden Medien:

$$\frac{D}{D_1} = \frac{k}{k'} \cdot \frac{k'''}{k''} .$$

Beschreibung des Apparates. In der Fig. 112 ist das Elektrometer in halber natürlicher Größe gezeichnet; AA' ist eine Platte Hartgummi, welche durch die Platindrähte BB' die gebogenen Elektroden E und E' trägt. Die letzteren, von dünnem Platinblech, etwa 3 cm lang und 4 cm breit und gebogen, bilden eine Art von Ellipse, in welcher die lange Axe etwa 3 cm, die kurze Axe etwa 2 cm beträgt. In der kürzesten Entfernung sind die Elektroden etwa 0·5 cm von einander. Zwischen den Elektroden, aufgehängt in dem kleinen Häuschen H, schwingt frei und isoliert

[1] Wied. Ann., **57**, S. 215.

in der Ebene rechtwinkelig zu den Elektroden eine kleine Lamelle *L* von Platin, welche als Nadel dient. Diese ist von sehr dünnem Platinblech gemacht und hat eine Länge von etwa 1 cm und eine Breite von 3 mm. Die Nadel ist an einen dünnen Platindraht geschmiedet und trägt auf seinem oberen Ende einen kleinen Spiegel *S*. Das Ganze ist durch einen sehr feinen Platindraht oder Quarzfaden an der Schraube *N* aufgehängt. Eine Glasplatte bildet die Vorderseite des Häuschens; sonst ist es von Hartgummi. Unten befindet sich das Gefäß *MM'*, welches ganz leicht gesenkt und entfernt werden kann und die zu messende Flüssigkeit enthält.

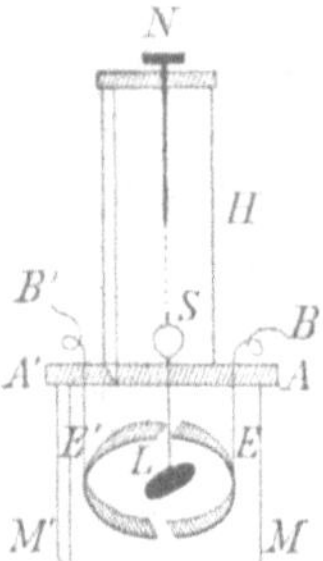

Fig. 112. Elektrometer.

Die kleine Nadel befindet sich, wie ersichtlich, in einer verhältnismäßig großen Menge des Dielektrikums und ist zudem fast völlig von den Elektroden umgeben.

Aufhängung der Nadel. Zur Aufhängung der Nadel eignet sich am besten ein ganz dünner Platindraht, ein sogenannter Wollastondraht von 0·002 mm Dicke. Kittet man den Draht an, so hat man darauf zu achten, ob die Dämpfe der Flüssigkeit auf den Kitt einwirken. Ist das der Fall, so wendet man besser Lötung des Fadens an.

Um nun einen Wechselstrom von konstanter Potentialdifferenz zu erhalten, benutzt man die Nernst'sche Reguliervorrichtung (s. Kap. I, S. 41) im Zusammenschluß mit einer kleinen Wechselstrommaschine, deren Kern mit guten, dünnen, seiden-umsponnenen Kupferdraht umwickelt in dem Felde eines Hufeisenmagnetes rotiert. Die Rotation wird zweckmäßig durch einen kleinen Heinrici-Heißluftmotor (Kolbendurchmesser 60 mm) hervorgebracht, welcher dem Anker eine Rotationsgeschwindigkeit von 50 Umdrehungen pro Sekunde erteilt.

Die Kalibrierung des Elektrometers. Die Nadel schwingt frei und isoliert in der Mitte der Ellipse, welche von den gebogenen Elektroden gebildet wird. Die Empfindlichkeit des Instrumentes ändert sich in hohem Grade mit Änderung des Winkels, welchen die Lage der Nadel mit der Verbindungslinie des Elektrometers bildet, und hat den Wert Null bei rechtwinkeliger Stellung, sowie auch, wenn die Nadel parallel den Elektroden liegt. Die Maximalempfindlichkeit ist bei einem Winkel von 45° erreicht.

Die Lage der größten Empfindlichkeit der Nadel auszufinden, ist eine mühsame Arbeit, denn bei jedem Versuch sind Spiegel und Nadel herauszunehmen, um den Winkel zwischen ihren Ebenen zu ändern. Der Unterschied in der Empfindlichkeit wird beobachtet, indem bei verschiedenen Stellungen der Nadel der Ausschlag gemessen wird.

Schließlich wird ein Punkt gefunden, wo bei Änderung der Lage der Nadel entsprechend 50 cm an der Skala kein bedeutender Unterschied des einen Elektrometers bei konstantem Ausschlag eines zweiten Elektrometers zu beobachten war. In der folgenden Tabelle sind die Kalibrierungsmessungen von zwei Elektrometern angegeben:

Ruhelage	Ausschlag im Elektrometer I bei konstantem Ausschlag im Elektrometer II	Ausschlag im Elektrometer II bei konstantem Ausschlag im Elektrometer I
0 cm	56·8 mm	53·1 mm
10 „	55·6 „	53·2 „
20 „	57·0 „	52·9 „
30 „	57·1 „	53·0 „
40 „	57·0 „	53·1 „
50 „	58·0 „	53·0 „
	Mittel 56·9 mm	Mittel 53·0 mm

Es kann also bei Ausschlägen innerhalb 50 cm (bei 2 m Abstand der Skala vom Spiegel) die Empfindlichkeit als konstant angesehen werden, falls sich die Nadel in der Stelle maximaler Empfindlichkeit befindet.

§ 8. Bestimmung der Dielektricitätskonstanten von Salzlösungen.[1]

Um die im vorhergehenden beschriebene Methode bei Salzlösungen von nicht zu großer Leitfähigkeit benutzen zu können, ist es nötig, die Elektrometer, um die störenden Wirkungen der Polarisation auszuschließen, mit Wechselströmen von der Schwingungszahl 10^6—10^7 zu laden. Smale giebt folgende Einzelheiten der von ihm benutzten Anordnung. Zur Suspension dienten Quarzfäden; die Zuleitung der sekundären Rolle (150 Windungen von 0·4 mm Draht) eines Tesla-Transformators geschah durch breite Kupferstreifen, um die Selbstinduktion zu verringern. Durch

[1] Smale, Wied. Ann. 60, S. 625.

die primäre Rolle (80 Windungen von 1 mm-Draht) dieses Transformators wurden die Entladungen einer Leidener Flasche mittlerer Größe geschickt. Das benutzte Inductorium (Funkenlänge ca. 4 cm) war mit Deprez-Unterbrecher versehen und wurde durch 4 Cupron-Elemente getrieben. Die Länge der Funkenstrecke betrug etwa 1 mm. Um sicher zu sein, daß die beiden parallel geschalteten Elektrometer in jedem Augenblick gleiche Potentialdifferenz besitzen, wurde die Verbindung ihrer Pole durch breite Kupferstreifen hergestellt.

Von den beiden Elektrometern war das eine beständig mit reinem Wasser, das andere mit der zu untersuchenden Salzlösung beschickt; da die Ausschläge ziemlich konstant waren, so bot die abwechselnde Ablesung mit zwei Fernrohren keine Schwierigkeit.

Beim Schließen des Stromes stellt sich die Nadel bei Anwendung besser leitender Lösungen nicht sofort ein, sondern es findet eine allmähliche Zunahme des Ausschlages während ein bis zwei Minuten statt; nach Öffnen des Stromes kehrt die Nadel nicht sofort zum alten Nullpunkt zurück, sondern bleibt um ca. 1 cm verschoben — etwa den gleichen Betrag der eben erwähnten allmählichen Wanderung — um wiederum erst allmählich in die alte Ruhelage zurückzukehren. Am nächstliegenden scheint wohl die Annahme, daß lokale Erwärmungen die Ursache dieser Erscheinungen sind.

Bei den Messungen wurde, um die Fehler einer unsicheren Einstellung auszuschließen, in der Weise verfahren, daß die erste feste Einstellung der Nadel nach Schließen des Stromes notiert und als Ausschlag die Differenz dieser Einstellung gegen die anfängliche Ruhelage angenommen wurde.

Um den Elektrometerausschlägen eine passende Größe zu geben, war in der Leitung, welche die Elektrometer enthielt, ein verstellbarer Flüssigkeitswiderstand eingeschaltet.

Anhang.

Tabelle I.

Atomgewichte, Äquivalentgewichte und elektrochemische Äquivalente.

Element	Atomgewicht	Valenz	Äquivalent-Gewicht	Elektrochem. Äquivalent pro 1 Sek. Amp. mg	Elektrochem. Äquivalent pro 1 Amp. Stunde g
Al	27·11	3	9·03	0·0935	0·3377
Sb	119·9	3	39·97	0·4154	1·494
As	75·1	3	25	0·260	0·936
Pb	206·91	2	103·45	0·071	3·852
Br	79·96	1	79·96	0·829	2·984
Ca	40·01	2	20	0·207	0·746
Cl	35·46	1	35·46	0·367	1·322
Cr	52·14	2	26·07	0·273	0·982
Cr	52·14	3	17·38	0·182	0·655
Fe	56·02	2	28	0·290	1·045
Fe	56·02	3	18·67	0·193	0·696
Fl	19·1	1	19·1	0·199	0·716
Au	197·2	3	65·7	0·681	2·452
J	126·86	1	126·86	1·313	4·747
Cd	112·0	2	56	0·580	2·087
K	39·12	1	39·12	0·405	1·459
Co	59·6	2	29·8	0·305	1·097
Co	59·6	3	19·8	0·203	0·732
C	12	4	3	0·03113	0·112
Cu	63·60	1	63·6	0·656	2·362
Cu	63·60	2	31·8	0·3289	1·184
Li	7·03	1	7·03	0·0730	0·263
Mg	24·36	2	12·18	0·126	0·454
Mn	54·04	2	27·47	0·284	1·022
Mn	54·04	3	18·31	0·190	0·684
Na	23·05	1	23·05	0·239	0·860
Ni	58·9	2	29·45	0·304	1·094
Ni	58·9	3	19·9	0·202	0·727
P	31·03	3	10·34	0·1074	0·387
Pt	194·8	4	48·7	0·504	1·814
Hg	200·3	1	200·3	2·075	7·470
Hg	200·3	2	100·01	1·037	3·733
O	16·00	2	8	0·08308	0·299

Element	Atomgewicht	Valenz	Äquivalent-Gewicht	Elektrochem. Äquivalent pro 1 Sek. Amp. mg	Elektrochem. Äquivalent pro 1 Amp. Stunde g
S	32·06	2	16·03	0·166	0·598
Se	79·07	2	39·53	0·411	1·480
Ag	107·92	1	107·92	1·118	4·025
Si	28·38	4	7·08	0·0736	0·2649
N	14·04	3	4·68	0·0485	0·175
Ti	48·1	4	12·02	0·102	0·450
H	1·008	1	1·008	0·104	0·037
Bi	208·9	4	52·25	0·541	1·948
Zn	65·41	2	32·7	0·339	1·220
Sn	119·10	4	29·8	0·309	1·112

Tabelle II.

Tabelle für die Wheatstone'sche Brücke.[1]

Zur Berechnung des Verhältnisses $\frac{a}{b}$ für einen 1 m langen Draht.

$\frac{a}{1-a}$ von $a = 0·001$ bis $0·999$.

a	0	1	2	3	4	5	6	7	8	9
00	0·0000	0010	0020	0030	0040	0050	0060	0071	0081	0091
01	0101	0111	0122	0132	0142	0152	0163	0173	0183	0194
02	0204	0215	0225	0235	0246	0256	0267	0278	0288	0299
03	0309	0320	0331	0341	0352	0363	0373	0384	0395	0406
04	0417	0428	0438	0449	0460	0471	0482	0493	0504	0515
05	0526	0537	0549	0560	0571	0582	0593	0605	0616	0627
06	0638	0650	0661	0672	0684	0695	0707	0718	0730	0741
07	0753	0764	0776	0788	0799	0811	0823	0834	0846	0858
08	0870	0881	0893	0905	0917	0929	0941	0953	0965	0977
09	0989	1001	1013	1025	1038	1050	1062	1074	1087	1099
10	0·1111	1124	1136	1148	1161	1173	1186	1198	1211	1223
11	1236	1249	1261	1274	1287	1299	1312	1325	1338	1351
12	1364	1377	1390	1403	1416	1429	1442	1455	1468	1481
13	1494	1508	1521	1534	1547	1561	1574	1588	1601	1614
14	1628	1641	1655	1669	1682	1696	1710	1723	1737	1751
15	1765	1779	1793	1806	1820	1834	1848	1862	1877	1891
16	1905	1919	1933	1947	1962	1976	1990	2005	2019	2034
17	0·2048	2063	2077	2092	2107	2121	2136	2151	2166	2180
18	2195	2210	2225	2240	2255	2270	2285	2300	2315	2331
19	2346	2361	2376	2392	2407	2422	2438	2453	2469	2484

[1] Aus: OSTWALD, Hand- und Hilfsbuch zur Ausführung physicochemischer Messungen.

a	0	1	2	3	4	5	6	7	8	9
20	2500	2516	2531	2547	2563	2579	2595	2610	2626	2642
21	2658	2674	2690	2707	2723	2739	2755	2771	2788	2804
22	2821	2837	2854	2870	2887	2903	2920	2937	2953	2970
23	2987	3004	3021	3038	3055	3072	3089	3106	3123	3141
24	0·3158	3175	3193	3210	3228	3245	3263	3280	3298	3316
25	3333	3351	3369	3387	3405	3423	3441	3459	3477	3495
26	3514	3532	3550	3569	3587	3605	3624	3643	3661	3680
27	3699	3717	3736	3755	3774	3793	3812	3831	3850	3870
28	3889	3908	3928	3947	3967	3986	4006	4025	4045	4065
29	0·4085	4104	4124	4144	4164	4184	4205	4225	4245	4265
30	4286	4306	4327	4347	4368	4389	4409	4430	4451	4472
31	4493	4514	4535	4556	4577	4599	4620	4641	4663	4684
32	4706	4728	4749	4771	4793	4815	4837	4859	4881	4903
33	4925	4948	4970	4993	5015	5038	5060	5083	5106	5129
34	0·5152	5175	5198	5221	5244	5267	5291	5314	5337	5361
35	5385	5408	5432	5456	5480	5504	5528	5552	5576	5601
36	5625	5650	5674	5699	5723	5748	5773	5798	5823	5848
37	5873	5898	5924	5949	5974	6000	6026	6051	6077	6103
38	0·6129	6155	6181	6208	6234	6260	6287	6313	6340	6367
39	6393	6420	6447	6475	6502	6529	6556	6584	6611	6639
40	6667	6695	6722	6750	6779	6807	6835	6863	6892	6921
41	6949	6978	7007	7036	7065	7094	7123	7153	7182	7212
42	0·7241	7271	7301	7331	7361	7391	7422	7452	7483	7513
43	7544	7575	7606	7637	7668	7699	7731	7762	7794	7825
44	7857	7889	7921	7953	7986	8018	8051	8083	8116	8149
45	0·8182	8215	8248	8282	8315	8349	8382	8416	8450	8484
46	8519	8553	8587	8622	8657	8692	8727	8762	8797	8832
47	8868	8904	8939	8975	9011	9048	9084	9121	9157	9194
48	0·9231	9268	9305	9342	9380	9418	9455	9493	9531	9570
49	9608	9646	9685	9724	9763	9802	9841	9881	9920	9960
50	1·000	1·004	1·008	1·012	1·016	1·020	1·024	1·028	1·033	1·037
51	1·041	1·045	1·049	1·053	1·058	1·062	1·066	1·070	1·075	1·079
52	1·083	1·088	1·092	1·096	1·101	1·105	1·110	1·114	1·119	1·123
53	1·128	1·132	1·137	1·141	1·146	1·151	1·155	1·160	1·165	1·169
54	1·174	1·179	1·183	1·188	1·193	1·198	1·203	1·208	1·212	1·217
55	1·222	1·227	1·232	1·237	1·242	1·247	1·252	1·257	1·262	1·268
56	1·273	1·278	1·283	1·288	1·294	1·299	1·304	1·309	1·315	1·320
57	1·326	1·331	1·336	1·342	1·347	1·353	1·358	1·364	1·370	1·375
58	1·381	1·387	1·392	1·398	1·404	1·410	1·415	1·421	1·427	1·433
59	1·439	1·445	1·451	1·457	1·463	1·469	1·475	1·481	1·488	1·494

a	0	1	2	3	4	5	6	7	8	9
60	1·500	1·506	1·513	1·519	1·525	1·532	1·538	1·545	1·551	1·558
61	1·564	1·571	1·577	1·584	1·591	1·597	1·604	1·611	1·618	1·625
62	1·632	1·639	1·646	1·653	1·660	1·667	1·674	1·681	1·688	1·695
63	1·703	1·710	1·717	1·725	1·732	1·740	1·747	1·755	1·762	1·770
64	1·778	1·786	1·793	1·801	1·809	1·817	1·825	1·833	1·841	1·849
65	1·857	1·865	1·874	1·882	1·890	1·899	1·907	1·915	1·924	1·933
66	1·941	1·950	1·959	1·967	1·976	1·985	1·994	2·003	2·012	2·021
67	2·030	2·040	2·049	2·058	2·067	2·077	2·086	2·096	2·106	2·115
68	2·125	2·135	2·145	2·155	2·165	2·175	2·185	2·195	2·205	2·215
69	2·226	2·236	2·247	2·257	2·268	2·279	2·289	2·300	2·311	2·322
70	2·333	2·344	2·356	2·367	2·378	2·390	2·401	2·413	2·425	2·436
71	2·448	2·460	2·472	2·484	2·497	2·509	2·521	2·534	2·546	2·559
72	2·571	2·584	2·597	2·610	2·623	2·636	2·650	2·663	2·676	2·690
73	2·704	2·717	2·731	2·745	2·759	2·774	2·788	2·802	2·817	2·831
74	2·846	2·861	2·876	2·891	2·906	2·922	2·937	2·953	2·968	2·984
75	3·000	3·016	3·032	3·049	3·065	3·082	3·098	3·115	3·132	3·149
76	3·167	3·184	3·202	3·219	3·237	3·255	3·274	3·292	3·310	3·329
77	3·348	3·367	3·386	3·405	3·425	3·444	3·464	3·484	3·505	3·525
78	3·545	3·566	3·587	3·608	3·630	3·651	3·673	3·695	3·717	3·739
79	3·762	3·785	3·808	3·831	3·854	3·878	3·902	3·926	3·950	3·975
80	4·000	4·025	4·051	4·076	4·102	4·128	4·155	4·181	4·208	4·236
81	4·263	4·291	4·319	4·348	4·376	4·405	4·435	4·465	4·495	4·525
82	4·556	4·587	4·618	4·650	4·682	4·714	4·747	4·780	4·814	4·848
83	4·882	4·917	4·952	4·988	5·024	5·061	5·098	5·135	5·173	5·211
84	5·250	5·289	5·329	5·369	5·410	5·452	5·494	5·536	5·579	5·623
85	5·667	5·711	5·757	5·803	5·849	5·897	5·944	5·993	6·042	6·092
86	6·143	6·194	6·246	6·299	6·353	6·407	6·463	6·519	6·576	6·634
87	6·692	6·752	6·813	6·874	6·937	7·000	7·065	7·130	6·197	7·264
88	7·333	7·403	7·475	7·547	7·621	7·696	7·772	7·850	7·929	8·009
89	8·091	8·174	8·259	8·346	8·434	8·524	8·615	8·709	8·804	8·901
90	9·000	9·101	9·204	9·309	9·417	9·526	9·638	9·753	9·870	9·989
91	10·11	10·33	10·36	10·49	10·63	10·77	10·90	11·05	11·20	11·35
92	11·50	11·66	11·82	11·99	12·16	12·33	12·51	12·70	12·89	13·08
93	13·29	13·49	13·71	13·93	14·15	14·38	14·63	14·87	15·13	15·39
94	15·67	15·95	16·24	16·54	16·86	17·18	17·52	17·87	18·23	18·61
95	19·00	19·41	19·83	20·28	20·74	21·22	21·73	22·26	22·81	23·39
96	24·00	24·64	25·32	26·03	26·78	27·57	28·41	29·30	30·25	31·26
97	32·33	33·48	34·71	36·04	37·46	39·00	40·67	42·48	44·45	46·62
98	49·00	51·6	54·6	57·8	61·5	65·7	70·4	75·9	82·3	89·9
99	99·0	110	124	142	166	199	249	332	499	999

Tabelle III.

Ionen-Beweglichkeiten in wässriger Lösung bei 18°.[1]

Die Summe der Beweglichkeiten des Kations und des Anions giebt nahe das Äquivalent-Leitvermögen bei der betreffenden Konzentration.

Elektrolyte aus 1- und 1- oder 1- und 2-wertigen Ionen.

$1000\,\eta$ (m)	K	Na	Li	NH_4	Ag	$\frac{1}{2}$Ba	$\frac{1}{2}$Sr	$\frac{1}{2}$Ca	$\frac{1}{2}$Mg	$\frac{1}{2}$Zn	H	$\frac{1}{1000}\varphi$ (v)
0	65·3	44·4	35·5	64·2	55·7	57·3	54·0	53·0	49	47·5	318	∞
0·0001	64·7	43·8	34·9	63·6	55·4	55·0	51·7	50·6	47	45·1	316	*10000*
0·0002	64·4	43·6	34·7	63·4	55·1	54·3	51·0	50·0	46	44·5	316	*5000*
0·0005	64·1	43·3	34·4	63·0	54·9	53·3	50·0	48·9	45	43·5	315	*2000*
0·001	63·7	42·9	34·0	62·7	54·7	52·2	48·9	47·8	43	42·3	314	*1000*
0·002	63·2	42·4	33·5	62·2	54·2	50·7	47·4	46·4	42	40·9	313	*500*
0·005	62·3	41·4	32·6	61·2	53·2	48·2	44·9	43·9	40	38·4	311	*200*
0·01	61·3	40·5	31·6	60·2	51·9	45·7	42·4	41·4	37	35·9	310	*100*
0·02	60·0	39·2	30·3	59·0	50·0	42·7	39·4	38·3	34	32·9	307	*50*
0·03	59·2	38·3	29·4	58·1	48·6	40·5	37·2	36·1	32	30·7	305	*33¹/₃*
0·05	57·9	37·0	28·2	56·8	46·6	37·7	34·4	33·4	29	27·9	302	*20*
0·1	55·8	35·0	26·1	54·8	43·3	33·8	30·5	29·4	25	24·0	296	*10*

$1000\,\eta$ (m)	Cl	J	NO_3	ClO_3	$C_2H_3O_2$	$\frac{1}{2}SO_4$*	$\frac{1}{2}C_2O_4$	$\frac{1}{2}CO_3$	OH
0	65·9	66·7	60·8	56·2	33·7	69·7	63	—	174
0·0001	65·3	66·1	60·2	55·5	33·1	67·2	61	—	172
0·0002	65·1	65·9	60·0	55·2	33·0	66·6	60	—	172
0·0005	64·8	65·5	59·6	54·6	32·8	65·4	59	—	171
0·001	64·4	65·1	59·3	54·1	32·6	64·0	58	69	171
0·002	63·9	64·6	58·8	53·4	32·4	62·3	56	66	170
0·005	63·0	63·7	57·8	52·4	31·6	59·2	54	60	168
0·01	62·0	62·7	56·8	51·3	30·8	56·1	51	55	167
0·02	60·7	61·5	55·6	49·7	29·8	52·3	48	50	165
0·03	59·8	60·6	54·7	48·4	29·0	49·7	46	47	163
0·05	58·6	59·3	53·4	46·4	28·0	46·1	43	43	161
0·1	56·5	57·3	51·4	43·2	26·4	41·9	39	38	157

Ferner ist ungefähr die Beweglichkeit

Br = Cl + 1
Fl = Cl − 20
BrO_3 = Cl − 19
JO_3 = Cl − 29
ClO_4 = Cl − 1
JO_4 = Cl 17.

* Das Leitvermögen v. H_2SO_4 ist nicht aus diesen Zahlen zu berechnen.

[1] Nach KOHLRAUSCH u. HOLBORN, Leitvermögen der Elektrolyte.

Tabel

Leitvermögen von Normalflüssigkeiten z

Nach KOHLRAUSCH, HOLBORN und DIESSELHORST.

t	H_2SO_4 (max.)		$MgSO_4$ (max.)		NaCl (gesättigt)		KCl normal	
	$\varkappa$		$\varkappa$		$\varkappa$		$\varkappa$	
0°	0·5184	120	0·02877	102	0·1345	41	0·06541	172
1	5304	121	2979	104	1386	41	06713	173
2	5425	122	3083	105	1427	42	06886	175
3	5547	122	3188	106	1469	43	07061	176
4	5669	123	3294	108	1512	43	07237	177
5	5792	123	3402	110	1555	44	07414	179
6	5915	123	3512	111	1599	44	07593	180
7	6038	123	3623	112	1643	45	07773	181
8	6161	124	3735	114	1688	46	07954	182
9	6285	123	3849	114	1734	45	08136	183
10	6408	124	3963	116	1779	47	08319	185
11	6532	124	4079	118	1826	46	08504	185
12	6656	124	4197	118	1872	47	08689	187
13	6780	124	4315	119	1919	47	08876	187
14	6904	124	4434	121	1966	47	09063	189
15	7028	123	4555	121	2014	48	09252	189
16	7151	124	4676	123	2062	48	09441	190
17	7275	123	4799	123	2111	49	09631	191
18	7398	124	4922	124	2160	49	09822	192
19	7522	123	5046	125	2209	49	10014	193
20	7645	123	5171	126	2259	50	10207	193
21	7768	122	5297	127	2309	50	10400	194
22	7890	123	5424	127	2360	51	10594	195
23	8013	122	5551	128	2411	51	10789	195
24	8135	122	5679	129	2462	51	10984	196
25	8257	121	5808	129	2513	52	11180	197
26	8378	121	5937	130	2565	51	11377	197
27	8499	121	6067	130	2616	53	0·11574	
28	8620	120	6197	131	2669	52		
29	8740	120	6328	131	2721	53		
30°	0·8860		0·06459		0·2774			

V.

estimmung der Widerstands-Kapazität von Gefäßen.

Wied. Ann. **64**, S. 440 und 451. 1898.

KCl $^1/_{10}$ normal $\varkappa$		KCl $^1/_{50}$ normal $\varkappa$		KCl $^1/_{100}$ normal $\varkappa$	
0·00715	21	0·001521	45	0·000776	24
0736	21	1566	46	0800	24
0757	22	1612	47	0824	24
0779	21	1659	46	0848	24
0800	22	1705	47	0872	24
0822	22	1752	48	0896	25
0844	22	1800	48	0921	24
0866	22	1848	48	0945	25
0888	23	1896	49	0970	25
0911	22	1945	49	0995	25
0933	23	1994	49	1020	25
0956	23	2043	50	1045	25
0979	23	2093	49	1070	25
1002	23	2142	51	1095	26
1025	23	2193	50	1121	26
1048	24	2243	51	1147	26
1072	23	2294	51	1173	26
1095	24	2345	52	1199	26
1119	24	2397	52	1225	26
1143	24	2449	52	1251	27
1167	24	2501	52	1278	27
1191	24	2553	53	1305	27
1215	24	2606	53	1332	27
1239	25	2659	53	1359	27
1264	24	2712	53	1386	27
1288	25	2765	54	1413	28
1313	24	2819	54	1441	27
1337	25	2873	54	1468	28
1362	25	2927	54	1496	28
1387	25	2981	55	1524	28
0·01412		0·003036		0·001552	

t	$\varkappa$
KCl 21% $s_{18/4} = 1,14081$	
17°	0·2771
18	2817
19°	2864
KNO_3 10% $s_{15/4} = 1,06418$	
16°	0·08048
17	8217
18°	8386
K_2SO_4 10% $s_{20/4} = 1·08150$	
17°	0·08428
18	8602
19°	8776
Gipslösung gesättigt.	
15°	0·001742
16	1791
17	1841
18	1891
19	1940
20	1990
21°	2039

Tabelle V.

Zusammensetzung elektrischer Elemente und ihre elektromotorische Kraft.

System	Elektroden	Flüssigkeit	Elektromotorische Kraft in Volt
1. Grove-Element	Platin Amalg. Zink	konz. Salpetersäure verd. Schwefelsäure (1 : 10)	1·96
2. Bunsen-Element	Retortenkohle Amalg. Zink	konz. Salpetersäure verd. Schwefelsäure (1 : 10)	1·8
3. Daniell-Element	Kupfer Amalg. Zink	konz. Lösung von $CuSO_4$ verd. Schwefelsäure	1·088
4. Chromsäure-Element	Retortenkohle Amalg. Zink	Chromsäure ($12\ K_2Cr_2O_7$ $+\ 25\ H_2SO_4$ $+\ 100 H_2O$)	1·8—2
5. Leclanché-Element	Kohle und Braunstein Amalg. Zink	Salmiaklösung	1·4—1·7
6. Clark'sches-Element	Quecksilber Amalg. Zink	Quecksilberoxydulsulfat Zinksulfat	1·4336 bei 15°
7. Cadmium-Element	Quecksilber Cadmium	Quecksilberoxydulsulfat Cadmiumsulfat	1·0183 bei 20°
8. Lalande-Element	Kupferoxyd Amalg. Zink	Natronlauge	0·75—0·8.

Verzeichnis der Versuche.

FSC
www.fsc.org
MIX
Papier | Fördert
gute Waldnutzung
FSC® C083411

Zeitfracht Medien GmbH
Ferdinand-Jühlke-Straße 7
99095 Erfurt, Deutschland
produktsicherheit@kolibri360.de